DIE GRUNDLEHREN DER MATHEMATISCHEN WISSENSCHAFTEN

IN EINZELDARSTELLUNGEN MIT BESONDERER BERÜCKSICHTIGUNG DER ANWENDUNGSGEBIETE

HERAUSGEGEBEN VON

J. L. DOOB · E. HEINZ
F. HIRZEBRUCH · E. HOPF · H. HOPF · W. MAAK
W. MAGNUS · F. K. SCHMIDT · K. STEIN

GESCHÄFTSFÜHRENDE HERAUSGEBER

B. ECKMANN UND B. L. VAN DER WAERDEN
ZÜRICH

BAND 92

2. verbesserte Auflage

SPRINGER-VERLAG

BERLIN · GÖTTINGEN · HEIDELBERG · NEW YORK

1964

DARSTELLENDE GEOMETRIE

VON

DR. FRITZ REHBOCK

O. PROFESSOR FÜR MATHEMATIK
AN DER TECHNISCHEN HOCHSCHULE BRAUNSCHWEIG

2. verbesserte Auflage

MIT 111 GANZSEITIGEN ABBILDUNGEN
UND 2 PORTRÄTS

SPRINGER-VERLAG

BERLIN · GÖTTINGEN · HEIDELBERG · NEW YORK

1964

Geschäftsführende Herausgeber:

Prof. Dr. B. Eckmann
Eidgenössische Technische Hochschule Zürich

Prof. Dr. B. L. van der Waerden
Mathematisches Institut der Universität Zürich

ISBN 978-3-642-53339-6   ISBN 978-3-642-53379-2 (eBook)
DOI 10.1007/978-3-642-53379-2

Titel-Nr. 5075

AMICIS
ET STUDIOSIS

Vorwort zur 1. Auflage

Dieses kleine Handbuch der Darstellenden Geometrie bringt in gedrängter Form den Stoff, der auch heute noch in einer vier- bis fünfstündigen Vorlesung unseren Mathematikern, Ingenieuren und Architekten an einer deutschen Universität oder Technischen Hochschule geboten werden kann oder müßte. Vom Leser wird liebevolles Nachzeichnen aller Konstruktionen erwartet. Daher sind die Figuren dieses Buches zum Unterschied von denen vieler älterer Bücher sehr groß und nach Möglichkeit frei von entbehrlichen Hilfslinien gestaltet, aber dennoch so, daß jede Konstruktion nahezu allein durch „Lesen" der Figur verstanden werden kann. Der zugehörige Text steht genau neben jeder Bildseite.

Mit großer Sorgfalt unterstützten mich beim Entwerfen und Konstruieren der Bilder meine Assistenten Dr.-Ing. Wolfgang Böhm, Dr. rer. nat. Robert Jakobi und cand. math. Wolfgang Klein, beim Lesen der Korrekturen Dr.-Ing. Böhm und Dipl.-Math. Erich Glock. Sie alle gaben wertvolle Anregungen und gingen unverdrossen auf jeden Wunsch ein. Ihnen und dem Verlag, der nach alter Tradition wieder einmal keine Mühe scheute, gebührt mein herzlicher Dank.

Wagrain, am 16. Juli 1956   Fritz Rehbock

Vorwort zur 2. Auflage

Die Gestalt des Buches blieb unverändert: Die in der Ingenieur- und Architekturpraxis nötigen und üblichen Spezialfälle und einfachen Annahmen sind — vor allem bei den Beispielen und Aufgaben — bevorzugt und vorangestellt, allgemeinere Fälle und Methoden daraus entwickelt oder skizziert. Neueingefügt wurde eine Seite über das Zentralbild des Kreises und am Schluß ein Verzeichnis bequem erreichbarer Beweise und Ergänzungen.

Anregungen für knappe, aber klärende Zusätze verdanke ich meinem Kollegen Prof. Dr. Frank Löbell (München) und meinen früheren Assistenten Dr.-Ing. Wolfgang Böhm (Berlin), Dr. Erich Glock (Gießen) und Dr. Rudolf Halin (Köln). Die beiden letzten durchsuchten als Spürhunde — wie Herr Halin das humorvoll umschrieb — mehrmals eifrig und mit Erfolg das Buch und die Korrekturbogen.

Wagrain, am 12. August 1964.   Fritz Rehbock

Inhaltsübersicht

Einleitung: **Grundbegriffe**

2. Zugeordnete Risse

3. Anschauliche Risse

4. Einfache Flächen

5. Durchdringungen

Zweiter Teil: **Zentralbilder**

6. Distanzpunktperspektive

7. Meßpunktperspektive

8. Gebundene Perspektive

Einleitung

Grundbegriffe

Die Darstellende Geometrie untersucht Abbildungen des dreidimensionalen Raumes auf ein ebenes, also zweidimensionales *Zeichenfeld*. Um dabei die konstruktiven Methoden der ebenen Geometrie ausnutzen zu können, bevorzugt man Zuordnungen, bei denen Geraden des Raumes Geraden der Ebene entsprechen. Nur von solchen Abbildungen handelt dieses Buch.

Punkte, Geraden und Ebenen heißen die Elemente des dreidimensionalen Raumes. Wir bezeichnen Punkte mit großen lateinischen, Geraden mit kleinen lateinischen und Ebenen mit kleinen griechischen Buchstaben. Von den Ebenen sind in den Skizzen meist nur geradlinig begrenzte, kurz: „umrandete" Stücke dargestellt. Für unsere konstruktiven Zwecke ist aber jede Ebene wie jede Gerade unbegrenzt zu denken.

1. Liegt ein Punkt P auf einer Geraden g, so heißt P ein *g-Punkt*, g eine *P-Gerade*[1]. Liegt P in einer Ebene ε, so ist P ein *ε-Punkt*, ε eine *P-Ebene*. Und liegt endlich eine Gerade g in einer Ebene ε, so ist g eine *ε-Gerade*, ε eine *g-Ebene*. Bei festem ε oder P oder g heißt die Gesamtheit aller ε-Punkte und ε-Geraden ein *Feld*, aller P-Ebenen und P-Geraden ein *Bündel*, aller g-Ebenen ein *Ebenenbüschel*, aller g-Punkte eine *Punktreihe*.

2. Von parallelen Geraden[2] sagen wir, daß sie einen unendlich fernen Punkt oder kurz einen *Fernpunkt* gemeinsam haben, von parallelen Ebenen, daß sie eine gemeinsame unendlich ferne Gerade oder kurz eine *Ferngerade* besitzen, von einer Ebene und einer Geraden, die parallel sind, daß sie sich in einem Fernpunkt treffen. Die Gesamtheit aller Fernpunkte und aller Ferngeraden des Raumes nennen wir die *Fernebene*. Die Einführung dieser Fernelemente gestattet die Formulierung der Sätze 3—6:

3. Zwei Punkte A und B bestimmen genau eine Verbindungsgerade $g = AB$, zwei Ebenen α und β genau eine Schnittgerade $g = \alpha\beta$.

4. Eine Gerade g und ein Punkt A, der nicht auf g liegt, liefern eine Verbindungsebene $\varepsilon = gA$, eine Gerade g und eine Ebene α, die nicht durch g geht, einen Schnittpunkt $E = g\alpha$.

5. Drei Punkte A, B, C, die nicht auf einer Geraden liegen, besitzen eine Verbindungsebene $\varepsilon = ABC$, drei Ebenen α, β, γ, die nicht durch eine Gerade gehen, einen Schnittpunkt $E = \alpha\beta\gamma$.

6. Zwei Geraden a und b des Raumes können sich (möglicherweise in einem Fernpunkt) schneiden oder windschief sein. Nur im ersten Fall liefern sie einen *Schnittpunkt $P = ab$* und eine *Verbindungsebene $\varepsilon = ab$*.

7. Unter dem *Winkel* zweier sich schneidender Geraden, die weder $\perp$ noch $\parallel$ sind, verstehen wir ihren spitzen Winkel, unter dem Winkel zweier windschiefer Geraden den Winkel, den zwei zu ihnen parallele, sich schneidende Geraden bilden. Der Winkel zweier nicht paralleler Ebenen ist der Winkel der Geraden, die eine zu beiden Ebenen senkrechte Ebene aus ihnen ausschneidet. Der Winkel einer Ebene und einer Geraden, die zur Ebene weder $\perp$ noch $\parallel$ ist, ist der Winkel, den die Gerade mit ihrer senkrechten Projektion auf die Ebene einschließt.

8. Jede 90°-Drehung einer ebenen Figur um einen Punkt ihrer Ebene oder einer räumlichen Figur um eine Achse heißt eine *Schwenkung*.

---

[1] Begriffe sind an Stellen, an denen sie eingeführt werden, *kursiv* gedruckt.

[2] Im folgenden wird das Wort parallel durch das Zeichen $\parallel$, das Wort normal oder senkrecht durch das Zeichen $\perp$ abgekürzt.

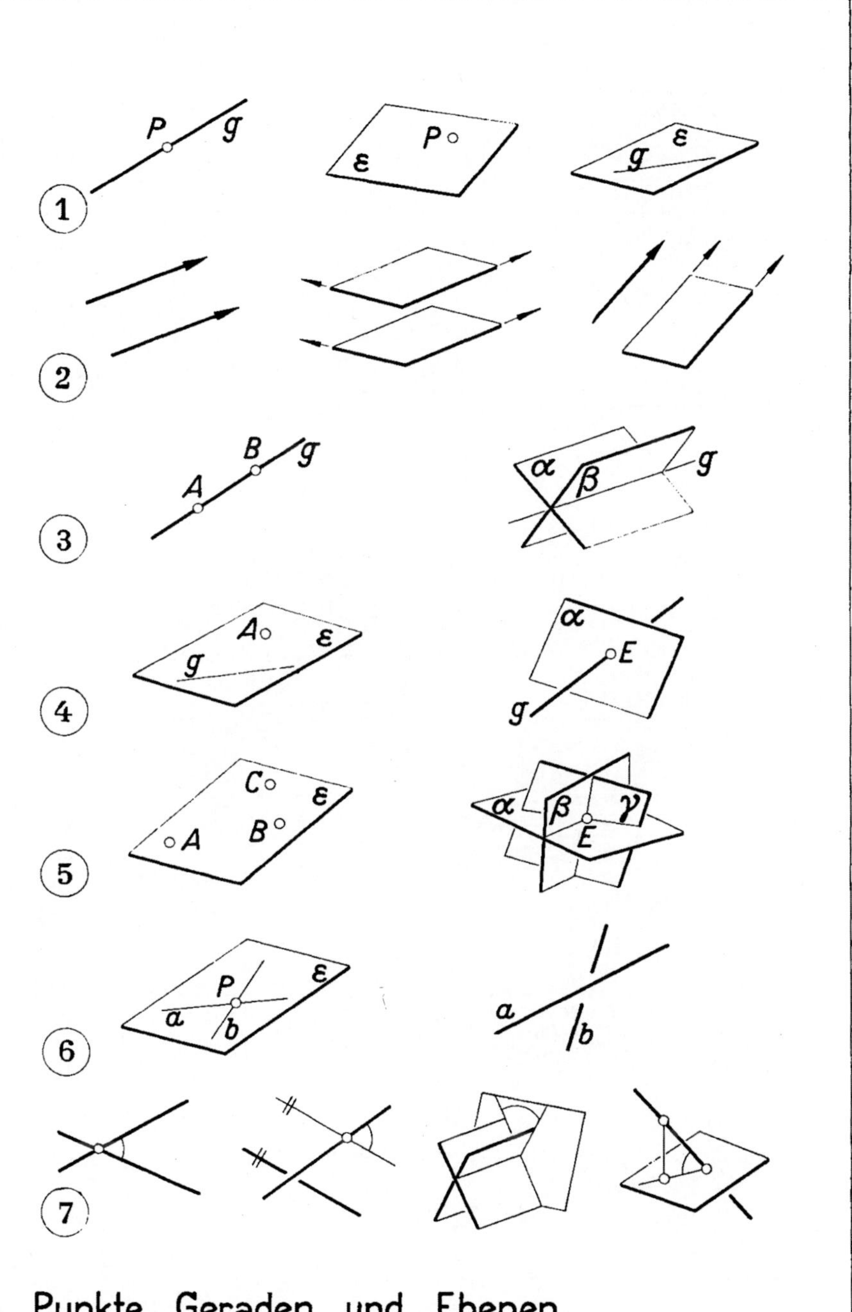

Punkte, Geraden und Ebenen

GASPARD MONGE

Erster Teil

Fernbilder

Französische Mathematiker haben die Darstellende Geometrie als Wissenschaft begründet. Der Ingenieur und Stabsoffizier des französischen Geniekorps *François Frézier* (1682–1773) benutzte bereits für seine umfangreiche Theorie und Praxis des Steinschnitts senkrechte Projektionen auf zwei Ebenen.

Gaspard Monge (1746–1818) schuf zum ersten Mal systematische Methoden zur konstruktiven Lösung geometrischer Aufgaben des dreidimensionalen Raumes mit Hilfe von Grund- und Aufrissen, zunächst als Geheimlehre während seiner achtzehnjährigen Tätigkeit an einer Militärschule in Mézières, dann in den berühmten Vorlesungen an der École Normale und École Polytechnique in Paris. Seine *Géometrie descriptive*, die 1795 entstand und als Buch 1799 erschien, enthält etwa fünfzig sorgfältige, dünnlinige Konstruktionsfiguren auf herausklappbaren Tafeln.

Unter den Büchern seiner Nachfolger ist noch heute die *Géometrie descriptive* von *Jules de la Gournerie* (1860) höchst anregend, in der sich rund 450 Risse und Schrägbilder räumlicher Figuren finden.

1. Anschauliche Bilder

1.1 Zentral- und Fernbilder

1.11 Zentralprojektion. In diesem Buche untersuchen wir die Projektion des dreidimensionalen Raumes auf eine *Bild-* oder *Zeichenebene* π. Wir wählen einen Punkt O, der nicht in π liege, als *Projektionszentrum*; die O-Geraden heißen *Projektions-* oder *Sehstrahlen*, die O-Ebenen *projizierende Ebenen* oder *Sehebenen*. Einem Punkt $P \neq O$ ordnen wir als Bild P' den π-Punkt des Sehstrahles OP zu[1]. Durchläuft P eine Gerade g, die kein Sehstrahl ist, so durchläuft P' eine Bildgerade g', nämlich die π-Gerade der durch g gelegten Sehebene. g' geht durch den π-Punkt von g, den *Spurpunkt G*. Das so in π gewonnene Bild heißt ein *Zentralbild*, wenn O im Endlichen liegt, ein *Fernbild*, wenn O Fernpunkt ist und die Projektionsstrahlen daher $\parallel$ sind. Niemals ist π die Fernebene.

Die Geraden und Ebenen $\parallel \pi$ heißen *Hauptlinien* und *Hauptebenen*. Eine Figur in einer Hauptebene ergibt bei Zentralprojektion ein ähnliches, bei Parallelprojektion ein kongruentes Bild. Liegt sie in π, so deckt sie sich mit ihrem Bild. Eine zweidimensionale Figur in einer Sehebene erscheint im Bild entartet, d. h. eindimensional. Das Bild eines Körpers soll *anschaulich* heißen, wenn keines der ihn begrenzenden Flächenstücke entartet erscheint.

1.12 Fluchtpunkt. Wir betrachten das Zentralbild g' einer Geraden g, die nicht $\parallel \pi$ ist. Läuft ein Punkt auf g bis zum Fernpunkt, so wird der Sehstrahl schließlich $\parallel g$: sein Spurpunkt ist das Bild jenes Fernpunktes und heißt der *Fluchtpunkt* G_0 von g. Die Bilder paralleler Geraden, z. B. der Traufkante und der Firstkante eines Hauses, treffen sich im gemeinsamen Fluchtpunkt, sind also i. a. nicht parallel.

Die Bildebene π teilt den Raum aller im Endlichen liegenden Punkte in zwei Halbräume, von denen einer das Zentrum O enthält. Von einer Figur, die in dem anderen Halbraum liegt, sagen wir, sie liege *hinter* π. Die hinter π liegende im Spurpunkt G beginnende Halbgerade g wird auf die endliche Strecke zwischen dem Spurpunkt G und dem Fluchtpunkt G_0 abgebildet. Eine Folge gleichlanger Strecken auf g erscheint im Bild als Folge ungleicher Strecken zwischen G und G_0: In einer Photographie ist aus diesem Grunde das Verhältnis von Strecken auf einer Gebäudekante, die keine Hauptlinie ist, zerstört.

Die Zerstörung der Parallelität und des Teilverhältnisses im Zentralbild erschweren seine konstruktive Herstellung. Daher untersuchen wir im ersten Teil des Buches nur die leichter zu gestaltenden Fernbilder, bei denen diese Eigenschaften erhalten bleiben.

---

[1] Buchstaben ohne oben angesetzte Symbole bedeuten i. a. Raumelemente, Buchstaben mit oben angesetzten Strichen oder Sternen deren Bilder.

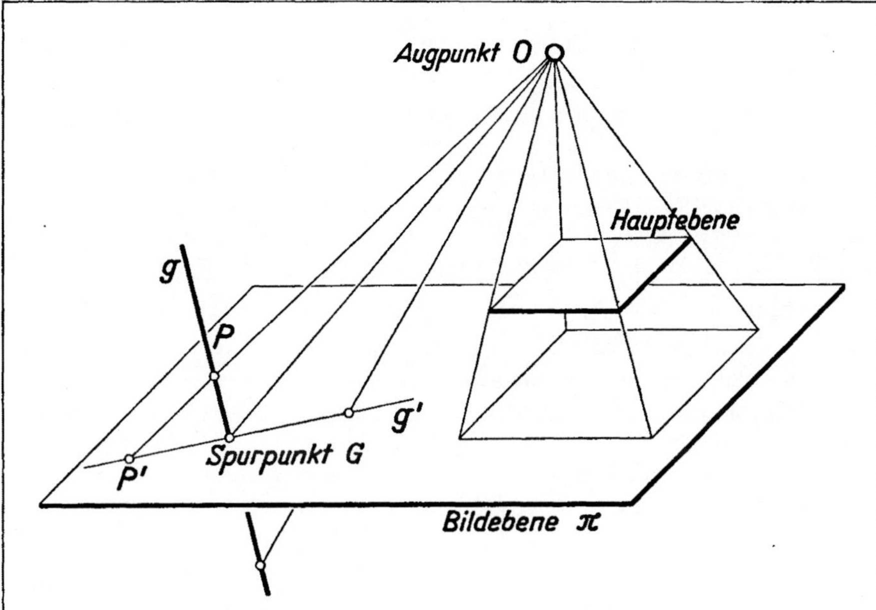

1.11 Zentralprojektion

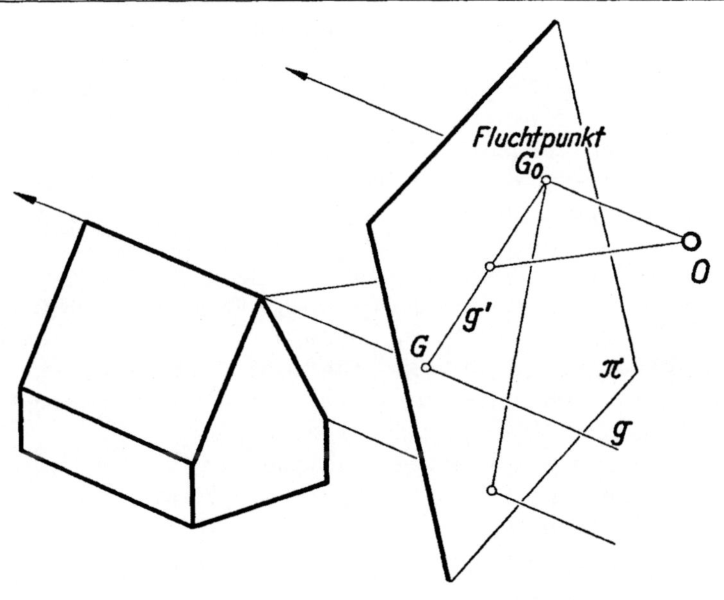

1.12 Fluchtpunkt

1.13 Parallelprojektion. Ein Fernbild heißt ein *Riß*, wenn die Projektionsrichtung $\perp \pi$ ist, andernfalls ein *Schrägbild*. Für parallele Strecken a und b sind die projizierenden Ebenen und daher auch die Bilder a' und b' parallel, wobei $a' : b' = a : b$. So folgt der

Hauptsatz I: *Bei Herstellung eines Fernbildes sind parallele Strecken, die nicht $\parallel$ zur Projektionsrichtung sind, parallel und im Längenverhältnis der Originale zu zeichnen.*

Die Zahl $e_x = a' : a$ heißt der *Bildfaktor* der Geraden $x \parallel a$. Eine Strecke $b \parallel x$ hat das Bild $b' = e_x \cdot b$. Bei Schrägbildern ist $e_x \gtrless 1$, bei Rissen stets $e_x \leqq 1$. Für Hauptlinien ist $e_x = 1$, für Sehstrahlen $= 0$.

Als abzubildenden Gegenstand wählen wir zunächst eine Figur in einer Ebene ε; ihr Bild erscheint i. a. verzerrt. Ist ε nicht $\parallel \pi$, so heißt ihre π-Gerade die *Spur e*. Die Hauptlinien h in ε und ihre Bilder h' sind $\parallel e$. Die *Neigungslinien n* in ε (bei waagerechter Bildebene: *Fallinien*) sind die Geraden $\perp e$; ihre Bilder n' sind in einem Schrägbild i. a. nicht $\perp e$. Die Bilder zweier beliebiger rechtwinkliger ε-Geraden sind i. a. ebenfalls nicht rechtwinklig; sie heißen zueinander *konjugiert*.

1.14 Zwei Fernbilder einer ebenen Figur. Projiziert man eine ebene Figur ε in zwei Richtungen, die nicht $\parallel \varepsilon$ sind, auf π (links), so erhalten die ε-Punkte P und Q je zwei Bilder P', P'' und Q', Q''. Liegt P auf der ε-Spur e, so wird $P' = P'' = P$; andernfalls ist $P'P'' \parallel Q'Q''$. Daher gilt:

Zwischen zwei in der Bildebene π liegenden Fernbildern einer ebenen Figur ε besteht eine Verwandtschaft, die perspektive oder axiale Affinität heißt. Sie hat zwei Eigenschaften: 1. *Die Bilder P' und P'' eines ε-Punktes P liegen auf Geraden von fester Richtung, der Affinitätsrichtung (gestrichelt);* 2. *die Bilder g' und g'' einer ε-Geraden g treffen sich auf der ε-Spur e, der Affinitätsachse.*

Ist in π das ganze erste Bild der ε-Figur bekannt, vom zweiten Bild aber nur der Punkt P'', der zu P' gehört, so kann man dieses allein in π konstruieren, ohne auf die Originalfigur zurückzugreifen: Das zu Q' gehörende Q'' liegt auf dem Affinitätsstrahl $\parallel P'P''$ durch Q' und auf der Geraden g'' durch P'', die $g' = P'Q'$ auf e trifft. Das heißt:

Eine axiale Affinität ist durch die Achse e und zwei zusammengehörige Punkte P' und P'', die keine e-Punkte sind, festgelegt.

Um die Verzerrung zu erkennen, die eine ebene Figur ε im Fernbild erfährt, dreht man ε um e in π hinein (rechts) und erhält so in π die *Umlegung $P^\times$* von P und $g^\times$ von g. Da alle *Drehsehnen $PP^\times$* parallel sind, läßt sich die Umlegung auch durch Projektion in Richtung der Drehsehnen gewinnen. So folgt weiter:

Umlegung und Fernbild einer ebenen Figur sind perspektiv-affin, lassen sich also auseinander gewinnen, wenn die Achse e und zwei zusammengehörige Punkte P' und $P^\times$ bekannt sind.

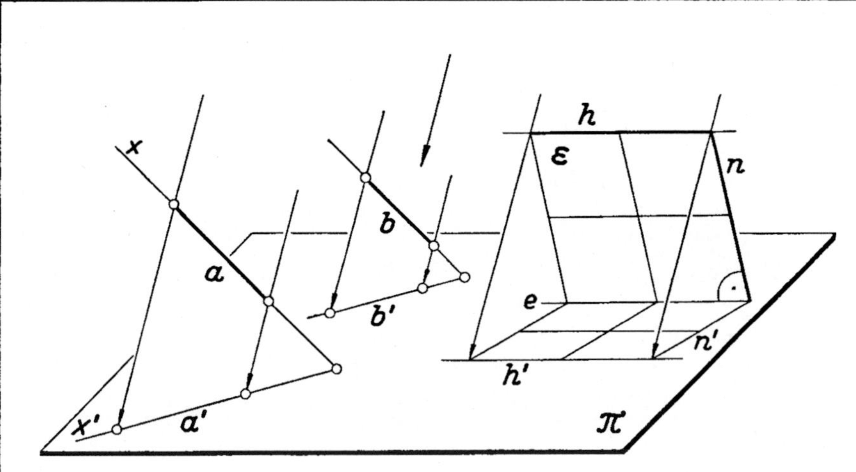

1.13   Parallelprojektion

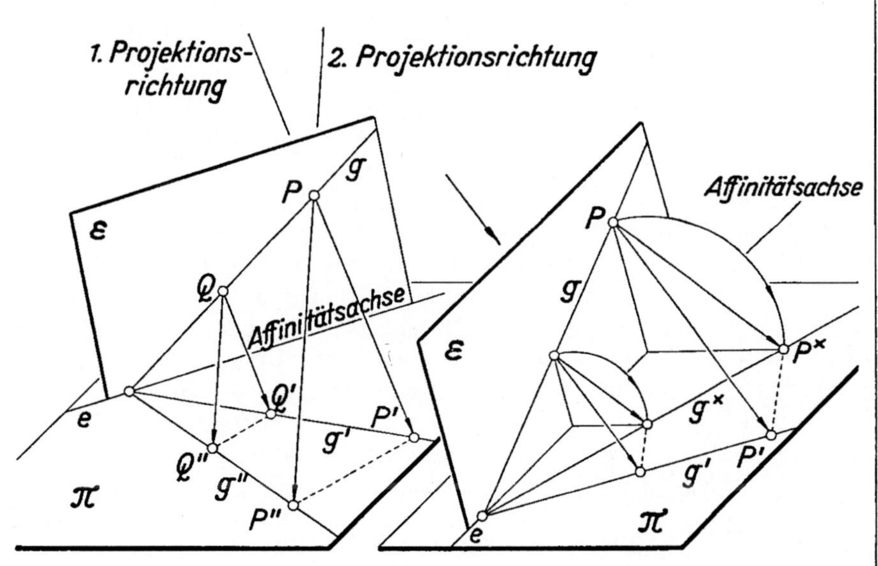

1.14   Zwei Fernbilder einer ebenen Figur

1.15 Normalprojektion. Ist die Projektionsrichtung $\perp \pi$, das Bild also ein Riß, so heißen die Ebenen $\perp \pi$ *Profilebenen*. Eine Gerade g und ihr Riß g' schließen den *Neigungswinkel* φ von g ein. Zur Strecke r auf g gehört ein rechtwinkliges *Neigungsdreieck* in der Profilebene von g mit der Hypotenuse r und einer Kathete $\| g'$, die gleich dem Riß $r' = r \cos \varphi$ von r ist. Der Bildfaktor $e_g = \cos \varphi$ von g ist ≤ 1 und heißt deshalb der *Verkürzungsfaktor* der Richtung g.

Ist h eine Hauptlinie mit dem Riß $h' \| h$ und β eine Ebene $\perp h$, also auch $\perp \pi$, so sind alle β-Geraden $\perp h$, also auch $\perp h'$; sie haben denselben Riß, nämlich die β-Spur $b \perp h'$. So folgt der

Hauptsatz II: Der Riß eines rechten Winkels ist wieder ein rechter Winkel, wenn ein Schenkel $\|$ *und der andere nicht* $\perp$ *zur Rißtafel ist.*

Nun betrachten wir eine beliebige Ebene ε (rechts): Die Neigungslinie n und die Normale l in einem ε-Punkt liegen in derselben Profilebene β. Die Risse n' und l' decken sich daher und sind $\perp$ zu den Rissen der Hauptlinien von ε, also auch $\perp$ zur ε-Spur e. β enthält den Neigungswinkel ψ von ε, nämlich den Winkel zwischen n und n', und heißt deshalb ein *Profilschnitt* von ε. Das Neigungsdreieck einer Strecke r auf einer Neigungslinie heißt ein *Stützdreieck*, die Zahl $e_\varepsilon = \cos \psi$ der *Stauchungsfaktor* von ε. Im Riß erscheint eine ε-Figur in Richtung der Hauptlinien unverändert, in Richtung der Neigungslinien mit dem Faktor e_ε „gestaucht".

1.16 Kotierte Risse. Nach Wahl einer waagerechten Bildebene π und einer Längeneinheit schreibt man an den Riß eines Punktes dessen Höhe über π als *Kote*[1] (links). Die kotierten Risse A' und B' zweier Punkte A und B bestimmen eine Gerade $g = AB$. Durch Umlegung ihrer Profilebene erhält man den Neigungswinkel φ, Punkte mit ganzzahligen Koten, z. B. 1 und 2, und die *Stufungseinheit* s_g, d. h. den Riß einer g-Strecke, deren Endpunkte die Höhendifferenz 1 haben; dabei ist $tg\, \varphi = 1 : s_g$.

Eine Ebene ε wird durch die kotierten Risse a' und b' zweier Hauptlinien a und b gegeben (rechts); z. B. sei $b = b'$ die Spur e. Der Pfeil gibt die Richtung abnehmender Höhen an. Durch Umlegen eines Profilschnittes $\perp e$ erhält man den Neigungswinkel ψ und den wahren Abstand r von a und b. Will man noch die Umlegung von ε, also die wahre Gestalt einer durch ihren Riß gegebenen ε-Figur bestimmen, so wird, da der Riß n' und die Umlegung $n^\times$ der Neigungslinie $n \perp e$ sind, $n^\times = n'$. Auf der Affinitätsachse e wird $B^\times = B'$; also macht man auf $n^\times$ die Strecke $B^\times A^\times = r$ und kann nun zum Riß C' jedes ε-Punktes C nach 1.14 die Umlegung $C^\times$ finden. Dabei ist die Affinitätsrichtung $A'A^\times$ diesmal $\perp$ zur Achse. Eine solche Affinität heißt eine *Stauchung*. So folgt:

Die Affinität zwischen dem Riß und der Umlegung einer ebenen Figur ist eine Stauchung.

---

[1] Kote = Zahl.

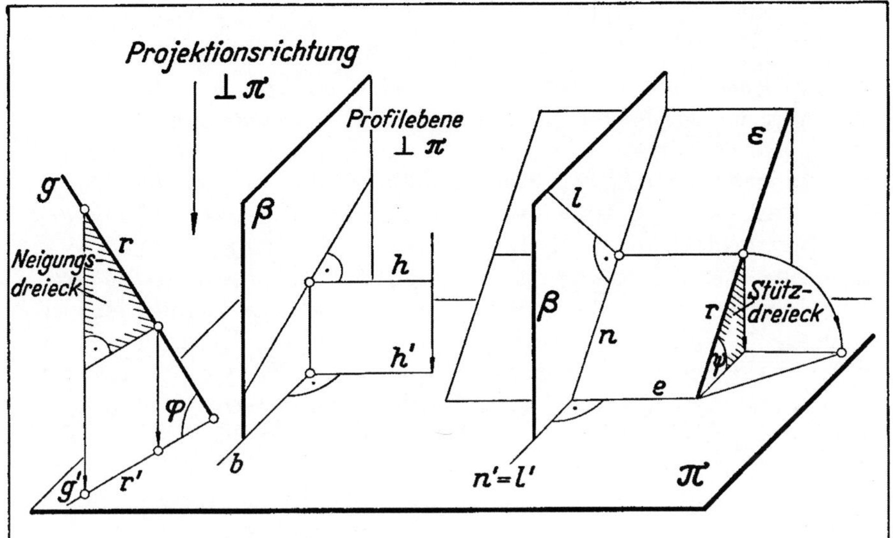

1.15 Normalprojektion

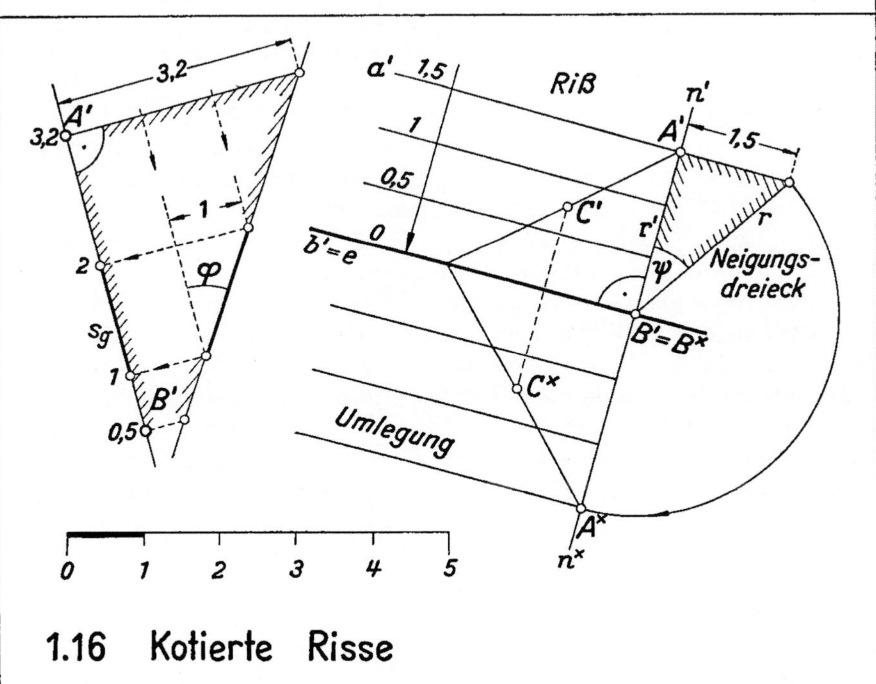

1.16 Kotierte Risse

1.2 Axonometrie

1.21 Koordinaten und Risse. Ein Punkt P wird im Raum durch seine kartesischen Koordinaten x, y, z festgelegt, d. h. durch die in einer Einheit e gemessenen und mit Vorzeichen versehenen Abstände von drei aufeinander senkrechten Ebenen α, β, γ. Die drei Schnittgeraden $\beta\gamma$, $\gamma\alpha$, $\alpha\beta$ heißen *x-Achse*, *y-Achse* und *z-Achse*, ihr Schnittpunkt der *Ursprung* O. Trägt man e auf jeder Achse in positiver Richtung, die durch eine Pfeilspitze bezeichnet wird, ab, so entsteht ein *Einheitsdreibein*. Seine Endpunkte tragen in der Figur die Marken 1. Normalprojektion des Punktes P auf die Rißtafeln $\pi_1 = \gamma$, $\pi_2 = \alpha$ und $\pi_3 = \beta$ liefert den *Grundriß P'*, den *Aufriß P''* und den *Kreuzriß P'''*. Der Quader mit den Kanten PP', PP'' und PP''' heißt der *Koordinatenquader* von P. Durchläuft man von seiner Ecke O aus drei seiner Kanten bis P, so entsteht ein *Koordinatenweg* von P.

Eine zu keiner Tafel senkrechte Gerade g besitzt drei Risse g', g'', g''' und drei Spurpunkte G_1 auf g', G_2 auf g'', G_3 auf g''', die in den Figuren dieser Seite durch schwarz ausgefüllte Nullkreise bezeichnet sind. Haupt- und Profilebenen, Haupt- und Neigungslinien, Spuren, Neigungswinkel und Neigungsdreiecke werden jetzt durch die Nummer der Tafel unterschieden, auf die sie sich beziehen: Eine erste Profilebene ist $\perp \pi_1$, der zweite Neigungswinkel φ_2 von g ist der Winkel zwischen g und g'', die dritte Spur e_3 einer Ebene ε ist ihre Schnittlinie mit π_3 usw.

1.22 Zugeordnete Risse entstehen, wenn man die drei Tafeln längs der Achsen auseinanderschneidet und Auf- und Grundriß in einer Zeichenebene π übereinander, Auf- und Kreuzriß nebeneinander derart anordnet, daß P' und P'' für jeden Punkt P auf einer vertikalen, P'' und P''' auf einer horizontalen Geraden, einem „*Ordner*", liegen. In der Figur zeigen die Blätter oben und rechts diese erste Anordnung.

Meist dreht man einfach π_1 um die y-Achse und π_3 um die z-Achse in $\pi_2 = \pi$ hinein, und zwar in dem durch Kreisbögen in der Figur 1.21 bezeichneten Drehsinn. Jetzt decken sich also Grund- und Aufriß der y-Achse und ebenso Auf- und Kreuzriß der z-Achse (links unten). Zu jedem Rißpaar P', P'' oder P'', P''' auf einem Ordner gehört – nach Zusammensetzung der Tafeln – genau ein Urbild P. Zu einem Rißpaar g', g'' oder g'', g''' gehört als Urbild der Schnitt der beiden projizierenden Ebenen, wenn kein Riß eines solchen Paares $\perp$ zu dessen *Rißachse y* bzw. z liegt. Für $g \parallel \pi_3$ decken sich z. B. g' und g'' und sind beide $\perp$ zur y-Achse; in diesem Fall muß g außerdem durch g''' oder die Spurpunkte G_1 und G_2 festgelegt werden.

Für die in der Figur gezeichnete Gerade g bestimme und beschrifte man die Risse der drei Spurpunkte. Zum Beispiel wird für den ersten Spurpunkt $G_1 = G_1'$; G_1'' liegt auf der y-Achse, G_1''' auf der x-Achse.

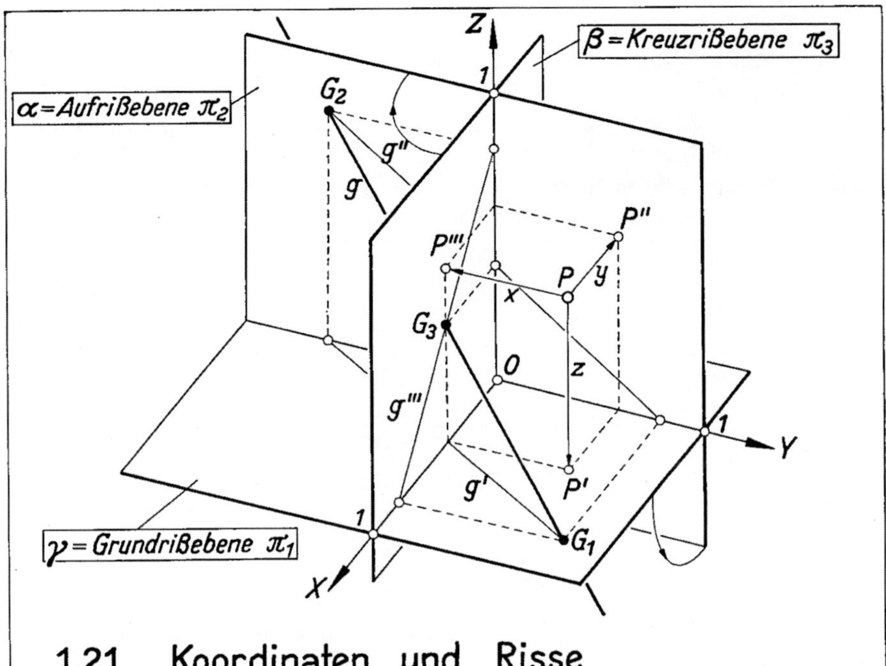

1.21 Koordinaten und Risse

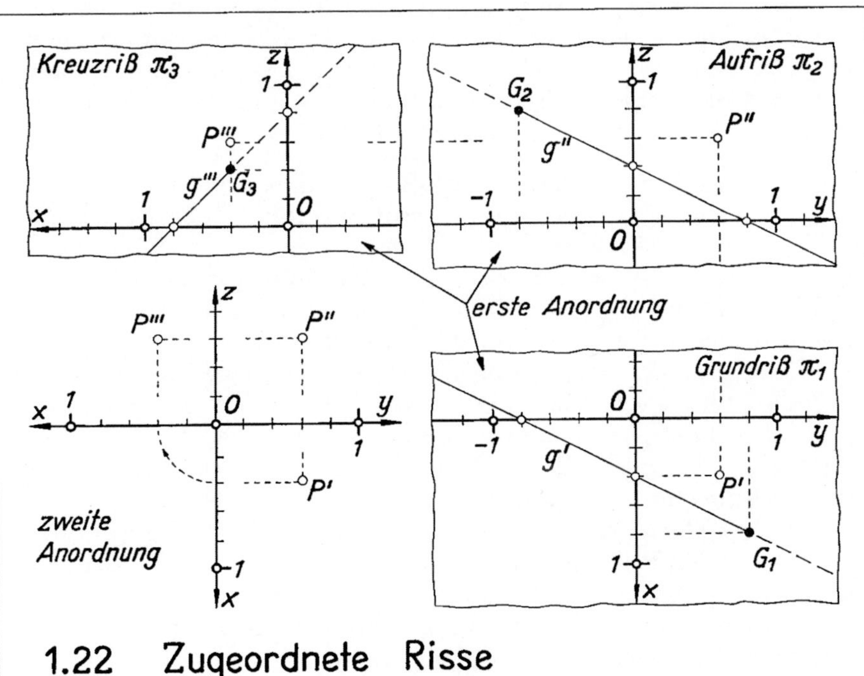

1.22 Zugeordnete Risse

1.23 Axonometrische Bilder. In ein räumliches Koordinatenkreuz sei eine Figur, z. B. ein Dreieck ABC, eingebettet. Man denke sich einen ihrer Risse, z. B. den Grundriß $A'B'C'$, hergestellt und dann die Gesamtfigur, also Einheitsdreibein, Dreieck und Riß, auf eine Bildebene π projiziert, die speziell auch eine der Koordinatenebenen sein darf. Keine dieser Koordinatenebenen aber sei projizierend, so daß sich also niemals zwei Achsenbilder decken. Das entstandene Bild (links) heißt ein *axonometrisches Bild*, das Bild des Einheitsdreibeins – drei von einem Punkt ausgehende Strecken e_x, e_y, e_z – ein *ebenes Dreibein*. Ein Punkt A wird also im axonometrischen Bilde durch zwei Punkte, sein Bild A und das Bild A' seines Risses A', dargestellt[1]. Aus ihnen kann man das Bild eines Koordinatenweges gewinnen und die Koordinaten in den Einheiten e_x, e_y, e_z mit Hilfe der in diesen Einheiten gezeichneten Maßstäbe messen.

Um die Länge einer Strecke r mit dem Grundriß r' aus dem Bilde zu entnehmen, bestimmt man die Koordinatenunterschiede ihrer Endpunkte: Aus einem Neigungsdreieck von r' liest man die Katheten $u = 2$, $v = 1$, aus dem ersten Neigungsdreieck von r die Kathete $w = 2$ $\parallel z$ ab und findet daraus $r^2 = r'^2 + w^2 = u^2 + v^2 + w^2 = 9$, $r = 3$. Ein Messen ist also nur möglich, wenn für jeden Punkt außer dem Bilde auch das eines Risses aus der Zeichnung zu entnehmen ist. Würde man den *axonometrischen Grundriß* $A'B'C'$ des Dreiecks fortlassen, so wäre dessen Lage und Gestalt nicht mehr angebbar. In den beiden Figuren haben die Dreiecksbilder *dieselbe* Gestalt und Lage in bezug auf die Achsenbilder, aber verschiedene axonometrische Grundrisse und daher *verschiedene* Urbilder: Rechts schneidet AC die z-Achse, links nicht.

1.24 Dimetrische und isometrische Bilder. Ein berühmter, von *Pohlke* (1853) gefundener Satz, den wir hier nicht beweisen, besagt: Nach Wahl eines ebenen Dreibeins in einer Bildebene kann man eine Projektionsrichtung so ermitteln und ein Einheitsdreibein im Raum so aufstellen, daß sein Fernbild dem gegebenen ebenen Dreibein ähnlich wird. Kurz: *Jedes ebene Dreibein ist Fernbild eines Einheitsdreibeins von geeigneter Größe.*

Da man eine Zeichnung beim Betrachten meist $\perp$ zur Blickrichtung hält, erscheinen solche Bilder am wenigsten verzerrt, die durch Normalprojektion entstanden sind. Das ist – wie wir später zeigen – bei einem *dimetrischen Bilde* der Fall (links), bei dem man die Achsenbilder nach einer bestimmten Vorschrift und $e_y = e_z = 2e_x$ wählt, ferner beim *isometrischen Bilde* (rechts), bei dem sie Winkel von $120°$ bilden und $e_x = e_y = e_z$ ist. Beide axonometrischen Bilder zeigen einen Würfel mit eingebettetem Oktaeder, dessen Ecken die Mitten der Würfelflächen sind. Das wäre aus dem Bilde allein nicht erkennbar, weil die axonometrischen Risse jener Ecken nicht angegeben sind.

---

[1] Urbild und axonometrisches Bild erhalten also das gleiche Symbol.

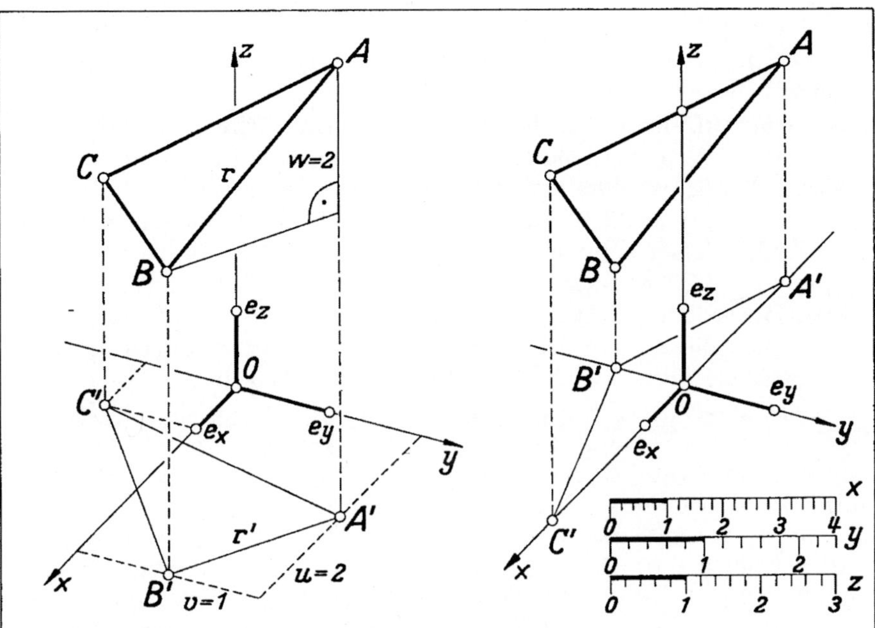

1.23 Axonometrische Bilder

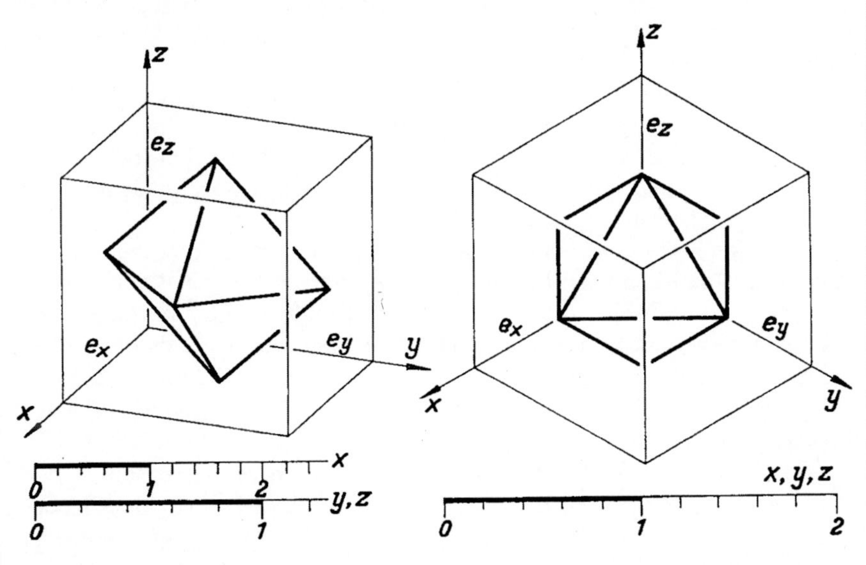

1.24 Dimetrische und isometrische Bilder

1.25 Kavalier- und **Militärprojektion** liefern spezielle axonometrische Schrägbilder: Bei der *Kavalierprojektion* (links) projiziert man den verkleinert gedachten und in das Achsenkreuz eingebetteten Gegenstand, also ein „Modell", schräg von oben oder unten auf die als Zeichenblatt π gewählte vertikale yz-Ebene π_2, und zwar meist so, daß x- und y-Achse im Bilde einen Winkel von 30° oder 45° einschließen. In den beiden linken Figuren der oberen Reihe ist durch die x-Achse eine projizierende Ebene gelegt, die in π das Bild dieser Achse ausschneidet; dieses ist wieder mit dem gleichen Buchstaben wie das Urbild bezeichnet. Die y- und die z-Achse decken sich mit ihren Bildern. Ebene Figuren $\parallel \pi$, z. B. die vordere Gebäudewand in dem linken unteren Bilde, erscheinen unverzerrt; es wird also $e_y = e_z = e$, d. h. gleich der Modelleinheit. e_x wird verkürzt gewählt, z. B. $e_x = \frac{1}{2}e$ oder $= \frac{2}{3}e$. Die mittlere Figurenreihe zeigt die auf diese Weise entstehenden Bilder eines Würfels mit achsenparallelen Kanten.

Bei der *Militärprojektion* (rechts) projiziert man das Modell unter 45° auf die horizontale xy-Ebene π_1, das Zeichenblatt π, dessen seitliche Ränder nicht $\parallel$ zur x- oder y-Achse, wohl aber $\parallel$ zum Bilde der z-Achse gewählt seien. Die rechte obere Figur zeigt die durch die z-Achse gelegte projizierende Ebene und das von ihr ausgeschnittene Bild. Horizontale ebene Figuren, z. B. der Gebäudegrundriß in dem rechten unteren Bilde, erscheinen unverzerrt, die Höhen in wahrer Größe. So wird $e_x = e_y = e_z = e$; die rechte Figur in der mittleren Reihe ist die Militärprojektion eines Würfels mit achsenparallelen Kanten.

Die Umlegung einer Koordinatenebene (unten) ergibt die wahre Gestalt einer in ihr liegenden Figur und damit die Möglichkeit, ihr Bild mit Hilfe der Affinität wie in 1.14 zu ergänzen: Links ist die Bodenebene um die y-Achse und die rechte Wand um die z-Achse in π_2 hineingedreht, rechts die Giebelwand um die y-Achse in π_1.

Die Kavalierprojektionen eignen sich am besten für die Darstellung von Gegenständen mit einfachen *Frontschnitten*, z. B. eines Drehkörpers oder einer Kurbelwelle mit der Achse in x-Richtung. Die Militärprojektionen sind besonders für die Darstellung von Gegenständen mit einfachen *Höhenschnitten* geeignet, z. B. von Gebäuden oder Innenräumen, aber auch von Geländeausschnitten, die durch Höhenlinien gegeben sind (vgl. 3.11).

Weitere Hinweise zur Axonometrie und einen schönen Beweis des Pohlkeschen Fundamentalsatzes bringt *G. Hessenberg* in seinen Vorlesungen über Darstellende Geometrie (Akad. Verlagsgesellschaft, Leipzig 1929).

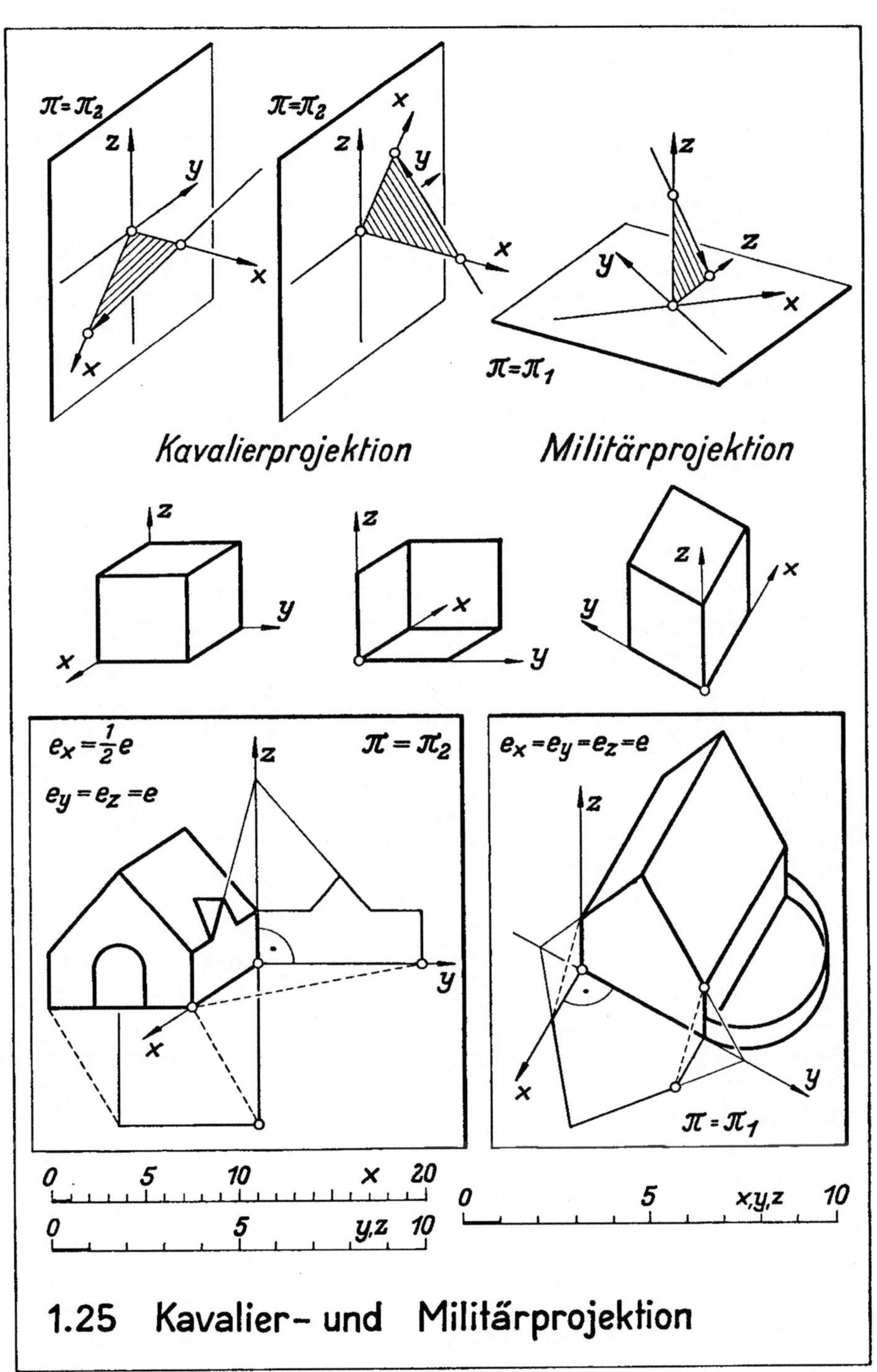

1.25   Kavalier- und Militärprojektion

1.26 Das Einschneidebild. Nunmehr wollen wir ein besonders einfaches Konstruktionsverfahren schildern, durch das man aus zwei beliebigen Projektionen eines Gegenstandes ein axonometrisches Bild gewinnen kann.

Von einem Gegenstand seien zwei Fernbilder, z. B. zwei Risse, in den Bildebenen π_1 und π_2 gegeben. Man legt sie beliebig in eine gemeinsame Zeichenebene π und zieht durch die Bildpunkte P' und P'' des Punktes P je einen Strahl von festgewählter Richtung I und festgewählter Richtung $II \neq I$. Ihr Schnittpunkt $\overline{P}$ heiße das *Einschneidebild* oder kurz das *E-Bild* von P. Für ein solches *E*-Bild gelten zwei *Hilfssätze*, deren einfache Beweise dem Leser als Übung überlassen seien:

1. Durchläuft ein Punkt P im Raum eine Gerade g, durchlaufen also die Bilder P' und P'' zwei ähnliche Punktreihen g' und g'', so durchläuft auch sein *E*-Bild $\overline{P}$ eine Gerade $\overline{g}$, das *E*-Bild von g.

2. Die *E*-Bilder paralleler Strecken sind parallel. Ihr Längenverhältnis bleibt erhalten.

Das *E*-Bild, das durch eine Konstruktion in π und nicht durch einen Projektionsvorgang im Raum gewonnen wurde, besitzt also die Grundeigenschaften eines Fernbildes: erhalten bleiben die Geradlinigkeit, die Parallelität und die Teilverhältnisse auf einer Geraden. In der Tat läßt es sich – was wir hier ebenfalls nicht zeigen – auch durch Parallelprojektion des im Raum geeignet aufgestellten Gegenstandes erzeugen, ist also ein Fernbild.

Verwendet man speziell – wie in unserer Figur – Grund- und Aufriß, so erhält man aus ihnen durch dieses bequeme *Einschneideverfahren* ein anschauliches axonometrisches Bild. Die Risse P' und P'' eines Punktes P liegen jetzt nicht mehr auf einem Ordner, sondern einem geknickten *Ordnerzug*. Die Knickstelle aber liegt – so behaupten wir – stets auf einer festen *Hilfsachse* $y^\times$. Sind nämlich y' und y'' die Risse der y-Achse und wählt man vorübergehend $I \perp y'$, $II \perp y''$, so treffen sich die „Ordner" durch P' und P'' nach dem Hilfssatz 1 auf einer Geraden, dem zu diesen speziellen Richtungen I und II gehörenden *E*-Bild $y^\times$ von y. Sie erleichtert – wie unsere Figur zeigt – das Aufsuchen zusammengehöriger Rißpunkte.

Um ein gut wirkendes Bild zu erhalten, geht man am besten – wie in 3.11 und 3.13 genauer ausgeführt wird – von dem Riß $\overline{x}$, $\overline{y}$, $\overline{z}$ eines Achsenkreuzes aus und legt die gegebenen Risse π_1 und π_2 so, daß ihre *E*-Bilder durch eine Stauchung in Richtung $I \parallel \overline{z}$ bzw. $II \parallel \overline{x}$ aus ihnen hervorgehen. Das Einschneideverfahren liefert dann sogar eine Normalprojektion des Gegenstandes. Eine ausführliche Begründung findet man z. B. bei *F. Reutter*, Darstellende Geometrie (Verlag G. Braun, Karlsruhe, 1958).

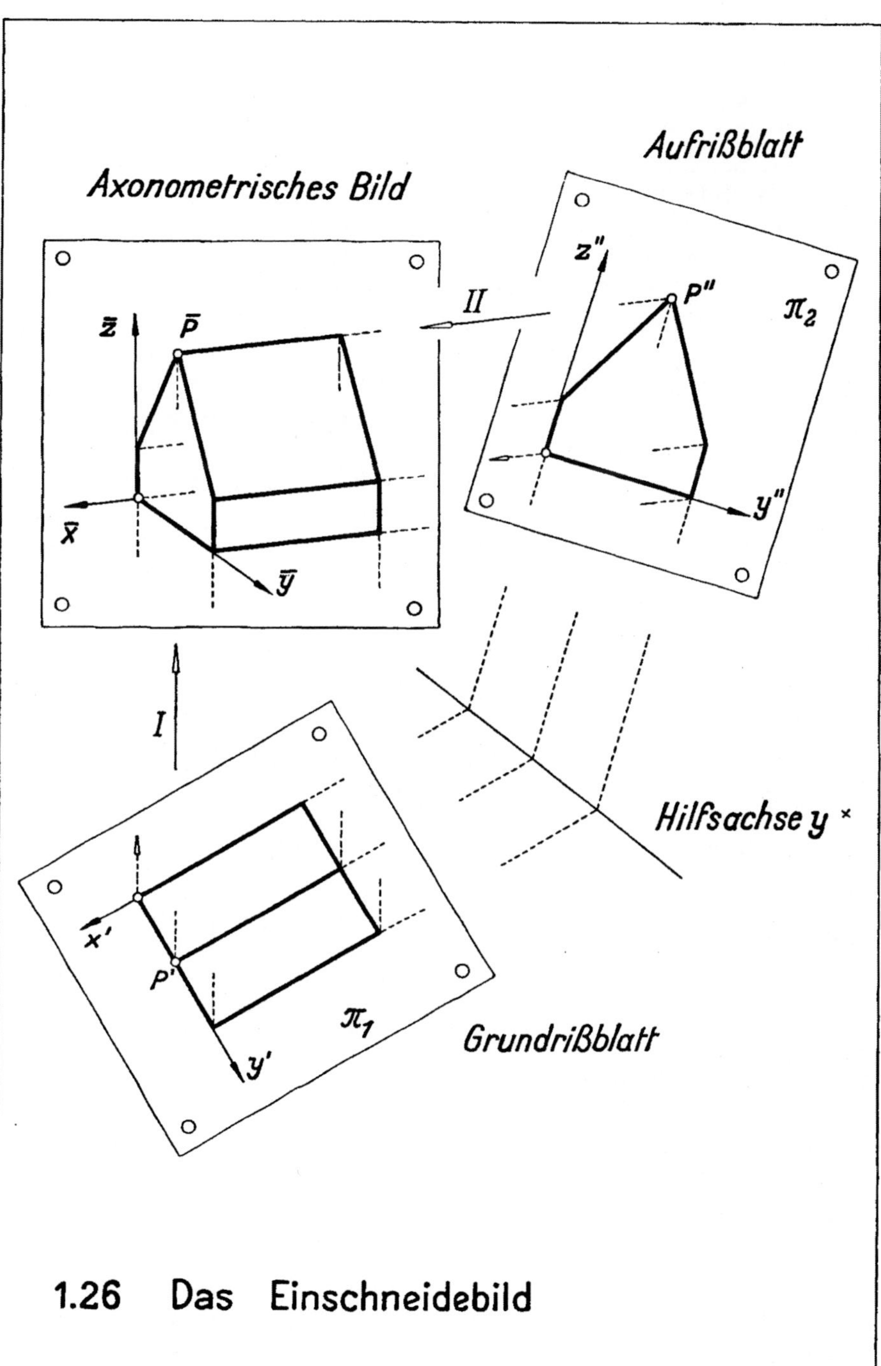

1.26 Das Einschneidebild

1.3 Die Ellipse

1.31 Das Fernbild eines Kreises heißt *Ellipse*. Da bei Parallelprojektion jede Streckenmitte in die Bildstreckenmitte übergeht und parallele Geraden parallel bleiben, folgt:

1. Das Bild M' des Kreismittelpunktes M halbiert jede durch M' gehende Ellipsensehne, ist also Ellipsenmittelpunkt. Zwei rechtwinklige Kreisdurchmesser liefern zwei *konjugierte Ellipsendurchmesser*, die i. a. nicht rechtwinklig sind. Die Tangenten in den Endpunkten eines Durchmessers sind ∥ zum konjugierten Durchmesser. Jeder Durchmesser halbiert die konjugierten Sehnen; die Tangenten in den Endpunkten einer Sehne treffen sich auf dem konjugierten Durchmesser. *Die Ellipse ist*, wie wir sagen wollen, *schrägsymmetrisch zu jedem Durchmesser.*

2. Dreht man in der Kreisfigur zwei starr verbundene Rechtwinkelradien um 90°, so ändert sich in der Bildfigur der Winkel der konjugierten Halbmesser: War er in der Anfangslage spitz, so ist er in der Endlage der stumpfe Supplementwinkel. Wir zeigen in 1.36, daß es genau eine Zwischenlage gibt, in der er ein Rechter ist: *Es gibt zwei konjugierte Ellipsendurchmesser, die rechtwinklig sind, nämlich die Symmetrieachsen 2a und 2b.* Ihre Endpunkte heißen die *Scheitel.* Nur beim Kreis ist *jedes* konjugierte Durchmesserpaar rechtwinklig.

3. Konjugiert sind nach dem Thalessatz die Sehnen, die einen Ellipsenpunkt mit den Endpunkten eines Durchmessers verbinden.

4. Konjugiert sind ferner die Diagonalen eines beliebigen Tangentenparallelogramms, weil sein Urbild ein Rhombus ist.

1.32 Krümmungskreise. Um eine Ellipse gut zeichnen zu können, ist es oft zweckmäßig, die Krümmungskreise in den Endpunkten A und B der konjugierten Halbmesser a und b zu benutzen, d. h. Kreise, deren Mittelpunkte K_a und K_b auf den Normalen n_a und n_b in jenen Endpunkten liegen und die sich der Ellipse besonders gut anschmiegen. Ist $\sphericalangle\,(a,\,b) = \varphi$, so sind ihre Radien – wie die Differentialgeometrie zeigt[1] –

$$\varrho_a = b^2 : a \sin \varphi, \quad \varrho_b = a^2 : b \sin \varphi.$$

Nun konstruiert man z. B. ϱ_b so (links): Man bestimmt den Schnittpunkt U der Tangenten in A und B und den Fußpunkt V des Lotes von U auf a. Das Lot von U auf BV schneidet n_b im gesuchten Krümmungsmittelpunkt K_b. Denn ist $\alpha = \sphericalangle\,BUK_b = \sphericalangle\,BVU$ und $u = UV = b \sin \varphi$, so ist $BK_b = a\,\mathrm{tg}\,\alpha$ und $\mathrm{tg}\,\alpha = \dfrac{a}{u}$, also in der Tat $BK_b = \varrho_b$.

Sind speziell a und b die Halbachsen, so wird V ein Scheitel (rechts): *Das Lot von einer Ecke des Scheiteltangenten-Rechtecks auf die nicht durch diese Ecke gehende Diagonale schneidet die Achsen in den Mittelpunkten der Scheitelkrümmungskreise.*

---

[1] Vgl. z. B. *Müller-Kruppa* (s. Literaturübersicht).

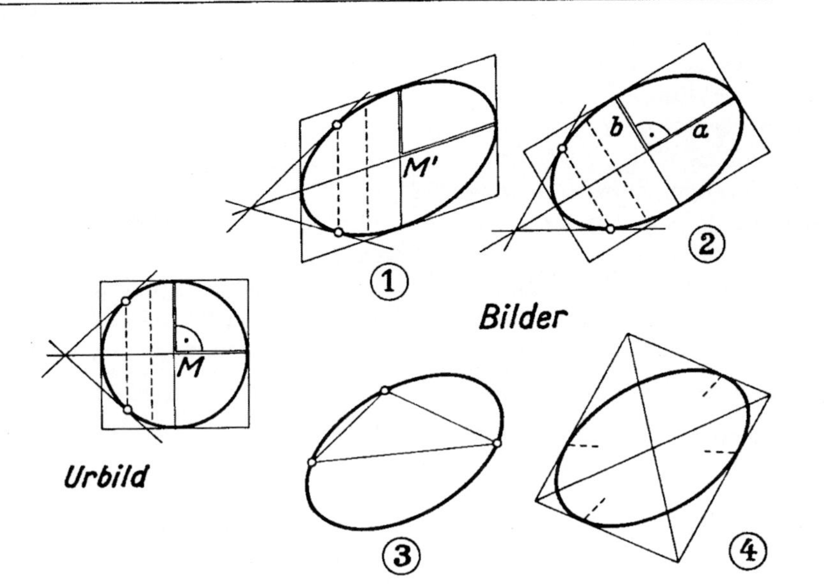

1.31 Das Fernbild eines Kreises

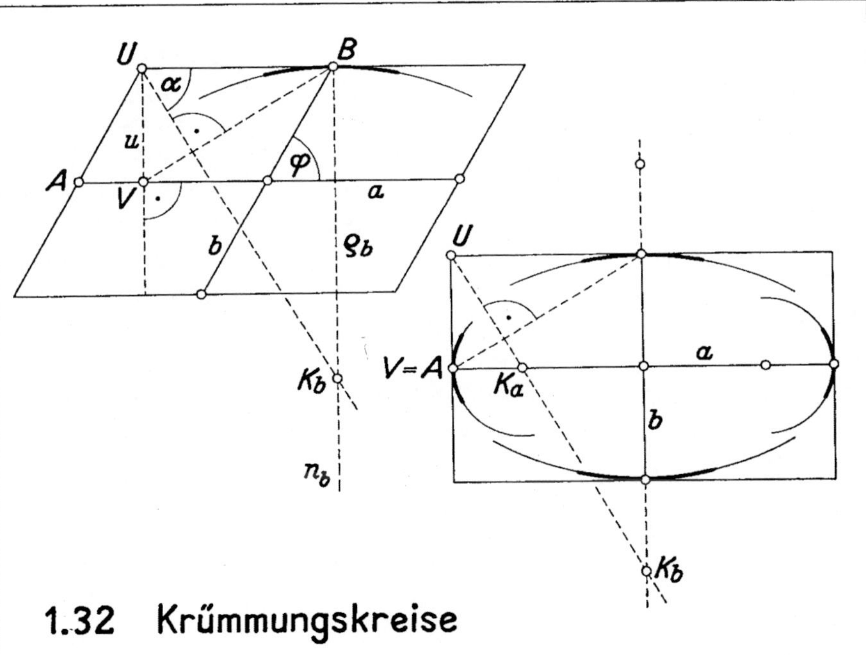

1.32 Krümmungskreise

I.33 Tangentenachteck und -zwölfeck. Um den Zusammenhang zwischen Bild und Urbild analytisch darzustellen, wählt man im Kreise mit dem Radius r, also im Urbild, zwei zueinander rechtwinklige Durchmesser als x- und y-Achse rechtwinkliger Koordinaten, im Bilde die entsprechenden Durchmesser als x'- und y'-Achse schiefwinkliger Koordinaten. Aus den Radien der x- und y-Richtung werden die konjugierten Halbmesser a und b der x'- und y'-Richtung. Das Verhältnis paralleler Strecken bleibt im Bilde erhalten. Hat also ein Punkt im Urbild die Koordinaten x, y und sein Bildpunkt die Koordinaten x', y', so ist $x' : a = x : r$ und $y' : b = y : r$. Aus der Kreisgleichung $x^2 + y^2 = r^2$ wird die Ellipsengleichung $\dfrac{x'^2}{a^2} + \dfrac{y'^2}{b^2} = 1$. *Eine Ellipse ist daher durch zwei konjugierte Durchmesser eindeutig festgelegt.*

Mißt man die Koordinaten im Urbild in der Einheit r, setzt also etwa $x = ur$ und $y = vr$, so wird $x' = ua$ und $y' = vb$; u und v sind dann also auch die Maßzahlen der Bildkoordinaten, falls man diese in den Einheiten a und b mißt.

Um eine Ellipse zu zeichnen, genügt es oft, sie in ein *Tangentenachteck* einzuspannen, also die Punkte auf den Diagonalen des gegebenen Tangentenparallelogramms und ihre Tangenten zu ermitteln. Die Urbilder jener Punkte haben die Abszissen $x = \frac{1}{2}\sqrt{2}\,r$, die Bilder also die Abszissen $x' = \frac{1}{2}\sqrt{2}a$. Die Strecke x' wird an einem *Verkürzungswinkel* von 45° abgegriffen: Man trägt a mit dem Stechzirkel auf einem Schenkel vom Scheitel aus ab, hält die Spitze im Endpunkt fest und verkleinert die Zirkelöffnung, bis die freie Spitze auf dem zweiten Schenkel schleift. —Die Tangenten in den konstruierten Punkten sind $\parallel$ zu den Diagonalen und treffen die x'-Achse in den Punkten mit den Abszissen $\pm\, 2x'$.

Im *dimetrischen Fall* $a = b$ ist das Tangentenparallelogramm ein Rhombus: Die Konstruktion liefert daher die Achsen und die Scheitel, in denen sich die Krümmungskreise bequem zeichnen lassen (I.32).

Will man ein *Tangentenzwölfeck* verwenden und z. B. die Bilder der Teilpunkte *1* und *2* direkt in der Ellipsenfigur bestimmen, so beachte man, daß *1* die Koordinaten $x_1 = \frac{1}{2}r$ und $y_1 = \frac{1}{2}\sqrt{3}\,r$, *2* die Koordinaten $x_2 = \frac{1}{2}\sqrt{3}\,r$ und $y_2 = \frac{1}{2}r$ hat. Also liegt *1'* auf der Parallelen zu b durch die Mitte von a, *2'* auf der Parallelen zu a durch die Mitte von b. An einem 60°-Winkel greift man dann für den Punkt *1'* die Ordinate $y_1' = \frac{1}{2}\sqrt{3}b$ und für den Punkt *2'* die Abszisse $x_2' = \frac{1}{2}\sqrt{3}a$ ab. Endlich folgt aus dem Urbild, daß die *1'*-Tangente auf der x'-Achse das Stück $2a$, die *2'*-Tangente auf der y'-Achse das Stück $2b$ abschneidet.

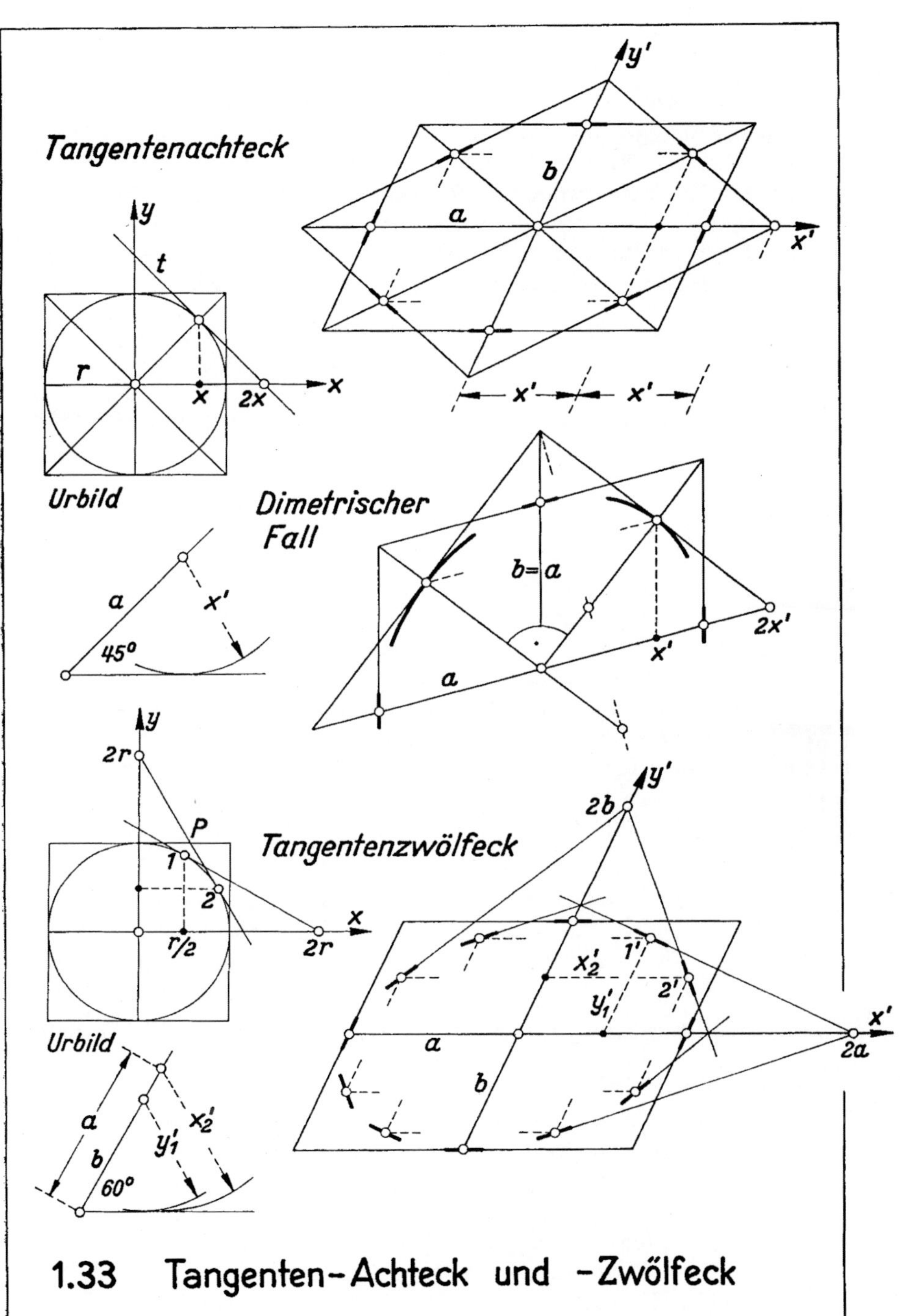

1.33 Tangenten-Achteck und -Zwölfeck

1.34 Punkte und Tangenten einer Ellipse. Auch die folgenden drei Konstruktionen benutzen nur den Hauptsatz, daß das Verhältnis paralleler Strecken im Fernbild erhalten bleibt. In den rechten Figuren sind stets zwei konjugierte Ellipsendurchmesser $2a$ und $2b$ gegeben, also auch das Parallelogramm der Tangenten in ihren Endpunkten. Wir suchen weitere Ellipsenpunkte und -tangenten. Links ist das zugehörige Urbild gezeichnet, aus dem wir die Konstruktion ableiten. In ihm bedeutet P einen beliebigen Kreispunkt, t seine Tangente.

Der Thalessatz ergibt im Urbild, daß die rechtwinkligen Dreiecke mit den schraffierten Katheten u, v, w kongruent sind, daß also $u = v = w$ ist. Will man daher im Bild durch die Endpunkte des Durchmessers $2a$ konjugierte Strahlen legen (1.31), deren Schnitt einen Ellipsenpunkt P' liefert, so muß man u' und v' so wählen, daß $u' : v' = a : b$. Das erreicht man z. B., wenn man nacheinander $u' = \frac{1}{4}a$, $\frac{1}{2}a$, $\frac{3}{4}a$ und entsprechend $v' = \frac{1}{4}b$, $\frac{1}{2}b$, $\frac{3}{4}b$ wählt. Macht man jedesmal $w' = v'$, so erhält man die P'-Tangenten t'.

Der Höhensatz. Im Urbild sei der Radius $MC \perp$ zum Durchmesser AB und V der Schnittpunkt von AP und BC. Im Dreieck ABV sind AC und BP Höhen; sie schneiden sich in U. Als dritte Höhe ist $UV \parallel MC$. In der Ellipsenfigur zeichnet man also die festen Geraden $A'C'$ und $B'C'$, wählt $U'V' \parallel b$ und gewinnt so die konjugierten Strahlen $A'V'$ und $B'U'$ und deren Schnittpunkt P'. Nach dem Thalessatz liegen P, C, U und V auf dem Kreis über UV. Sein Mittelpunkt ist der Schnitt W von UV mit der C-Tangente; daher ist $WP = WC$ und WP die Tangente t. Also ist in der Ellipsenfigur $W'P'$ die Tangente t' in P', wobei W' der Schnittpunkt von $U'V'$ mit der C'-Tangente ist.

Der Tangentensatz benutzt die parallelen Tangenten in den Endpunkten eines Durchmessers AB: Im Urbild schneidet t auf diesen Tangenten die Abschnitte p und q, die Sekante AP auf der B-Tangente den Abschnitt $2q$ ab. Dabei ist $p : r = r : q$, also $pq = r^2$; setzt man $p = nr$, so wird $q = \dfrac{1}{n}\, r$. Aus dem Radius $r \perp AB$ wird der Ellipsenhalbmesser b, aus p und q also $p' = nb$ und $q' = \dfrac{1}{n}\, b$. Für eine Skizze genügt es, die zu $n = 2$ gehörenden Tangenten mit ihren Berührungspunkten zu ermitteln. Dazu verdoppelt und halbiert man also die in der rechten Figur erkennbaren Tangentenabschnitte der b-Richtung, verbindet die erhaltenen, schwarz markierten Punkte kreuzweise und gewinnt damit zwei Ellipsentangenten. Die Diagonalen des „Halb-Parallelogramms" schneiden auf diesen Tangenten die Berührungspunkte aus.

Alle drei Konstruktionen sind auch für das freihändige Skizzieren eines Kreisbildes besonders geeignet.

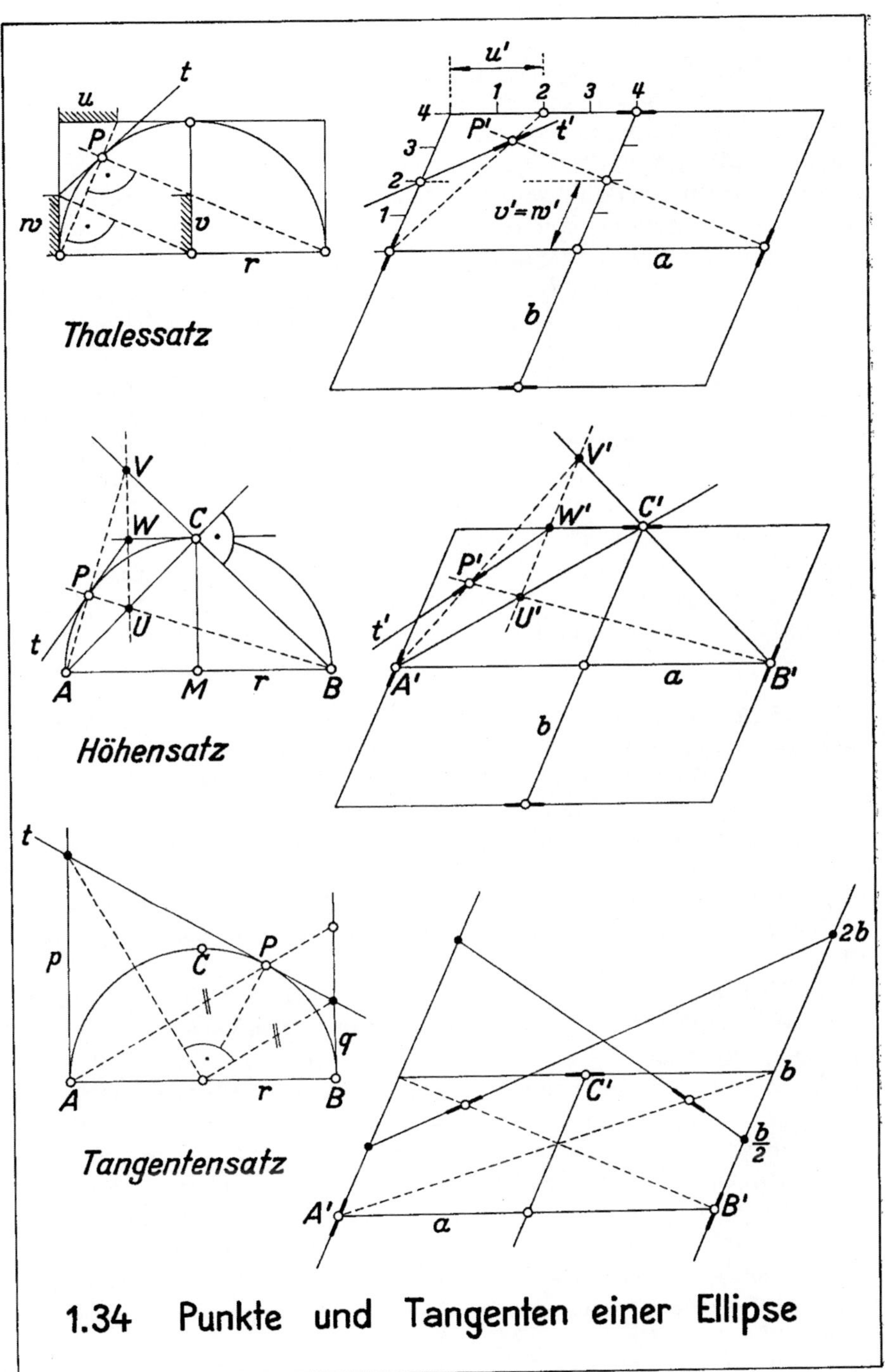

1.34   Punkte und Tangenten einer Ellipse

1.35 Der Riß eines Kreises ist eine Ellipse, deren Achsen sich nach 1.15 angeben lassen (links): Der Riß des zur Rißtafel parallelen Kreisdurchmessers, des Hauptlinien-Durchmessers, ist unverkürzt und ergibt die *Hauptachse* des Kreisrisses, der des Neigungslinien-Durchmessers ist am stärksten verkürzt und liefert die *Nebenachse*. Bildet die Kreisebene mit der Rißtafel den Winkel $\psi \neq 0$, ist also $\lambda = \cos \psi$ ihr Stauchungsfaktor, so gilt für die Achsenlängen:

halbe Hauptachse $a = r$, halbe Nebenachse $b = \lambda r = r \cos \psi$.
Der Riß der *Kreisachse*, d. h. der Mittelpunktsgeraden $\perp$ zur Kreisebene, deckt sich mit der Nebenachse des Kreisrisses.

Um die Ellipse punktweise zu zeichnen, dreht man den Kreis um den Hauptlinien-Durchmesser, in der Figur die x-Achse, in die Hauptebene$\|\pi$. Aus dem Riß dieser Umlegung, dem großen *Scheitelkreis*, entsteht die gesuchte Ellipse durch eine Stauchung (rechts): Die Stauchungsachse ist die x-Achse, der Stauchungsfaktor $\lambda = b : a \ (< 1)$. Der Kreispunkt $P^\times$ mit den Koordinaten $x^\times$, $y^\times$ ergibt den Ellipsenpunkt P mit den Koordinaten $x = x^\times$, $y = \lambda y^\times$, die Kreistangente $t^\times$ die Ellipsentangente t. Die Stauchungskonstruktion läßt sich ersetzen durch die für $Q^\times$ und Q angegebene Schulkonstruktion, die beide Scheitelkreise benutzt; denn auch sie liefert $y = \lambda y^\times$.

1.36 Achsenkonstruktion. Durch Stauchung des großen Scheitelkreises (links) entstehen aus zwei rechtwinkligen Radien $MP^\times$ und $MQ^\times$ konjugierte Halbmesser $MP = p$ und $MQ = q$. Schwenkt man das Dreieck $MQQ^\times$ um 90° um M, so kommt Q nach R, $Q^\times$ nach $P^\times$. PR treffe die x-Achse in U, die y-Achse in V. Dann ist $PV = P^\times M = a$, $PU = b$. Ferner sei $VW \| a$, $UW \| b$, also $MW = UV$. Dann ist die P-Tangente $t \| q$, $q \perp MR$, $MR \| PW$, also $t \perp PW$. So folgt: *Auf einem Papierstreifen mache man $PV = a$, $PU = b$. Gleiten U und V auf den Achsen, so beschreibt P die gesuchte Ellipse. Markiert man dabei W auf dem festen Kreis um M mit UV,* wozu man $VW \| a$ zieht, *so ist die P-Tangente $t \perp PW$.* Für R gibt es zwei mögliche Lagen: Die gezeichnete liefert den „langen" Streifen $UV = a + b$, die andere den „kurzen" Streifen $UV = a - b$. Durch Rechnung folgt ferner (nach 1.35) der *Hilfssatz:* $p^2 + q^2 = a^2 + b^2 = \text{const.}$

Sind die Achse $AB = 2a$ und ein Ellipsenpunkt P gegeben und b gesucht (rechts unten), so macht man $PV = a$ und findet $PU = b$. Sind die konjugierten Halbmesser p und q gegeben (rechts oben), so findet man die Achsen durch Umkehrung der Streifenkonstruktion[1]: Schwenkung von q um M liefert R. Die Mitte von PR sei S. Auf PR mache man $SU = SV = SM$ und hat damit die Achsenrichtungen MU und MV und die Längen $PV = a$ und $PU = b$.

---

[1] David Rytz (Professor in Aarau) 1845.

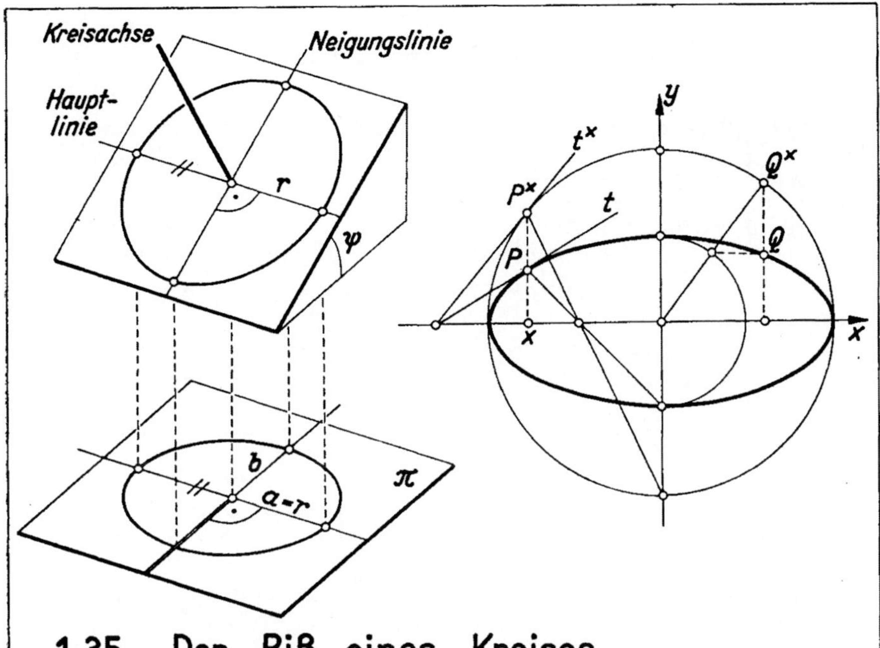

1.35   Der Riß eines Kreises

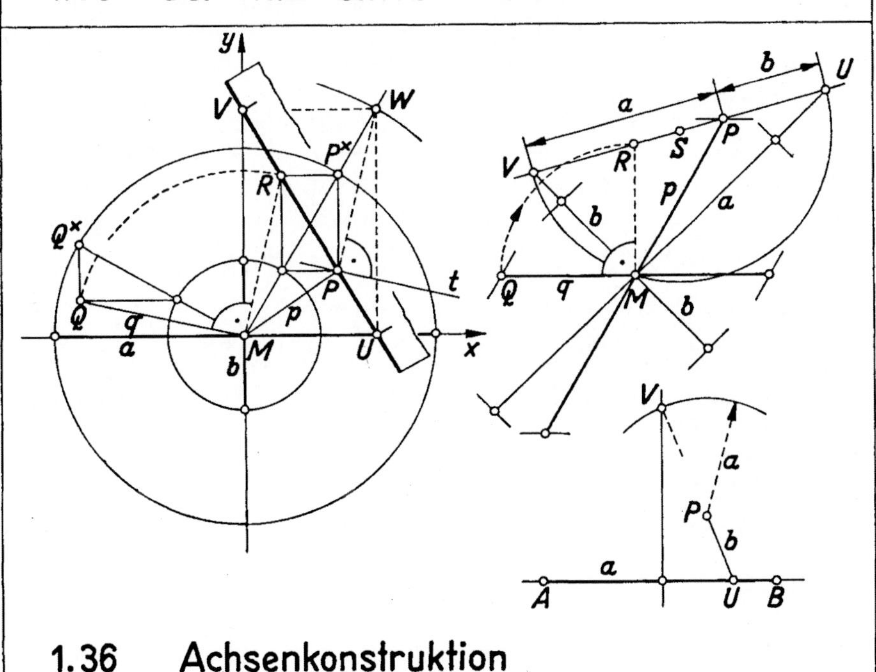

1.36   Achsenkonstruktion

1.4 Perspektivität und Affinität

1.41 Perspektivität. Durch Zentralprojektion (1.11) lassen sich zwei Ebenen ε_1 und ε_2, die sich in der Geraden a schneiden, punktweise einander zuordnen, wenn keine durch das Projektionszentrum Z geht. Die a-Punkte entsprechen sich selbst. Daher gilt für diese umkehrbar eindeutige Zuordnung:

1. *Zusammengehörige Punkte P_1 und P_2 liegen auf einem Z-Strahl.*

2. *Zusammengehörige Geraden g_1 und g_2 treffen sich auf a.*

Zwei sich entsprechende Figuren in ε_1 und ε_2 heißen *perspektiv*. Die linke Figur zeigt den *Satz von Desargues* (1636): Liegen zwei Dreiecke perspektiv in bezug auf einen Punkt Z, so treffen sich zusammengehörige Seiten auf einer Geraden a, und umgekehrt.

Projiziert man die gesamte Raumfigur ε_1, ε_2 und Z auf eine beliebige Zeichenebene π (z. B. durch Parallelstrahlen, die nicht $\parallel \varepsilon_1$ oder $\parallel \varepsilon_2$ sind), so bleiben die Eigenschaften 1 und 2 im Bilde erhalten (Fig. 1.43 oben links). Diese umkehrbar eindeutige Zuordnung zwischen den Bildern zweier im Raum perspektiv liegender ebener Figuren, also zwischen den Punkten in π, heißt eine *ebene Perspektivität*, das Bild von Z ihr *Zentrum*, das von a ihre *Perspektivitätsachse*. Deutet man z. B. das linke Bild als Projektion einer Pyramide, also als ebene, nicht räumliche Figur, so zeigt es: Der Satz von Desargues gilt auch für zwei in der gleichen Ebene π perspektiv liegende Dreiecke. Es zeigt ferner:

Eine ebene Perspektivität ist durch das Zentrum Z, die Achse a und zwei Punkte P_1, P_2 (beide $\neq Z$ und nicht auf a) auf einem Z-Strahl festgelegt.

Liegt nämlich Q_1 nicht auf $P_1 Q_1$, so zeichnet man $g_1 = P_1 Q_1$, g_2 durch P_2 und den a-Punkt von g_1, endlich Q_2 auf g_2 und ZQ_1. Für R_1 auf $P_1 P_2$ benutzt man dann ebenso Q_1, Q_2. So bestimmt man z. B. im Bilde den Pyramidenschnitt ε_2 durch den Kantenpunkt P_2 und die ε_1-Gerade a.

1.42 Affinität. Wird speziell Z ein Fernpunkt, die Pyramide also zum Prisma (links), so heißen die sich entsprechenden Figuren in ε_1 und ε_2 *perspektiv-affin*, die Zuordnung in π heißt wie in 1.14 eine *ebene perspektive Affinität*. Beim Zeichnen eines Fernbildes der beiden Figuren sind also wieder die beiden Bedingungen zu erfüllen (vgl. Fig. 1.43 oben rechts):

1. *Die Verbindungslinien zusammengehöriger Punkte P_1 und P_2 haben eine feste Richtung, die Affinitätsrichtung.*

2. *Zusammengehörige Geraden g_1 und g_2 treffen sich auf einer Achse, der Affinitätsachse a.*

Zu zwei Strecken $a_1 \parallel b_1$ gehören im *Affinbild* zwei Strecken $a_2 \parallel b_2$ mit $a_2 : b_2 = a_1 : b_1$. – In den rechten Figuren dieser Seite ist ε_2 durch drei schwarz markierte Punkte gegeben; man bestimme die Schnittfigur in ε_2 und zeige (unten): Die Parallelogramme α und *1 1′ 4 4′*, β und *2 2′ 5 5′*, γ und *3 3′ 6 6′* liegen perspektiv-affin.

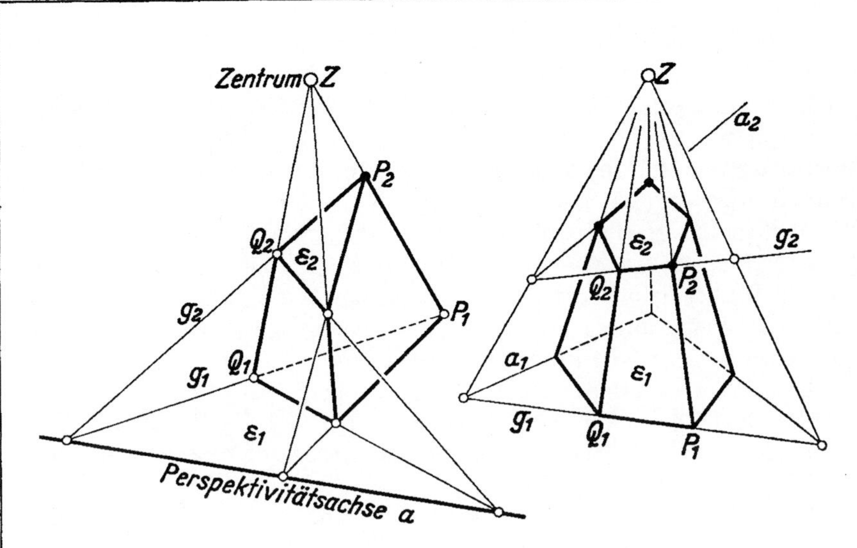

1.41 Perspektivität

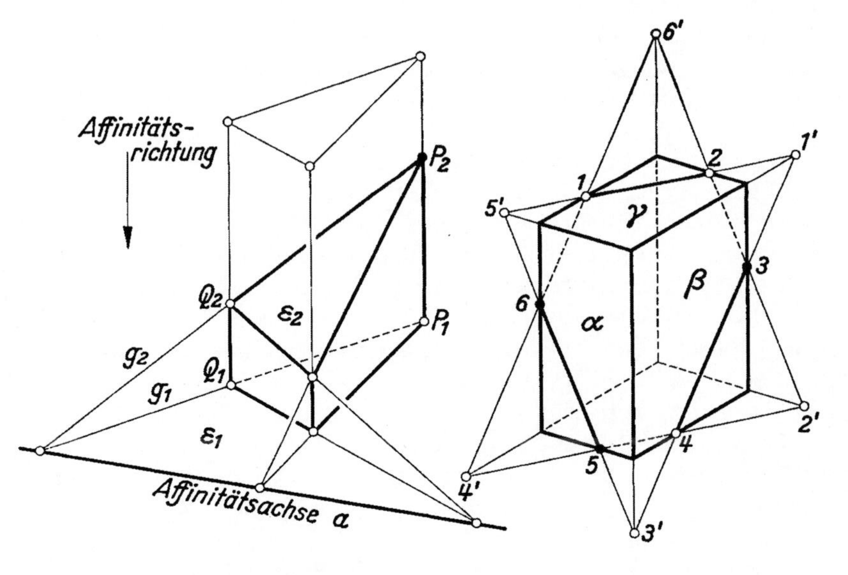

1.42 Affinität

1.43 Spezialfälle. Läßt man in den Figuren 1.41 und 1.42 $\varepsilon_2 \parallel \varepsilon_1$ werden, so wandert die Schnittgerade a ins Unendliche: Zusammengehörige Geraden g_1 und g_2 werden parallel. Die perspektiven Figuren in ε_1 und ε_2 werden ähnlich, die perspektiv-affinen Figuren kongruent. Wieder denken wir uns von diesen beiden ebenen Figuren und den sie verbindenden Z-Strahlen ein Fernbild in der Bildebene π gezeichnet. Aus der Perspektivität (links oben), bei der Zentrum Z und Achse a im Endlichen liegen, wird der Spezialfall der *zentrischen Ähnlichkeit* (links unten): Das Zentrum liegt im Endlichen, die Achse ist die Ferngerade. Auf zusammengehörigen, jetzt parallelen Geraden g_1 und g_2 schneiden die Z-Strahlen ähnliche Punktreihen aus.

Aus der perspektiven Affinität (rechts oben), bei der das Zentrum im Unendlichen, die Achse im Endlichen liegt, wird die *Parallelverschiebung* (rechts unten): Zentrum und Achse liegen im Unendlichen. Die Punktreihen auf g_1 und g_2 sind kongruent.

Jeder der vier Fälle stellt eine Verwandtschaft zwischen zwei *Feldern* in derselben Zeichenebene π dar: Aus einer gegebenen Figur wird eine zweite gewonnen, wenn außer dem Zentrum und der Achse ein Paar zusammengehöriger Punkte P_1, P_2 auf einem Z-Strahl gegeben ist. Aus einem Rechteck wird bei der Perspektivität ein allgemeines Viereck, bei der Affinität ein Parallelogramm, bei der zentrischen Ähnlichkeit ein ähnliches Rechteck, bei der Parallelverschiebung ein kongruentes Rechteck. Durch starkes Ausziehen der Z-Strahlen im Bereich zwischen den zusammengehörigen Vierecken erhält man anschauliche Bilder von Pyramiden- und Prismenstümpfen.

1.44 Kegelschnitte. Ein Kegel entsteht, wenn man die Punkte einer in der Ebene ε_1 liegenden Basiskurve k_1 mit einem Punkte Z, der nicht in ε_1 liegt, durch *Mantellinien* verbindet. Als Bild von k_1 sei eine Ellipse gewählt, als Bild von Z ein äußerer Punkt. Unter den Bildern der Mantellinien gibt es zwei Tangenten an k_1. Sie heißen die *Konturmantellinien* des Bildes. Alle anderen Mantellinienbilder liegen zwischen diesen beiden. Es soll der Schnitt k_2 mit einer Ebene ε_2 skizziert werden, die durch Wahl der Schnittgeraden $a = \varepsilon_1 \varepsilon_2$ und eines Punktes P_2 auf einer Mantellinie ZP_1 festgelegt sei. Man zeichnet durch P_1 eine Reihe von k_1-Sehnen g_1 und bestimmt die perspektiv entsprechenden Sehnen g_2 durch P_2. Insbesondere erhält man durch Übertragung der Tangente t_1 in einem k_1-Punkt die Tangente t_2 im entsprechenden k_2-Punkt. Legt man die Sehne s_1 durch den k_1-Berührungspunkt B_1 einer Konturmantellinie, so schneidet s_2 auf dieser den Punkt B_2 aus, in dem das gesuchte Schnittkurvenbild k_2 jene Mantellinie berührt. Statt P_1, P_2 kann man dabei ein beliebiges schon gefundenes Punktepaar benutzen. Wird Z ein Fernpunkt, so erhält man Zylinderschnitte.

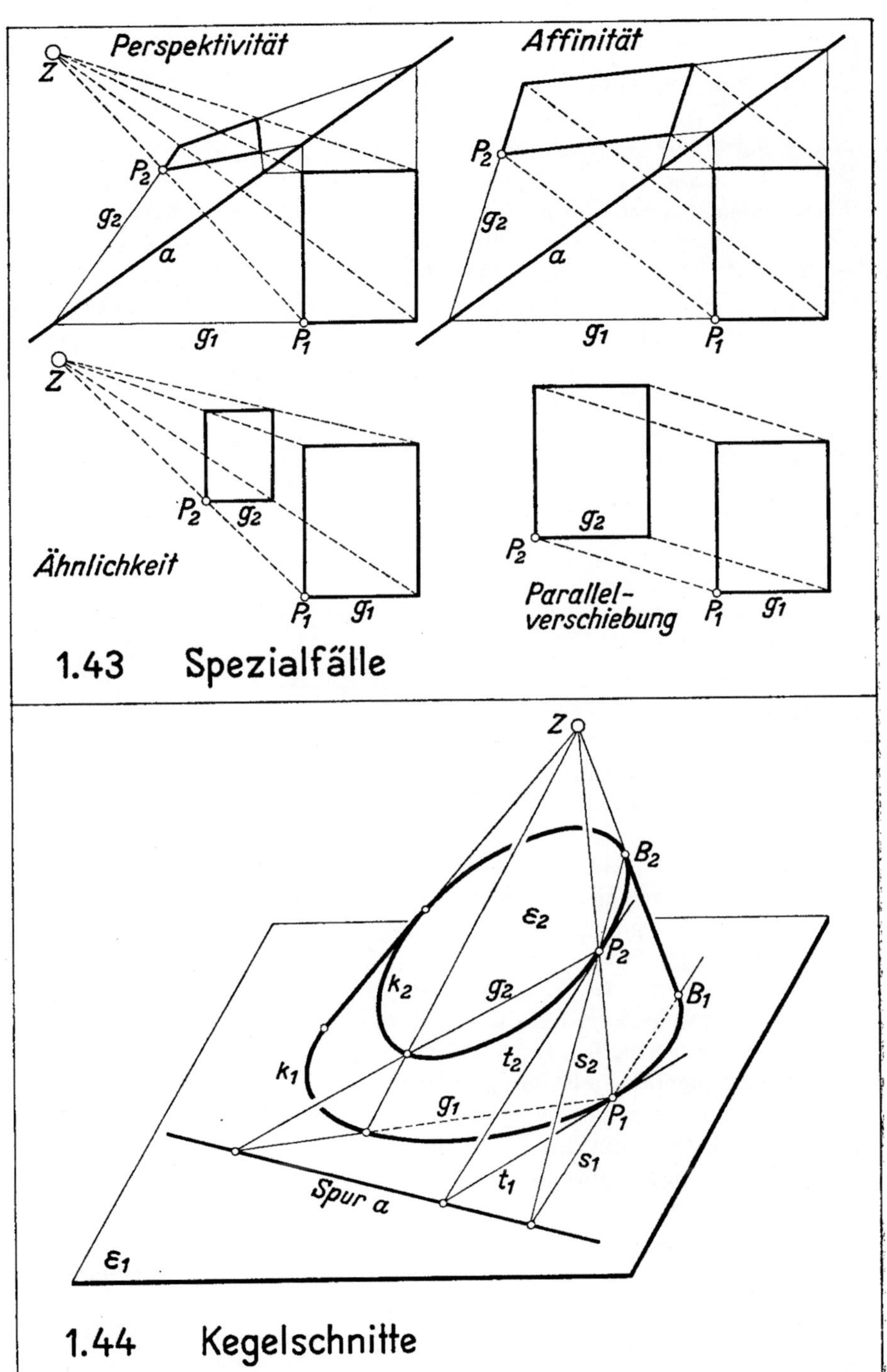

1.43   Spezialfälle

1.44   Kegelschnitte

1.45 Drehungsaffinität. In 1.14 und 1.16 zeigten wir: Aus der Umlegung einer ebenen Figur gewinnt man ein Schrägbild derselben durch eine Affinität, einen Riß durch eine Stauchung. Allgemeiner gilt: *Dreht man eine in der Ebene ε_1 liegende Figur um eine ε_1-Gerade a in eine Ebene ε_2 und stellt von beiden Figuren ein anschauliches Fernbild her, so ist die Zuordnung zwischen den Bildfiguren eine axiale Affinität: ihre Achse ist das Bild von a, ihre Richtung das Bild der Drehsehnenrichtung.* Denn da die Drehsehnen $\parallel$ sind, liegen jene beiden Figuren perspektiv-affin.

Zu zeichnen sei z. B. die Kavalierprojektion eines Tetraeders; eines seiner gleichseitigen Dreiecke liege in der xy-Ebene γ. Bei Umlegung von γ um y fällt die x-Achse in die z-Achse, der x-Punkt P mit der Maßstabsmarke x in den z-Punkt $P^\times$ mit der Marke $-x$. $PP^\times$ ist das Bild einer Drehsehne, liefert also die Affinitätsrichtung.

Nun zeichnet man die Umlegung $A^\times B^\times C^\times$ des Dreiecks mit der Seite s in der gegebenen Lage und daraus das Bild ABC: Durch $A^\times$ legt man $a^\times \parallel x^\times$, durch den y-Punkt von $a^\times$ das Bild $a \parallel x$; auf a liegt A, wobei $AA^\times \parallel PP^\times$. Im Schwerpunkt S von ABC ist die wahre Tetraederhöhe $h \parallel z$ anzutragen. Sie bestimmt man in einer Nebenfigur als Kathete eines rechtwinkligen Dreiecks mit der Hypotenuse s und der Kathete $C^\times S^\times$. In den Figuren 1.25 wurden auf diese Weise die axonometrischen Bilder zweier Wände und eines Grundrisses entzerrt.

1.46 Ellipsenaufgaben. Die Figur zeigt die Kavalierprojektion eines halben Kreiszylinders mit der Achse $c \parallel y$. Der Halbkreis vom Radius r in der xz-Ebene β erscheint als Halbellipse k mit den konjugierten Halbmessern $MA = MO$ auf x und $r \parallel z$. Gesucht ist die Konturmantellinie $t \parallel c$, also eine k-Tangente von gegebener Richtung, und ihr Berührungspunkt P. Die Umlegung von β um die Affinitätsachse z ergibt den Halbkreis $k^\times$ mit dem Zentrum $M^\times$ auf $x^\times = y$ und dem Radius $M^\times A^\times = M^\times O = r$. Nun zeichnet man $a \parallel c$ durch A, $a^\times$ durch $A^\times$, die Kreistangente $t^\times \parallel a^\times$, ihren Berührungspunkt $P^\times$, endlich $t \parallel a$ und P.

Die Achsenrichtungen dieser Ellipse, die zueinander senkrechten konjugierten Geraden im Ellipsenmittelpunkt M, bestimmt man mit Hilfe derselben Affinität (unten links): Man zeichnet den Kreis durch M und $M^\times$, dessen Mittelpunkt auf der Affinitätsachse z liegt, und verbindet seine z-Punkte mit M und $M^\times$. So erhält man zwei sich entsprechende Rechtwinkelpaare (Thalessatz).

Ist eine Ellipse k durch konjugierte Durchmesser gegeben und sucht man ihre Schnittpunkte mit einer Geraden g (oder ihre Tangenten durch einen Punkt P), so macht man (unten rechts) einen der Durchmesser $2r$ zur Affinitätsachse, zeichnet über $2r$ den Kreis $k^\times$ als affines Bild von k, bestimmt $g^\times$ und die $k^\times$-Punkte von $g^\times$ (oder $P^\times$ und die $k^\times$-Tangenten durch $P^\times$) und daraus die k-Punkte von g (oder die k-Tangenten durch P).

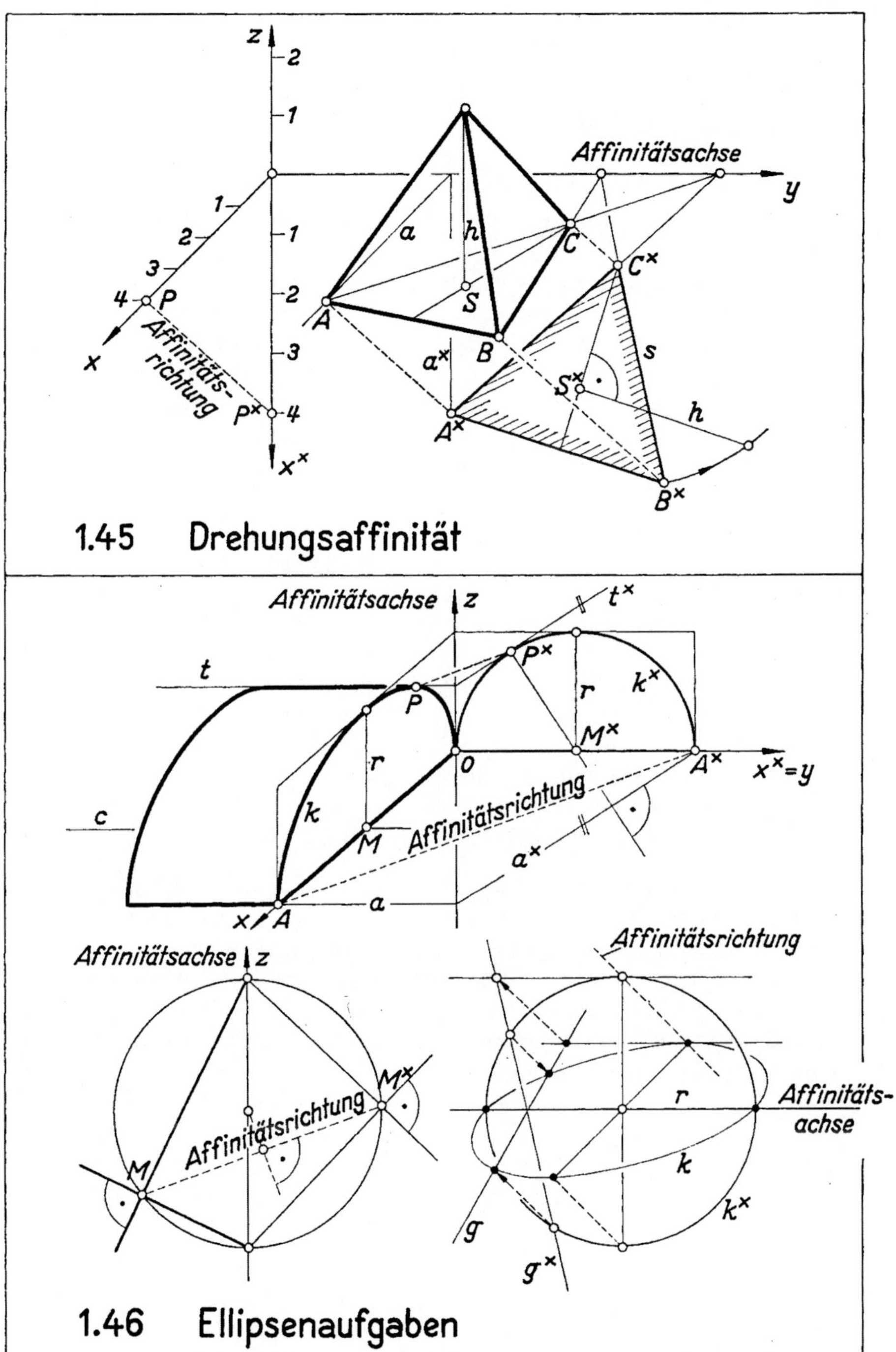

1.45 Drehungsaffinität

1.46 Ellipsenaufgaben

2. Zugeordnete Risse

2.1 Risse und Spuren

2.11 Spurpunkte und Spurlinien. Um Konstruktionsaufgaben des Raumes zu lösen, benötigt man zwei, zuweilen auch drei zugeordnete Risse (1.22): Die Grundrißebene π_1 sei um die Rißachse y in die Aufrißebene π_2 geschwenkt. Auf y liegen die Aufrisse aller π_1-Punkte und die Grundrisse aller π_2-Punkte. y wählen wir stets horizontal.

Hauptlinien sind Geraden $\|$ zu einer Rißebene. Eine erste Haupt- oder *Höhenlinie* h ist $\| \pi_1$, also ihr Aufriß $h'' \| y$; sie trifft π_2 in H_2 auf h''. Eine zweite Haupt- oder *Frontlinie* f ist $\| \pi_2$, also ihr Grundriß $f' \| y$; sie trifft π_1 in F_1 auf f'. Dabei sei h und f nicht $\| y$. Speziell sind *Breitenlinien* $\| y$, *Lotlinien* $\perp \pi_1$. Für eine dritte (in der Figur nicht gezeichnete) Hauptlinie $k \| \pi_3$ wird $k' = k'' \perp y$; zur Festlegung ihrer Spurpunkte ist ein Kreuzriß k''' erforderlich. Strecken auf h erscheinen im Grundriß, Strecken auf f im Aufriß und Strecken auf k im Kreuzriß in wahrer Größe.

Die Figur zeigt vier durch einen Punkt gehende Geraden der vorderen Dachebene ε: g ist der Schnitt von ε mit einer Nachbarebene, h die Firstkante, f der Schnitt mit einer Ebene $\| \pi_2$ und $n \perp h$ eine erste Neigungslinie oder Fallinie in ε, für die $n' \perp h'$ ist. f'' und n'' gewinnt man durch Übertragen der Traufkantenpunkte von f' und n' in den Aufriß.

Die Spuren einer Ebene ε sind ihre Schnittlinien e_1 und e_2 mit π_1 und π_2. Sie treffen sich auf y. Liegt g in ε, so liegt G_1 auf e_1 und g', G_2 auf e_2 und g'' (1.22). Die Höhenlinien in ε und ihre Grundrisse sind $\| e_1$, die Frontlinien und ihre Aufrisse sind $\| e_2$. Kennt man also in ε eine Höhenlinie h und eine Frontlinie f und sucht die Spuren, so zeichnet man $e_1 \| h'$ durch F_1 und $e_2 \| f''$ durch H_2 oder den y-Punkt von e_1.

2.12 Profilebenen und Hauptebenen. *Profilebenen* sind $\perp$, *Hauptebenen* $\|$ zu einer Rißtafel (1.15 und 1.11). Die obere Ebene ε des sechskantigen Prismas ist in Figur 1 eine erste Hauptebene $\| \pi_1$, also zugleich eine zweite Profilebene: Sie erscheint im Grundriß in wahrer Gestalt. Figur 2 zeigt die allgemeine Lage einer zweiten Profilebene $\varepsilon \perp \pi_2$: Der Aufriß deckt sich mit der Spur e_2, der Grundriß ist in der y-Richtung gestaucht; der erste Neigungswinkel von ε ist $\sphericalangle (e_2, y)$. In Figur 3 ist $\varepsilon \perp y$ zugleich erste und zweite Profilebene: Hier sind beide Risse von ε eindimensional, ein Kreuzriß würde die wahre Gestalt zeigen. Figur 4 gibt die allgemeine Lage einer ersten Profilebene $\varepsilon \perp \pi_1$, wobei $\sphericalangle (e_1, y)$ der zweite Neigungswinkel von ε ist. Endlich ist in Figur 5 $\varepsilon \| \pi_2$ eine zweite Hauptebene, also zugleich eine erste Profilebene: Sie erscheint im Aufriß in wahrer Größe. Würde man – was nicht gezeichnet ist – ε in Figur 5 um eine Breitenlinie kippen, so würde $e_1 \| e_2 \| y$: Beide Risse der ε-Figur wären in Richtung $\perp y$ gestaucht; aus einem Kreuzriß könnte man den ersten und zweiten Neigungswinkel von ε ablesen.

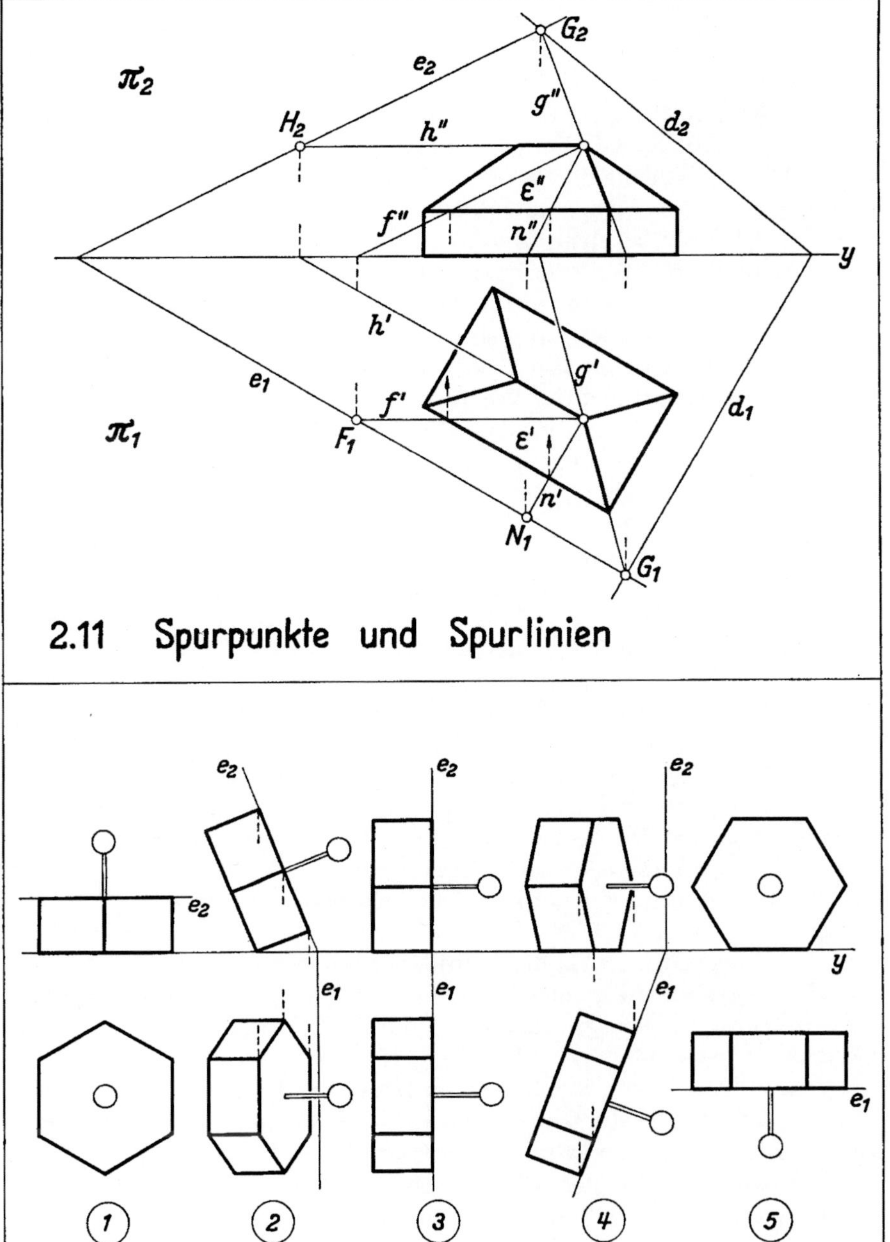

2.11 Spurpunkte und Spurlinien

2.12 Profilebenen und Hauptebenen

3*

2.13 Geradenpaare. 1. Zwei sich schneidende Geraden besitzen eine Verbindungsebene und einen Schnittpunkt A, dessen Risse auf einem Ordner liegen: A' ist der Schnittpunkt der Grundrisse beider Geraden, A'' der ihrer Aufrisse. In den Figuren ist die Rißachse fortgelassen.

2. Die Verbindungsebene einer Geraden g und eines nicht auf g liegenden Punktes P kann man durch ein Geradenpaar darstellen, indem man P mit einem beliebigen g-Punkt geradlinig verbindet.

3. Geraden in einer ersten Profilebene $\perp \pi_1$ haben den gleichen Grundriß, Geraden in einer zweiten Profilebene $\perp \pi_2$ den gleichen Aufriß. Die Figur zeigt zwei Geraden mit gleichem Grundriß, die sich also schneiden.

4. Parallele Geraden, die zu keiner Rißtafel senkrecht sind, haben parallele Grundrisse und parallele Aufrisse.

5. Windschiefe Geraden haben keine Verbindungsebene und keinen Schnittpunkt: Der Schnittpunkt der Aufrisse und der ihrer Grundrisse liegen **nicht** auf einem Ordner.

Als Beispiel betrachten wir das Walmdach der Figur 2.11: Zwei geneigte Kanten mit parallelen Grundrissen sind windschief; zwei dieser Kanten mit nicht-parallelen Grundrissen liegen in einer Ebene, schneiden sich also. Alle vier schneiden die Firstkante, die zu zwei Traufkanten parallel und zu den beiden anderen windschief ist.

2.14 Vereinigte Lage von Ebene und Gerade. Eine Ebene ε wird durch die Risse eines Dreiecks (links) oder die eines Geradenpaares (rechts) gegeben. Als Geradenpaar pflegt man oft eine Höhenlinie und eine Frontlinie zu wählen. Dazu gehört auch der Spezialfall, daß ε durch die Spuren, also die Höhenlinie e_1 ($e_1' = e_1$, $e_1'' = y$) und die Frontlinie e_2 ($e_2' = y$, $e_2'' = e_2$) festgelegt wird (Figur 2.31).

Ist der Grundriß g' einer ε-Geraden gegeben (links) und der Aufriß g'' gesucht, so überträgt man die Schnittpunkte von g mit zwei Dreiecksseiten aus dem Grundriß in den Aufriß. Soll der Aufriß P'' eines ε-Punktes P mit gegebenem Grundriß P' bestimmt werden, so legt man durch P eine beliebige ε-Gerade g, wählt also g' durch P', bestimmt g'' und dann P'' auf g''.

Speziell kann man als Hilfsgeraden Höhen- und Frontlinien in ε verwenden (rechts): Ist der Grundriß P' eines ε-Punktes P gegeben, so legt man durch P die ε-Frontlinie f, zeichnet also f' horizontal durch P', überträgt die f-Punkte der beiden gegebenen Geraden aus dem Grundriß in den Aufriß und erhält so f'' und darauf P''. Entsprechend legt man bei vorgeschriebenem P'' durch P die ε-Höhenlinie h. Da eine Fallinie $n \perp h$ ist, wird ihr Grundriß $n' \perp h'$.

Ist ε durch die Spuren e_1 und e_2 gegeben (Figur 2.31), so verwendet man zur Festlegung eines ε-Punktes P eine Höhenlinie h (mit $h' \parallel e_1$, $h'' \parallel y$) oder eine Frontlinie f (mit $f' \parallel y$, $f'' \parallel e_2$).

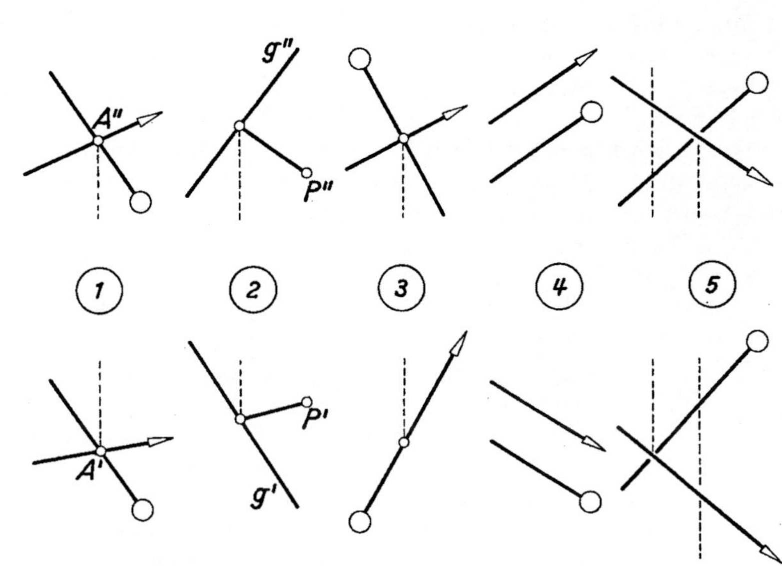

2.13   Geradenpaare

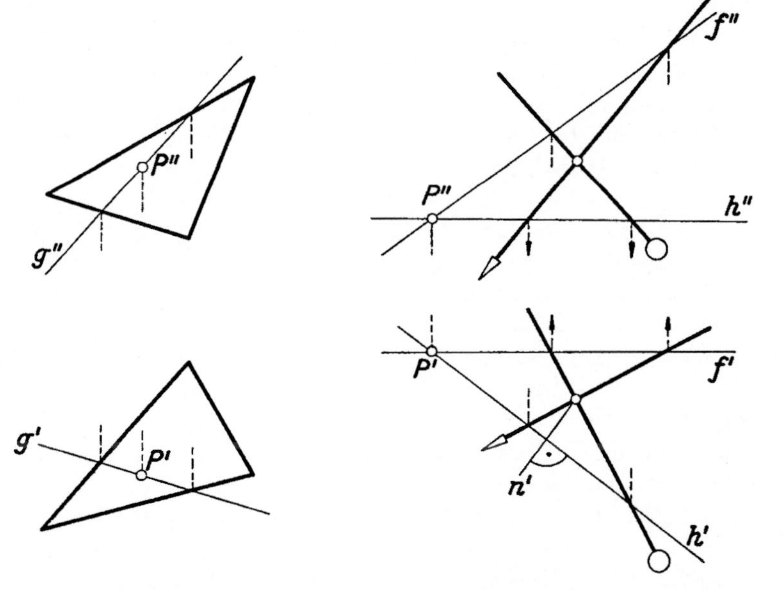

2.14   Vereinigte Lage von Ebene und Gerade

2.15 Allgemeine Seitenrisse. Ein durch zwei Risse gegebener Gegenstand wird zweckmäßig so aufgestellt, daß die Koordinaten seiner Punkte ≥ 0 sind, daß also seine Kanten die Rißtafeln nicht durchdringen. In der Figur sind außerdem je zwei Wände und Dachflächen des Turmes (links) $\perp \pi_2$, erscheinen im Aufriß also als Strecken. Projizieren wir aber den Turm auf eine Profilebene $\sigma \perp \pi_1$, die zu keiner Turmebene senkrecht ist, so erscheinen sie in diesem *Seitenriß* zweidimensional. σ wird so gewählt, daß der Gegenstand ganz auf derselben σ-Seite liegt, und dann um die π_1-Spur s_1 in π_1 so hineingeschwenkt, daß Grund- und Seitenriß auf verschiedenen Seiten von s_1 liegen. Ist P''' der σ-Riß eines Punktes P mit den Rissen P' und P'', so sind die neuen Ordner $P'\,P''' \perp$ zur neuen Rißachse s_1. Die Höhen z bleiben ungeändert und werden aus dem Aufriß in den σ-Riß übertragen.

In der rechten Figur ist ein Quader auf eine Ebene $\sigma \perp \pi_2$ projiziert und σ um die π_2-Spur s_2 in π_2 so hineingeklappt, daß Auf- und Seitenriß wieder auf verschiedenen s_2-Seiten liegen. Die neuen Ordner $P''\,P'''$ sind $\perp$ zur neuen Rißachse s_2. Die Tiefen x, d. h. die Abstände von π_2, bleiben ungeändert und werden dem Grundriß entnommen.

Deutet man σ links als „neuen" Aufriß und rechts als „neuen" Grundriß, so kann man sagen: *Der Abstand des neuen Risses P''' von der neuen Rißachse ist gleich dem Abstand des alten Risses von der alten Rißachse.*

Unter der für die Rißtafeln π_1, π_2 und σ gemachten Voraussetzung verabreden wir: Liegen mehrere Gegenstandspunkte auf demselben Projektionsstrahl, so heiße derjenige, der den größten Abstand von der Rißtafel hat, *sichtbar*, die anderen heißen *unsichtbar*. Die Risse unsichtbarer Kanten werden gestrichelt oder fortgelassen.

2.16 Spezielle Seitenrisse. Links ist ein Dreieck ε durch die Risse ε' und ε'' gegeben. Wir suchen eine Seitenrißebene σ, in der die gesamte ε-Figur als Strecke erscheint. Dazu wählen wir in ε eine Höhenlinie h mit den Rissen h' und h'' und $\sigma \perp h$, also auch $\perp \pi_1$; die erste σ-Spur s_1 ist $\perp h'$. Jetzt ist ε Profilebene in bezug auf σ, erscheint also in σ als Strecke ε'''. Nach 2.12 ist $\sphericalangle\,(\varepsilon''', s_1)$ der erste Neigungswinkel von ε.

Rechts ist eine Ebene ε durch die Spuren e_1 und e_2 und in ihr eine Strecke r mit den Rissen r' und r'' gegeben. Wählen wir die Seitenrißebene $\sigma \perp \pi_1$ und $\parallel r$, d. h. die erste σ-Spur $s_1 \parallel r'$, so ist r Hauptlinie in bezug auf σ. Daher zeigt der σ-Riß das erste Neigungsdreieck von r in wahrer Größe: r''' ist die wahre Länge von r, $\sphericalangle\,(r''', s_1)$ der erste Neigungswinkel von r. Die σ-Spur von ε ist $e_3 \parallel r'''$, da ja $r \parallel \sigma$ ist. – So folgt:

Durch geeignete Wahl einer Seitenrißebene läßt sich erreichen, daß eine gegebene Ebene zur Profilebene oder eine gegebene Gerade zur Hauptlinie in bezug auf diese Seitenrißebene wird.

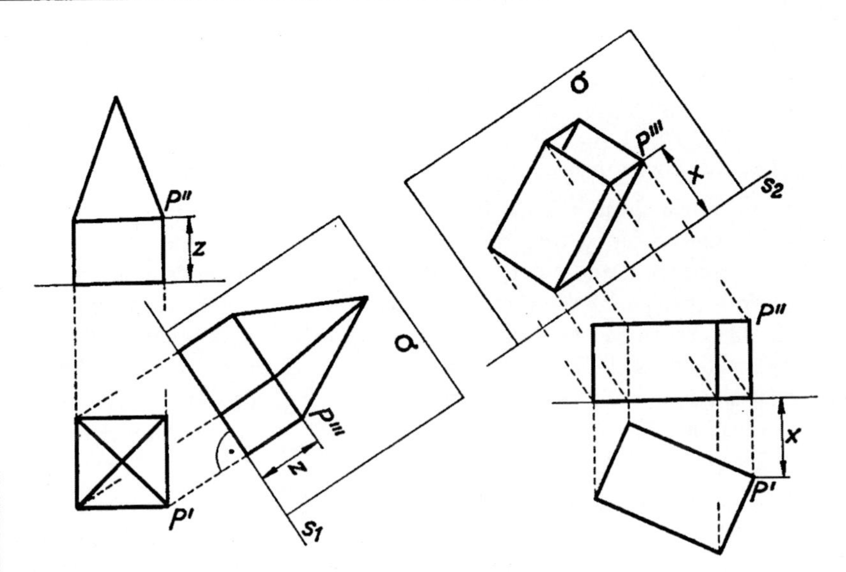

2.15   Allgemeine   Seitenrisse

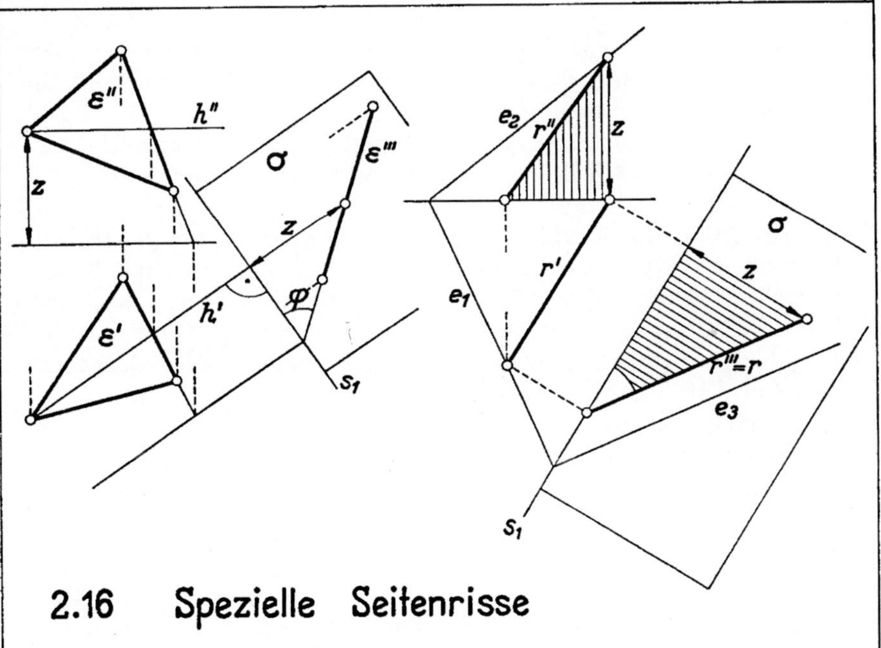

2.16   Spezielle   Seitenrisse

2.2 Schnittaufgaben

2.21 Schnitt von Gerade und Ebene mit Hilfe einer Deckgeraden. Wir suchen nun den Durchstoßpunkt einer Geraden g mit einer Ebene ε. Dazu bestimmen wir (links) eine ε-Gerade a, deren Grundriß a' sich mit g' deckt (2.13 und 2.14). a und g liegen in derselben Profilebene, schneiden sich also im gesuchten Punkt. Er wird im Aufriß bestimmt und in den Grundriß übertragen. Statt dieser *Deckgeraden* hätte man auch eine solche verwenden können, deren Aufriß mit g'' zusammenfällt. – Um die Sichtbarkeit im Grund- und Aufriß, also bei Ansicht von oben und von vorn, nach 2.15 zu klären, betrachtet man im Grundriß eine der beiden Stellen, an denen sich Dreiecksrand und Gerade kreuzen, z. B. die linke. Der Aufriß zeigt, daß der Randpunkt höher liegt als der g-Punkt, daß also g bei Ansicht von oben, d. h. im Grundriß, hier durch die undurchsichtig gedachte Ebene verdeckt wird.

Als Anwendung bestimmen wir in einer Skizze (rechts) den Schatten einer Geraden g bei Sonnen-, d. h. bei Parallelbeleuchtung, deren Richtung durch das Bild eines Lichtstrahls l und das seines Grundrisses l' gegeben sei. Die Lichtstrahlen durch g bilden eine *Lichtebene*; sie schneidet die schattenfangenden Ebenen, z. B. Boden, Wand und Dach, im Schlagschatten von g, der an den Schnittkanten jener Ebenen gebrochen erscheint: *Er ist in einer zu g parallelen Ebene $\parallel g$, in einer zu g senkrechten Ebene $\parallel$ zur Normalprojektion der Lichtrichtung auf diese Ebene.* Endlich schneidet man den Lichtstrahl durch den g-Punkt P mit dem Dach: Man deutet seinen Grundriß als Grundriß a' einer Dachgeraden a, ermittelt deren Trauf- und Firstkantenpunkte und schneidet das so gewonnene a mit dem P-Strahl im Schatten $\overline{P}$ von P.

2.22 Schnitt von Gerade und Ebene mit Hilfe eines Seitenrisses. Ist ε eine Profilebene $\perp \pi_2$, die im Aufriß also als Gerade ε'' erscheint (links), so bestimmt man zunächst den Schnitt der Geraden g mit ε im Aufriß und überträgt den Punkt in den Grundriß. Das verwendet man (rechts), um einen durch die Risse l' und l'' gegebenen Strahl l mit der Dachebene ε zu schneiden: Man stellt einen Seitenriß in einer Ebene $\perp \pi_1$ und $\perp \varepsilon$ her. In diesem Seitenriß erscheinen alle ε-Punkte auf einer Strecke ε''', also auch der gesuchte Punkt als Schnitt von ε''' mit l'''. Man gewinnt ε''' durch Übertragen der Höhen der Trauf- und der Firstkante von ε aus dem Aufriß in den Seitenriß, ebenso l''' durch Abgreifen der Höhen zweier l-Punkte, z. B. des Punktes P und des ersten Spurpunktes L_1 von l.

Aus dem Seitenriß des gesuchten Punktes erhält man zunächst seinen Grundriß, dann den Aufriß. Diese Methode hat vor 2.21 den Vorzug, wenn der Seitenriß schon vorhanden oder der Schatten einer umfangreichen Körpergruppe zu ermitteln ist.

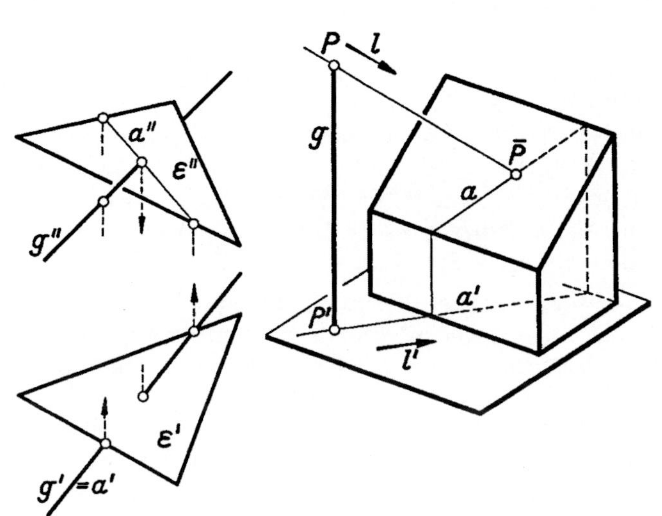

2.21 Schnitt von Gerade und Ebene mit Hilfe einer Deckgeraden

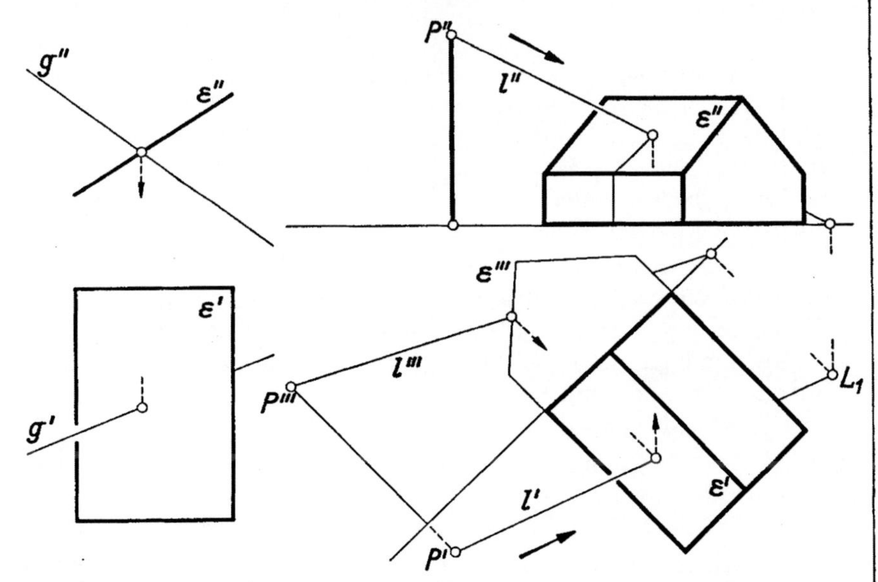

2.22 Schnitt von Gerade und Ebene mit Hilfe eines Seitenrisses

2.23 Schnitt zweier Ebenen mit Hilfe ihrer Umrandungen. Der Schnitt zweier Ebenen, in der Figur eines Dreiecks und eines Parallelogramms, kann auf den Schnitt von Gerade und Ebene zurückgeführt werden: Man schneidet die Dreiecksseite a mit der Parallelogrammebene in P und die Parallelogrammseite b mit der Dreiecksebene in Q. Zur Konstruktion, die durch Pfeile bezeichnet ist, sind in den beiden Ebenen Deckgeraden benutzt, die die gleichen Aufrisse haben wie a bzw. b. Die Verbindungslinie der Durchstoßpunkte P und Q ergibt die Schnittlinie. Über die Sichtbarkeit entscheidet man wie in 2.21.

Nun soll eine Ebene ε, die durch die Spur e_1 und eine Höhenlinie h gegeben ist, mit einer Pyramide geschnitten werden, deren Basis in der Grundrißebene liegt. Zunächst bestimmt man den Schnittpunkt A der Pyramidenkante a mit ε mit Hilfe einer Deckgeraden, dann aber die anderen Schnittpunkte mit Hilfe der Perspektivität, die im Grundriß zwischen Basis und Schnittfigur besteht (1.41): Zentrum ist der Grundriß S' der Pyramidenspitze, Achse die Spur e_1; einander zugeordnet sind der Punkt A' und der erste Spurpunkt A_1 von a.

Nach dem Prinzip dieser beiden Aufgaben werden Durchdringungen ebenflächig begrenzter Körper konstruiert. Beachtenswerte Bemerkungen hierüber finden sich z. B. in dem auf S. 16 genannten Buch von *G. Hessenberg.*

2.24 Schnitt zweier Ebenen mit Hilfe von Schichtebenen. Im kotierten Riß ergibt sich die Schnittgerade s zweier Ebenen α und β durch Schneiden gleich kotierter Höhenlinien (links). Sind α und β durch Höhenlinien mit verschiedenen Koten gegeben, so verschaffe man sich zuvor in β zwei Höhenlinien mit den gleichen Koten wie in α, z. B. mit Hilfe eines Seitenrisses $\perp$ zu den Höhenlinien von β (1.16).

Ist im kotierten Riß eine Gerade g mit einer Ebene α zu schneiden, so legt man durch zwei g-Punkte, die die gleichen Koten tragen wie zwei α-Höhenlinien, die parallelen Höhenlinien einer beliebigen Hilfsebene (in der linken Figur gestrichelt) und schneidet sie mit α in h. Der Punkt P ist der Schnitt von g und h.

Sind die Höhenlinien zweier Ebenen parallel (rechts), so ist ihre Schnittgerade s eine Höhenlinie: Jetzt wähle man eine beliebige Hilfsebene (gestrichelt) und schneide diese mit α und β in a und b. Da drei Ebenen i. a. einen Punkt gemeinsam haben, geht s durch den Schnittpunkt von a und b.

Allgemein kann man also die Schnittgerade zweier Ebenen – z. B. im Zweitafelsystem – auch dadurch ermitteln, daß man das Ebenenpaar mit zwei Schichtebenen $\parallel$ zu einer Rißtafel schneidet und die erhaltenen Hauptlinien zum Schnitt bringt. So erhält man zwei Punkte der gesuchten Schnittgeraden.

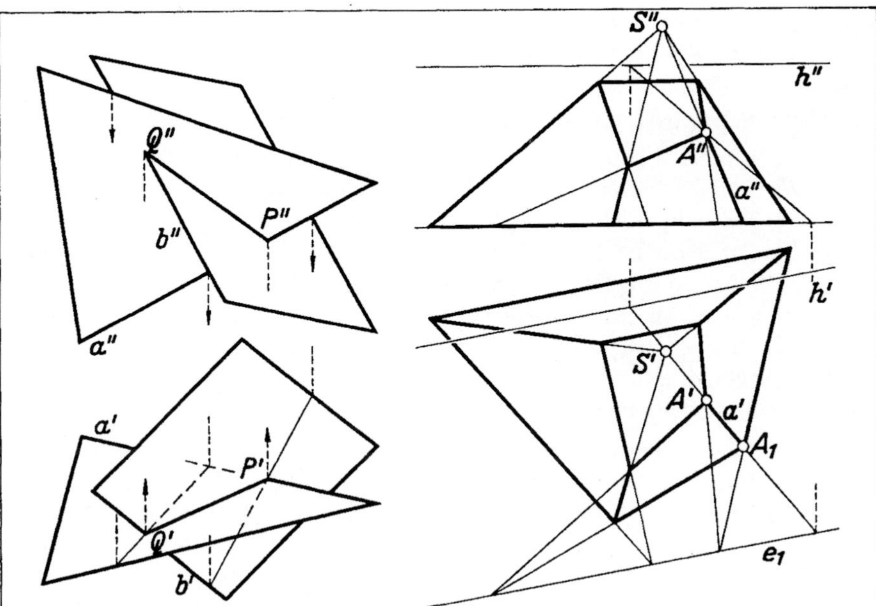

2.23 Schnitt zweier Ebenen mit Hilfe ihrer Umrandungen

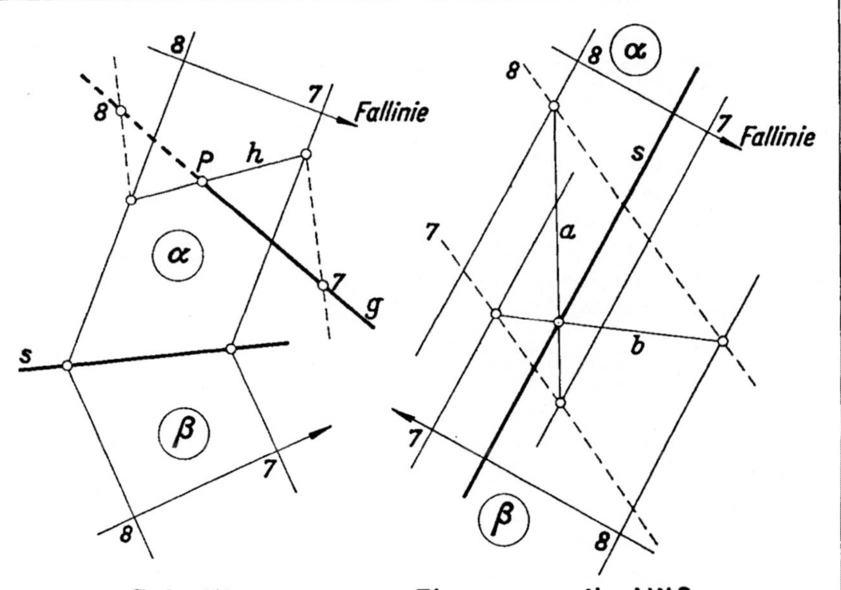

2.24 Schnitt zweier Ebenen mit Hilfe von Schichtebenen

2.25 Schatten auf Hauptebenen. Eine Anwendung der Schnittaufgaben sind die Schattenaufgaben. In unserem Beispiel sind die schattenwerfenden Kanten $\parallel$ oder $\perp$ zu den schattenfangenden Hauptebenen:

In der linken Figur zeichnet man nach 2.21 zunächst $\parallel l'$ die Schatten der Vertikalkanten auf π_1 und $\parallel l''$ die der Kanten $\perp \pi_2$ auf die Ebenen $\parallel \pi_2$. Die Lichtebene durch die A-Kante $a \perp \pi_2$ schneidet π_1 und die obere Ebene des kleinen Quaders in Spuren $\parallel$ zu dieser Kante, deren Schatten also drei Knickstellen aufweist und den Schattenpunkt $\overline{A}$ in π_1 liefert. Der Schatten der C-Kante $\perp \pi_2$ hat eine Knickstelle auf der Rißachse und ergibt den Schattenpunkt $\overline{C}$ in π_1. Endlich schneidet die Lichtebene durch die vertikale B-Kante die vordere Wand des großen Quaders in einer Spur $\parallel$ zu dieser Kante und liefert $\overline{B}$.

Im axonometrischen Bild (rechts) zeichnet man l' und l'' und dann den Schatten von a in π_2 durch $A'' \parallel l''$, in der oberen Ebene des kleinen Quaders $\parallel a$, in der vorderen Wand $\parallel l''$ und in $\pi_1 \parallel a$ bis zum Schatten $\overline{A}$ von A, der auf dem A'-Strahl $\parallel l'$ liegt. $A\overline{A}$ liefert die Lichtrichtung.

2.26 Schatten auf beliebige Ebenen konstruiert man ebenfalls nach 2.21: Die Lichtstrahlen durch die Punkte 1 und 2 (links)[1] treffen die Ebenen der Vorderwände in $\overline{1}$ und $\overline{2}$. Der Schatten der Traufkanten verläuft von $\overline{1}$ horizontal, von $\overline{2}$ nach links oben bis zur Knickstelle auf der Vertikalkante, nach rechts horizontal. Würde durch $1\,2\,3\,4$ eine Ebene gelegt, so lieferte die Turmspitze 5 in ihr den Schatten $\overline{5}$, das Dach also einen Schatten mit den Rändern $3\,\overline{5}$ und $4\,\overline{5}$, da die Kantenschatten $1\,\overline{5}$ und $2\,\overline{5}$ in dessen Inneres fallen.

Den *Schlagschatten* des Schornsteins auf das Dach (rechts) konstruiert man in folgenden Schritten: Schnitt der Lichtebene durch die Vertikalkante 1 mit dem Dach, Schatten $\overline{1}$ von 1, Schnitt der Lichtebene durch die Horizontalkante $1\,2$ mit dem Dach, Schatten $\overline{2}$ von 2, Schatten $\overline{2}\,\overline{3} \parallel$ und $= 2\,3$. Bei der Bestimmung des Schattens einer größeren ebenen Figur auf eine andere Ebene, z. B. ein Dach, benutzt man die Affinität zwischen den beiden ebenen Figuren.

Beschränken wir uns auf ebenflächig begrenzte konvexe Körper, bei denen keine Fläche $\parallel$ zur Lichtrichtung ist, so wird der Schlagschattenrand durch Lichtstrahlen erzeugt, die den Körper längs eines geschlossenen Streckenzuges berühren. Diese *Eigenschattengrenze* trennt die beleuchteten und unbeleuchteten Flächen. Man erhält sie, indem man zunächst den Schlagschatten aufsucht und dann die Körperkanten bestimmt, die dessen Rand erzeugen. Für die Dachpyramide besteht diese Grenze aus dem Kantenzug $4\,1\,2\,3\,5\,4$. Der Eigenschatten wird meist einfach, der Schlagschatten doppelt schraffiert.

---

[1] Hier sind wie in 2.24 an den Rissen die üblichen Striche fortgelassen.

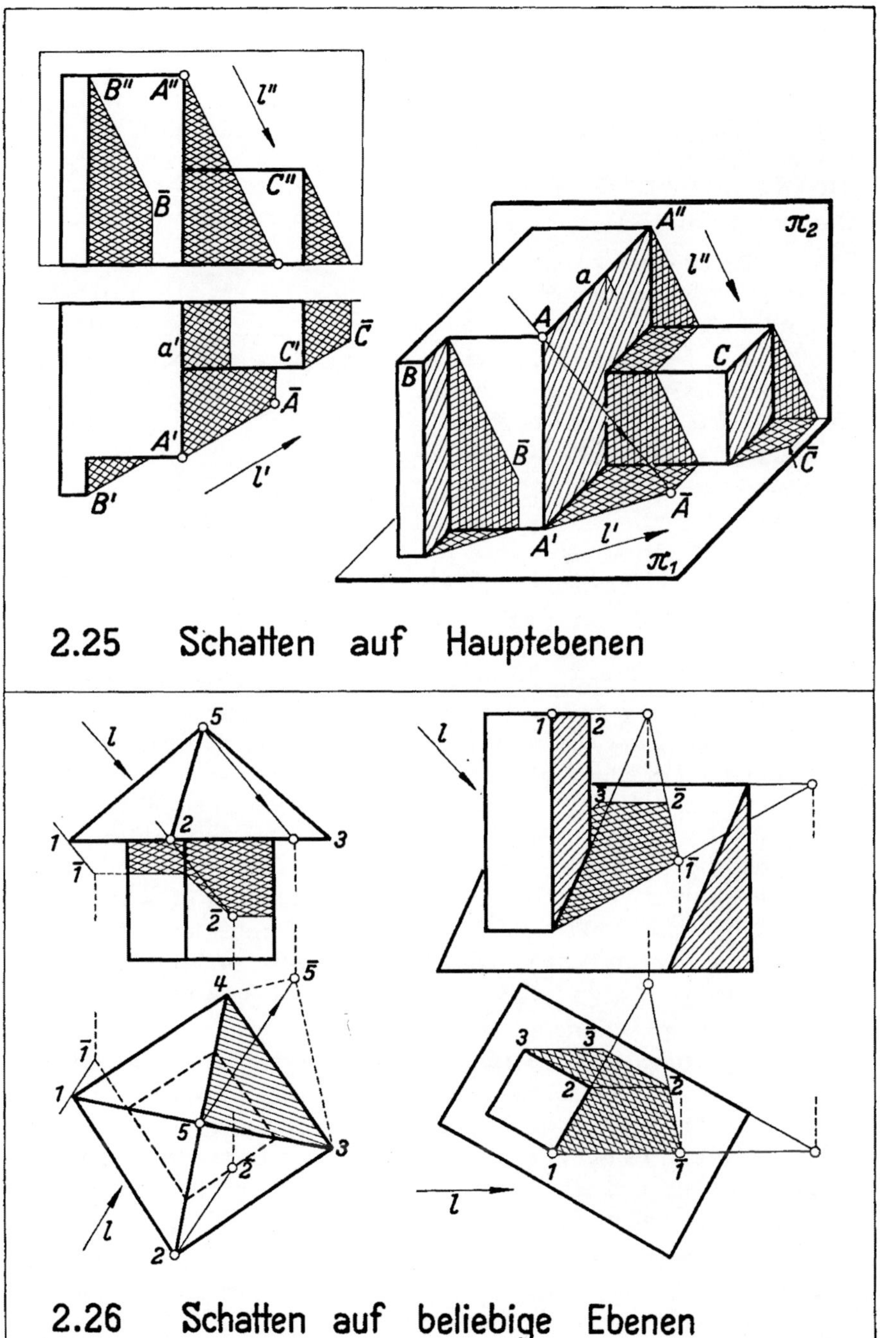

2.25   Schatten auf Hauptebenen

2.26   Schatten auf beliebige Ebenen

2.3 Maßaufgaben

2.31 Rechtwinkellage von Gerade und Ebene. Alle *Maßaufgaben*, bei denen Maße zu bestimmen oder einzuzeichnen sind, beruhen auf *zwei Grundaufgaben*: Wie stellt man im Zweitafelsystem Ebenen und Geraden dar, die zueinander senkrecht sind, und wie ermittelt man die wahre Gestalt einer durch Risse gegebenen ebenen Figur?

Aus dem Hauptsatz II in 1.15 folgt: Ist eine Gerade $g \perp$ zu einer Ebene ε, so ist der Riß von $g \perp$ zur ε-Spur, also $\perp$ zu den zur Spur parallelen ε-Hauptlinien. Kennt man z. B. die ε-Spuren e_1 und e_2 (links) und wird eine Normale $g \perp \varepsilon$ gesucht, so zeichnet man $g' \perp e_1$, $g'' \perp e_2$. Ist ε durch ein Dreieck festgelegt (Mitte), so sucht man in ε eine Höhenlinie h und eine Frontlinie f und zeichnet $g' \perp h'$, $g'' \perp f''$.

Als wichtigste Anwendung bestimmen wir das Lot von einem Punkt P auf eine Gerade g (rechts). Man legt durch P die Normalebene $\perp g$, die ja das Lot enthält, zeichnet also deren Höhenlinie h und deren Frontlinie f durch P mit den Rissen $h' \perp g'$, $h'' \parallel y$ und $f' \parallel y$, $f'' \perp g''$. Diese Normalebene schneidet man nach 2.21 mit g und erhält so den Fußpunkt Q des Lotes von P auf g.

2.32 Gemeinsame Normale zweier Geraden. Als weitere Anwendung von 2.31 suchen wir die gemeinsame Normale n zweier windschiefer Geraden f und g, die also f und g senkrecht schneidet; die gesuchten Schnittpunkte seien A und B. Der Hauptsatz II in 1.15 besagt, daß ein rechter Winkel im Riß dann wieder als rechter Winkel erscheint, wenn einer der Schenkel Hauptlinie ist. Wir lösen die Aufgabe daher zunächst für den Spezialfall (links), daß $f \perp \pi_2$, also $n \parallel \pi_2$ ist. In π_2 erscheint f als Punkt f'', der also auch den Aufriß A'' von A darstellt. Man zeichnet daher $n'' \perp g''$ durch A'' und erhält so B'' auf g'' und daraus B' auf g'. Da aber ferner $f \parallel \pi_1$ ist, ergibt sich $n' \perp f'$ und damit A' auf f'. Die Strecke AB heißt der *(kürzeste) Abstand* von f und g; seine wahre Größe liefert der Aufriß $A''B''$.

Da wir durch Einführung eines neuen Risses stets erreichen können, daß eine der gegebenen Geraden $\parallel$ zur neuen Rißtafel ist (2.16), sei nunmehr $f \parallel \pi_2$ (rechts). Wir stellen einen Seitenriß in einer Ebene $\sigma \perp \pi_2$ her, die $\perp f$ gewählt und dann in π_2 umgelegt wird. In ihr erscheint f wie im linken Spezialfall als Punkt f''', so daß sich zunächst wie dort die Lösung im Hilfsseitenriß und im Aufriß und daraus auch im Grundriß ergibt. Im allgemeinen Fall müßte man zwei neue Rißtafeln wählen.

Eine für diesen Fall bessere, hier nicht gezeichnete Lösung, die keinen Seitenriß benötigt, liefert die Überlegung, daß das gemeinsame Lot auf einer zu beiden Geraden parallelen Ebene α senkrecht steht. Man bestimmt es etwa als Schnitt zweier Ebenen, die je eine der Geraden enthalten und $\perp \alpha$ sind.

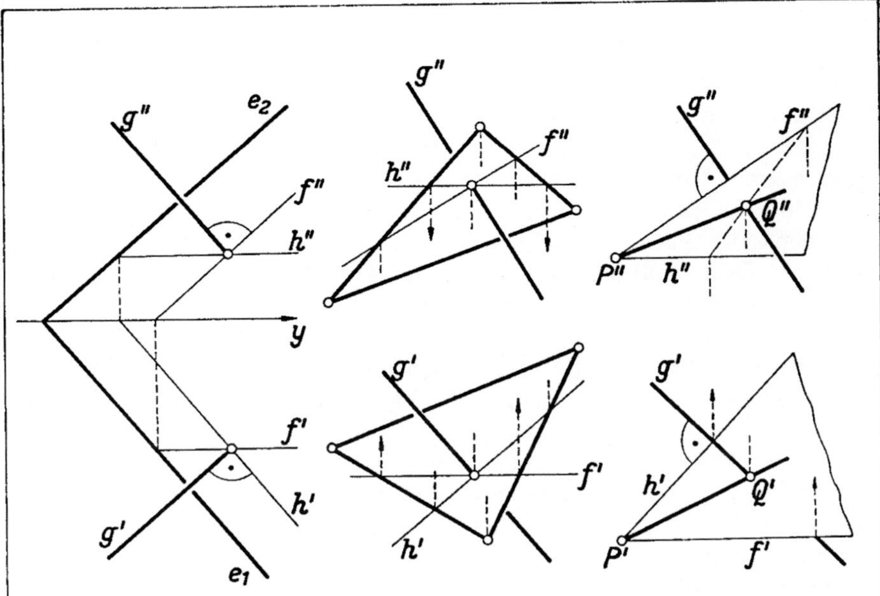

2.31 Rechtwinkellage von Gerade und Ebene

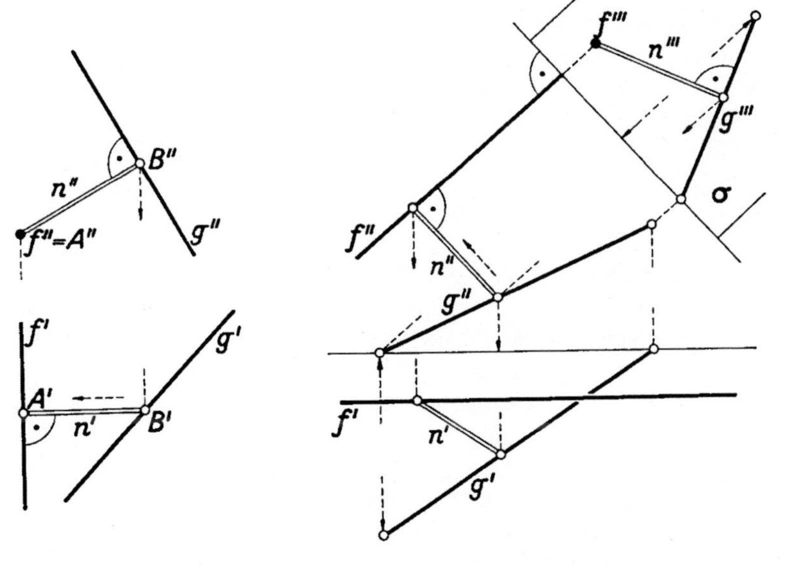

2.32 Gemeinsame Normale zweier Geraden

2.33 Länge einer Strecke. Sollen die wahre Länge r und der erste Neigungswinkel φ einer durch die Risse r' und r'' gegebenen Strecke bestimmt werden, so muß man die wahre Gestalt des in 1.15 eingeführten ersten Neigungsdreiecks ermitteln: Seine vertikale Kathete, die Höhendifferenz der Endpunkte von r, wird aus dem Aufriß abgegriffen, seine horizontale Kathete r' aus dem Grundriß. So erhält man die Hypotenuse r und den Neigungswinkel zwischen r und r'. Man kann dieses Dreieck (links) z. B. um die horizontale Kathete in die Lage $\parallel \pi_1$ drehen oder – was für die Strecke s der rechten Giebelwand gezeigt ist – um eine in seiner Ebene liegende Lotlinie $a \perp \pi_1$ in die Lage $\parallel \pi_2$. Durch diese zweite Drehung erhält man zugleich die Gestalt der ganzen Wand. Die Punkte wandern auf horizontalen Kreisbögen, die im Aufriß als Strecken $\perp$ zur Drehachse a erscheinen; die Punkte von a bleiben fest. *Die affine Verwandtschaft zwischen dem Aufriß einer Wand und dem der gedrehten Wand ist eine Stauchung: Die Affinitätsachse ist der Aufriß der Drehachse, die Affinitätsrichtung ist zu ihr senkrecht* (1.16). — Vgl. auch 2.16 (rechts).

Soll hingegen eine gegebene Strecke s auf einer durch ihre Risse gegebenen Geraden g von P aus abgetragen werden (rechts), so dreht man die erste Profilebene von g um eine ihrer Lotlinien in die Lage $\parallel \pi_2$, trägt s auf der gedrehten Geraden $g^\times$ ab, dreht zurück und erhält dadurch zunächst den Aufriß s'', dann den Grundriß s' von s.

2.34 Gestalt einer ebenen Figur. Soll analog zu 2.33 die Gestalt einer Dachfläche ermittelt werden, die in einer zweiten Profilebene $\perp \pi_2$ liegt (links), so dreht man diese um eine Höhenlinie in die Lage $\parallel \pi_1$. Der Grundriß der gedrehten Ebene heißt deren *Umlegung*. Wieder bestimmt man nur für einen einzigen Punkt P mit Hilfe des Aufrisses die Umlegung $P^\times$. Alle anderen Punkte ergeben sich im Grundriß direkt mit Hilfe der beiden Eigenschaften der Stauchung (1.16).

Die wahre Gestalt einer beliebigen ebenen Figur erhält man ebenso durch Umlegung um eine ihrer Höhenlinien h. Als Beispiel wollen wir den Winkel zweier Geraden, die sich im Punkte A schneiden, ermitteln (rechts). In dem Dreieck ABC, das h mit den Geraden bildet, bestimmt man zunächst die Länge der durch A gehenden Fallinie n, deren Grundriß $\perp h'$ ist, indem man z. B. das Neigungsdreieck von n um die horizontale Kathete in die Lage $\parallel \pi_1$ dreht. Daraus gewinnt man die Umlegung $A^\times$ von A und den gesuchten Winkel. Sollen weitere Strecken oder Winkel, die in ε liegen, ermittelt werden, so benutzt man wieder die Stauchungsaffinität zwischen Grundriß und Umlegung von ε. Ebenso lassen sich mit ihrer Hilfe die Risse von Strecken und Winkeln einzeichnen, die in ε liegen sollen und deren Größen vorgegeben sind: Sie werden zunächst in die Umlegung eingezeichnet, dann mit Hilfe der Stauchungsaffinität in den Grundriß und schließlich in den Aufriß übertragen.

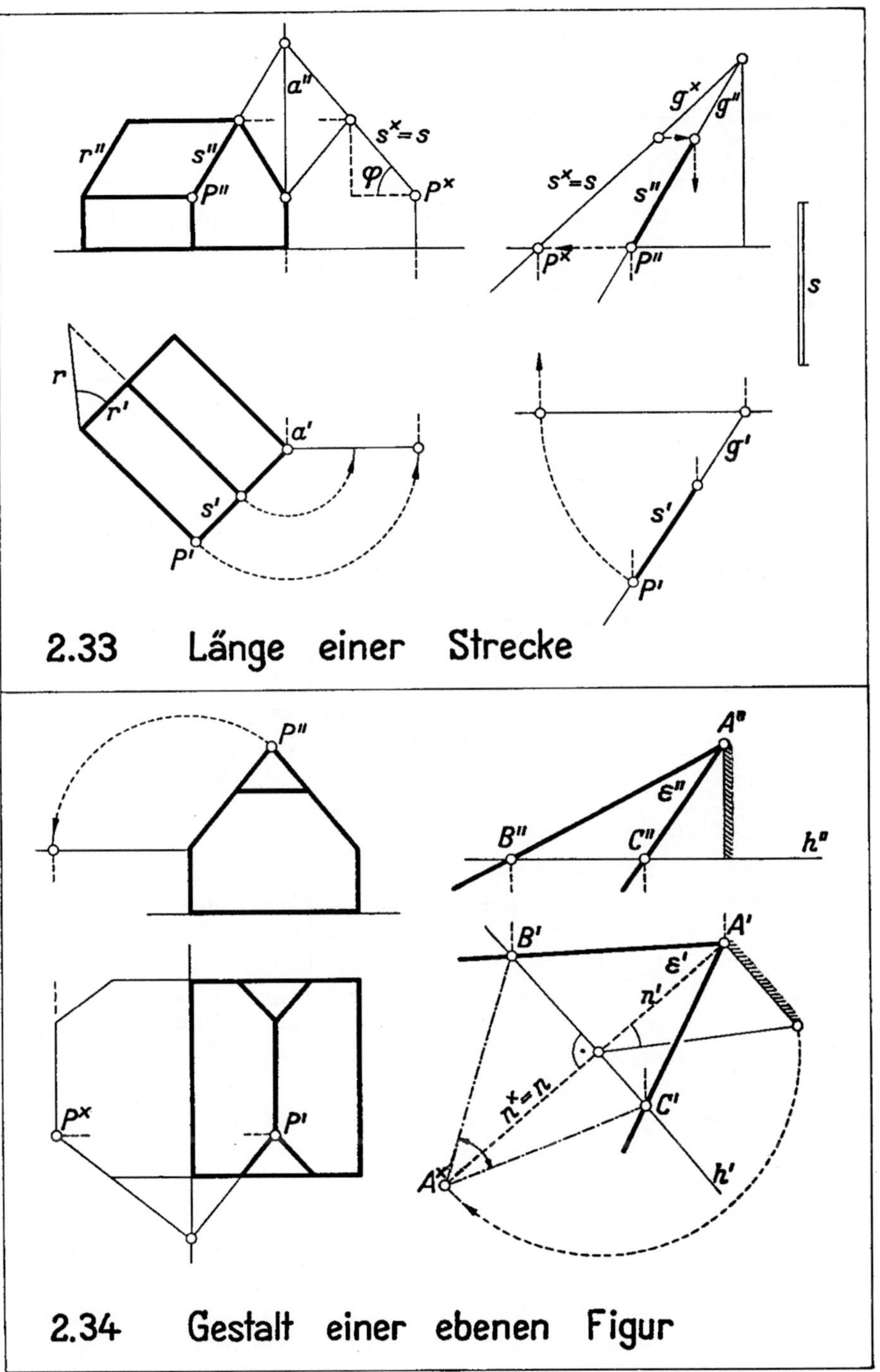

r''
a''
s''
P''
s^× = s
φ
P^×
g^×
g''
s^× = s
s''
P^×
P''
s
r
r'
a'
s'
P'
g'
s'
P'
2.33   Länge einer Strecke
P''
A''
ε''
B''
C''
h''
A'
B'
ε'
n'
n^× = n
C'
h'
P^×
P'
A^×
2.34   Gestalt einer ebenen Figur

2.35 Winkel zweier Ebenen. Als Anwendung der beiden Maßaufgaben bestimmen wir den Winkel zweier Ebenen, d. h. den Winkel, den eine zu ihrer Schnittgeraden g, also zu beiden Ebenen senkrechte Ebene aus dem Ebenenpaar ausschneidet. Die Ebenen seien im Grund- und Aufriß durch die Schnittgerade g und durch die Höhenlinien a und b in derselben Horizontalschicht gegeben, die wir als Grundrißebene π_1 deuten. In einer Seitenrißebene $\sigma \perp \pi_1$ und $\parallel g$, deren erste Spur s_1 also $\parallel g'$ ist, zeichnet man den Riß g''' von g, indem man die Höhe z eines g-Punktes P aus dem Aufriß abgreift und in den Seitenriß überträgt. Dann legt man durch den Punkt P die Ebene $\varepsilon \perp g$, die also in bezug auf σ eine Profilebene ist und den gesuchten Winkel aus dem Ebenenpaar ausschneidet: In σ zeichnet man durch P''' die ε-Spur $e_3 \perp g'''$, in π_1 durch den s_1-Punkt von e_3 die ε-Spur $e_1 \perp g'$. Durch Umlegung von ε um e_1 erhält man die Umlegung $P^\times$ des Punktes P und in $P^\times$ den gesuchten, durch einen Bogen bezeichneten Winkel.

Man kann diesen Winkel aber auch auf eine andere – in der Figur nicht eingezeichnete – Weise ermitteln: Zeichnet man in einem g-Punkt die Normalen der beiden Ebenen (2.31), so bilden diese den gleichen Winkel wie die Ebenen. Man bestimmt ihn als Winkel zweier durch ihre Risse gegebenen Geraden wie in 2.34.

2.36 Neigungswinkel einer Ebene. Als einen Spezialfall der vorigen Aufgabe bestimmen wir die beiden Neigungswinkel einer Ebene ε, die durch eine Höhenlinie h und eine Frontlinie f gegeben sei. Die Horizontalschicht durch h werde als Grundrißebene π_1, die Vertikalwand durch f als Aufrißebene π_2 gewählt.

Eine zu h senkrechte Ebene (rechts oben) schneidet aus ε eine erste Neigungslinie oder Fallinie n aus, die zu den Höhenlinien senkrecht ist, aus ε und π_1 den ersten Neigungswinkel φ, aus ε, π_1 und π_2 ein erstes Stützdreieck: Seine Hypotenuse liegt auf n, eine Kathete auf $n' \perp h'$ zwischen h' und f', die andere $\perp h''$ zwischen h'' und f''. Um diese vertikale Kante dreht man das Dreieck in π_2 hinein und gewinnt so den Winkel φ, den ε mit den Horizontalschichten bildet (links).

Eine zu f senkrechte Ebene (rechts unten) schneidet aus ε eine zweite Neigungslinie m aus, die zu den Frontlinien senkrecht ist, aus ε und π_2 den zweiten Neigungswinkel ψ, aus ε, π_2 und π_1 ein zweites Stützdreieck: Seine Hypotenuse liegt auf m, eine Kathete auf $m'' \perp f''$ zwischen f'' und h'', die andere $\perp f'$ zwischen f' und h'. Dieses Dreieck dreht man um die horizontale Kathete (Mitte) in π_1 hinein und erhält damit den Winkel ψ, den ε mit den zu π_2 parallelen Wänden bildet.

Einfache Anwendungen dieser Grundaufgaben findet man z. B. bei *H. Flükiger*, Leitfaden der Darstellenden Geometrie (Orell Füßli Verlag, Zürich 1947).

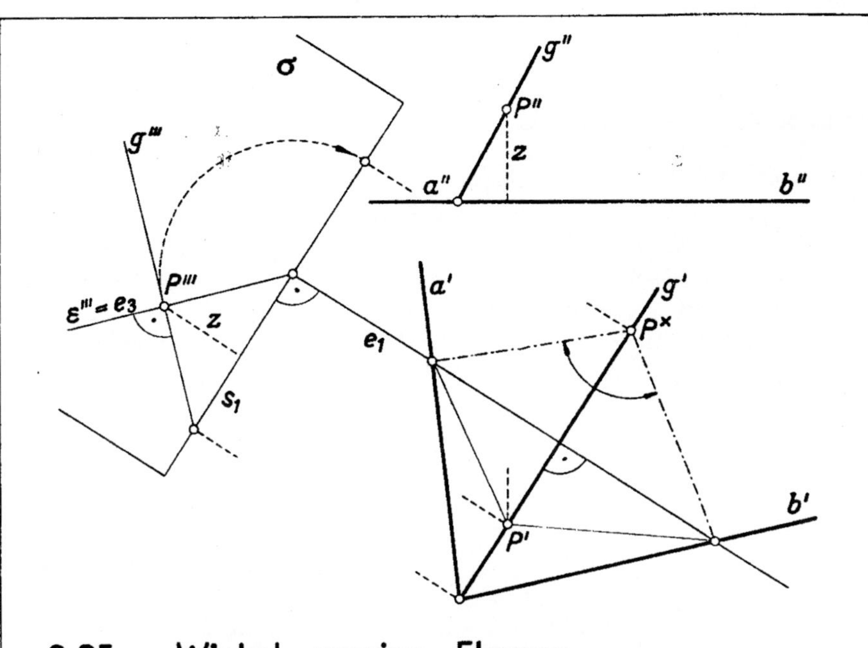

2.35 Winkel zweier Ebenen

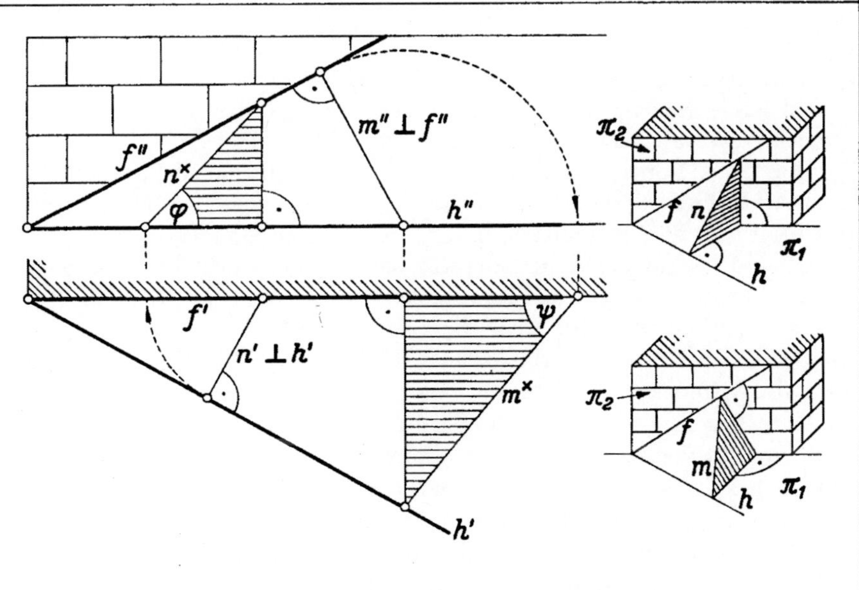

2.36 Neigungswinkel einer Ebene

2.4 Kreisaufgaben

2.41 Risse eines Kreises. Die Ebene ε eines Kreises vom Radius r sei zunächst $\perp \pi_2$, also die Kreisachse $g \parallel \pi_2$ (links). Dann erscheint der Kreis im Aufriß als Strecke $2r$, im Grundriß als Ellipse mit den Halbachsen $a = r$ und $b = r \cos \psi$, wenn $\psi = \sphericalangle (\varepsilon, \pi_1)$ ist (vgl. 1.35). Die g-Punkte, die vom Mittelpunkt den Abstand r haben, heißen *Kreispole*.

Trägt man auf einer ε-Fallinie und auf $g \perp \varepsilon$ die Strecken r ab, so sind die Neigungsdreiecke, die deren Grundrisse b bzw. c liefern, kongruent dem schraffierten Dreieck, das im Grundriß die *Brennpunkte* auf der Ellipsenhauptachse ergibt. Diese haben von den Nebenscheiteln den Abstand $a = r$; ihr Mittelpunktsabstand, die *lineare Exzentrizität*, liefert also c. So folgt: *Die Risse der Kreispole erhält man durch Schwenkung der Brennpunkte des Kreisrisses um den Mittelpunkt*, also ohne Benutzung eines Aufrisses.

Ist allgemein g durch die Risse g' und g'' gegeben (rechts), so wird $\varepsilon \perp g$ durch eine Höhenlinie h und eine Frontlinie f durch den Mittelpunkt festgelegt. Der Durchmesser auf h erscheint im Grundriß in wahrer Größe, liefert also auf $h' \perp g'$ die Hauptachse der Grundrißellipse; sein Aufriß ist horizontal. Der Durchmesser auf f erscheint im Aufriß in wahrer Größe, liefert also auf $f'' \perp g''$ die Hauptachse der Aufrißellipse; sein Grundriß ist horizontal. Die Nebenachsen bestimmt man nach der Papierstreifenkonstruktion (1.36).

2.42 Drehzylinder. Als Anwendungsbeispiel suchen wir die zugeordneten Risse zweier Drehzylinder mit gegebenen Radien und Höhen und gemeinsamer Achse g. Ihr π_1-Riß g' ist links, der π_2-Riß g'' rechts gegeben, die Ordnerrichtung also horizontal. Durch einen g-Punkt M legt man die Ebene $\varepsilon \perp g$ und zeichnet nach 2.41 die Risse des ε-Kreises k mit dem Radius r und dem Mittelpunkt M. Ein Nebenscheitel des π_1-Risses k' sei B'. Nun wählt man eine Seitenrißebene $\perp \pi_1$ und $\parallel g$, in der also alle g-Strecken in wahrer Größe erscheinen. Auf den neuen Ordnern $\perp g'$ durch M' und B' wählt man die Seitenrisse M''' und B''' so, daß $M'''B''' = r$. Dann ist ε''' die Gerade $M'''B'''$ und $g''' \perp \varepsilon'''$. Auf g''' trägt man die Zylinderhöhen ab und gewinnt so die Risse der Mittelpunkte der anderen Basiskreise, die man wieder nach 2.41 zeichnet.

Nun soll der dünnere Zylinder kanneliert, der Kreis k also gleichmäßig geteilt werden. Dazu legt man ε um eine ε-Hauptlinie $h \parallel \pi_1$ mit dem Riß $h' \perp g'$ um. Zeichnet man das Rechteck der Scheiteltangenten von k', so entspricht ihm in der Umlegung ein Quadrat, der Rechtecksdiagonale also eine Gerade, die mit h' den Winkel $45°$ bildet. Daraus gewinnt man die Umlegungen $M^\times$ und $k^\times$, überträgt mit Hilfe der Stauchung eine Teilung von $k^\times$ auf k' und erhält so die Risse der Bögen und deren Tangenten.

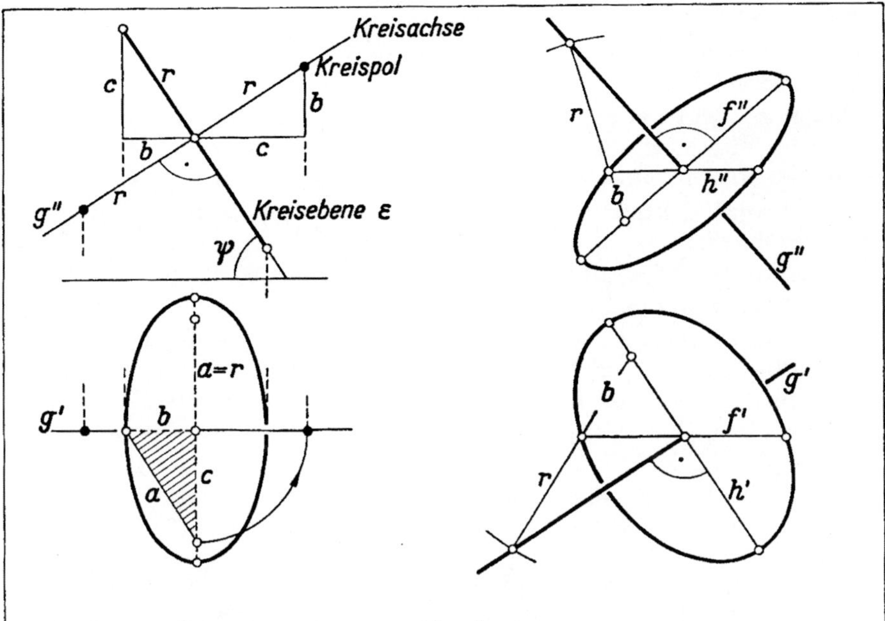

2.41 Risse eines Kreises

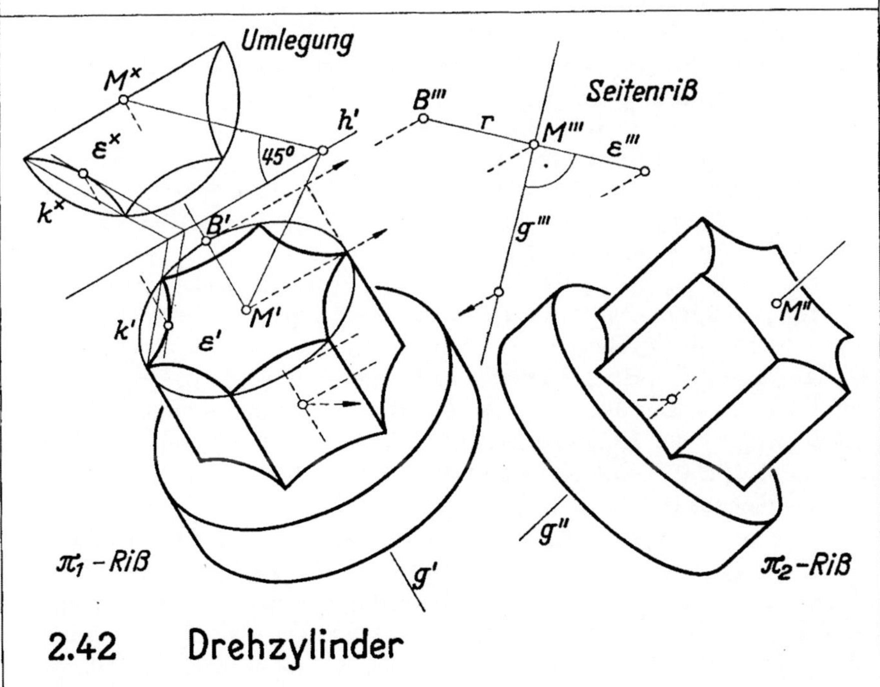

2.42 Drehzylinder

2.43 Kugelumriß. Bei Parallelprojektion bilden die Strahlen, die eine Kugel berühren, einen Drehzylinder. Er berührt in den Punkten eines zur Projektionsrichtung senkrechten Großkreises, des *Umrißkreises*, und schneidet die Bildebene in der *Kugelkontur*, im allgemeinen also in einer Ellipse. *Bei Normalprojektion ist der Umrißkreis $\parallel$ zur Bildebene und die Kontur ein kongruenter Kreis.* So gehören zum Grundriß und zum Aufriß als Umrißkreise der *Äquator* $u \parallel \pi_1$ und der *Nullmeridian* $v \parallel \pi_2$. Die Konturkreise sind u' und v''. u'' ist der horizontale Durchmesser von v'', v' der horizontale Durchmesser von u' (links).

Um eine Gerade g mit der Kugel zu schneiden, legt man durch g eine erste Profilebene $\varepsilon \perp \pi_1$. Schneidet ε die Kugel, so erscheint der Schnittkreis im Grundriß als Kontursehne auf g'; ihre Länge liefert seinen Durchmesser. Durch Umlegen von ε in die u-Ebene gewinnt man die g-Punkte dieses Kreises und daraus deren Risse.

Im Innern der Aufrißkontur sei der Aufriß A'' eines Kugelpunktes A gewählt (rechts). Wo liegt A'? Der horizontale Breitenkreis durch A erscheint im Aufriß als Sehne von v'', deren Länge den Durchmesser liefert, im Grundriß als ein zu u' konzentrischer Kreis, auf dem A' liegt (zwei Lösungen!). Die Tangentialebene in A ist $\perp$ zum Kugelradius und durch eine Höhen- und eine Frontlinie nach 2.31 festgelegt.

2.44 Kugelschnitte. Eine Ebene ε schneidet die Kugel in einem Kreis. Ist $\varepsilon \perp \pi_2$ (links), so erscheint dieser Schnittkreis im Aufriß als Kontursehne, im Grundriß als Ellipse wie in 2.41. Der rechte Kugelkreis schneidet u nicht, der linke in zwei Punkten. Ihre Grundrisse sind die Konturpunkte des Kreisgrundrisses. In ihnen berührt dieser u', da er keine Punkte außerhalb von u' besitzen kann. *Trifft also die Schnittgerade von Kreis- und Umrißebene den Umrißkreis, so liefern ihre Schnittpunkte A und B die Konturpunkte des Kreisrisses.*

Der Radius eines Kugelkreises k, also die große Halbachse des Grundrisses k', sei a, die kleine Halbachse von k' sei b und die Exzentrizität c, der Abstand der k-Ebene vom Kugelzentrum s, sein Grundriß s'. Die Tangenten in den Hauptscheiteln von k' ergeben (wegen $r^2 = a^2 + s^2$) zwei u'-Sehnen von der Länge $2s$. Die Diagonalen des Sehnenrechtecks schneiden auf der Hauptachse ein Stück $2z$ aus. Der Grundriß ergibt $z : a = s' : s$, der Aufriß nach 2.41 $s' : s = c : a$, also $z = c$. D. h.: Jene Diagonalen schneiden die Brennpunkte von k' aus. Den Grundriß eines Kugelkreises gewinnt man also ohne Aufriß allein aus dem Sehnenrechteck der Hauptscheiteltangenten.

Die rechte Figur zeigt eine Pendentifkuppel: Die vier Schildbögen sind vertikale Halbkreise auf der großen Halbkugel. Zwischen ihnen und der aufgesetzten kleinen Halbkugel liegen vier von Kugelkreisen begrenzte Dreiecke, die Pendentifs.

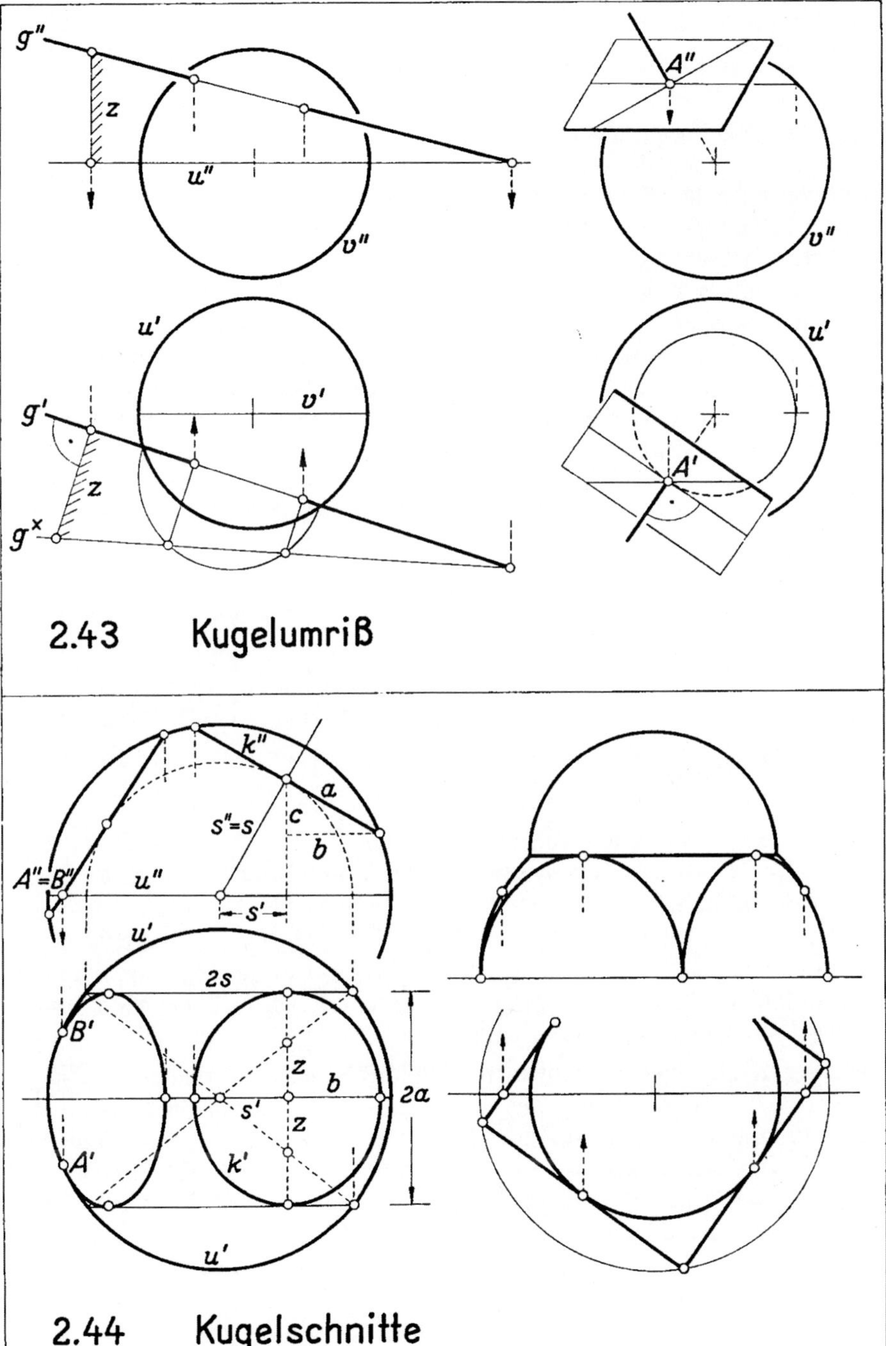

2.43   Kugelumriß

2.44   Kugelschnitte

2.45 Kugel bei Parallel- und Zentralbeleuchtung. Bei Parallelbeleuchtung ist die Eigenschattengrenze einer Kugel vom Radius r ein Großkreis $k \perp$ zur Lichtrichtung l, der Schatten auf π_1 eine Ellipse $\bar{k}$, die als Schatten von k gedeutet werden kann. Ist $l \parallel \pi_2$ (links), so ist der Aufriß k'' von k der Konturdurchmesser $\perp l''$. – Wir betrachten in k die Halbmesser $MB = b \parallel \pi_1$ und $MA = a \perp b$. Die Grundrisse $b' = r$ und a' sind die Halbachsen des Grundrisses k'. Die Lichtebene von a enthält den Kugelhalbmesser $MC = c \perp \pi_1$ und ist Symmetrieebene von k und $\bar{k}$: Der Schatten $\overline{MA} = \bar{a}$ wird also große Halbachse von $\bar{k}$; auf $\bar{a}$ liegt $\bar{C}$. Die kleine Halbachse $\overline{MB} = \bar{b}$ ist $\parallel b'$ und hat die Länge r. Die im Aufriß an der Rißachse gezeichneten rechtwinkligen Dreiecke sind kongruent: In beiden ist eine Kathete r und die Hypotenuse $\bar{a}$, also die schraffierte Kathete $\bar{c}$ die Exzentrizität von $\bar{k}$ und daher $\bar{C}$ ein Brennpunkt von $\bar{k}$. Diese Dreiecke sind ferner ähnlich dem Neigungsdreieck von a. Daher wird $\bar{a} : \bar{b} = r : a' = b' : a'$; d. h.: Die Ellipsen $\bar{k}$ und k' sind ähnlich.

Ergebnis: *Der Schatten einer Kugel ist bei Parallelbeleuchtung eine Ellipse; ihre Brennpunkte sind die Schatten der Endpunkte des zur schattenfangenden Ebene senkrechten Kugeldurchmessers, ihre Nebenachse hat die Länge des Kugeldurchmessers.*

Bei Zentralbeleuchtung bilden die Strahlen durch den leuchtenden Punkt L, die die Kugel berühren, einen Drehkegel (rechts): Die Eigenschattengrenze ist ein Kugelkreis mit der Achse LM. Sein Schlagschatten wird in 4.25 bestimmt.

2.46 Kugel und Kugelschale mit Schatten. Wirft die Kugel bei Parallelbeleuchtung Schatten auf π_1 und π_2 (links), so bestimmt man zunächst die Risse k' und k'' von k (2.41), dann die Schatten $\overline{M}$ und $\overline{\overline{M}}$ von M, d. h. die beiden Spurpunkte des M-Strahles und Mitten der Schattenellipsen $\bar{k}$ und $\bar{\bar{k}}$. Die Nebenachsen sind $\parallel$ zu den Hauptachsen von k' und k'' und haben die Länge $2r$. Nun zeichnet man $\bar{k}$ und $\bar{\bar{k}}$ ähnlich zu k' und k''. Sie schneiden sich auf der Rißachse.

Der Rand einer oben offenen Halbkugelschale wirft einen Schlagschatten ins Innere (rechts). Die Lichtrichtung l sei $\parallel \pi_2$. Die Schatten der Randpunkte A und B sind $\overline{A}$ und $\overline{B}$. Man erhält sie, indem man durch A und B vertikale Ebenen $\parallel l$ legt. Sie schneiden die Halbkugel in Halbkreisen, die im Aufriß in wahrer Größe erscheinen und die Risse $\overline{A}''$ und $\overline{B}''$ liefern. Da die Dreiecke $M''A''\overline{A}''$ und $M''B''\overline{B}''$ ähnlich sind, liegen $\overline{A}''$ und $\overline{B}''$ auf einem festen Konturhalbmesser. Der Aufriß der gesuchten Schlagschattengrenze ist also geradlinig, sie selbst mithin ein halber Kugelgroßkreis (vgl. auch 5.36). Die Eigenschattengrenze trennt auf der äußeren Kugelfläche den beleuchteten und den unbeleuchteten Teil, auf der inneren den Eigenschatten und den Schlagschatten.

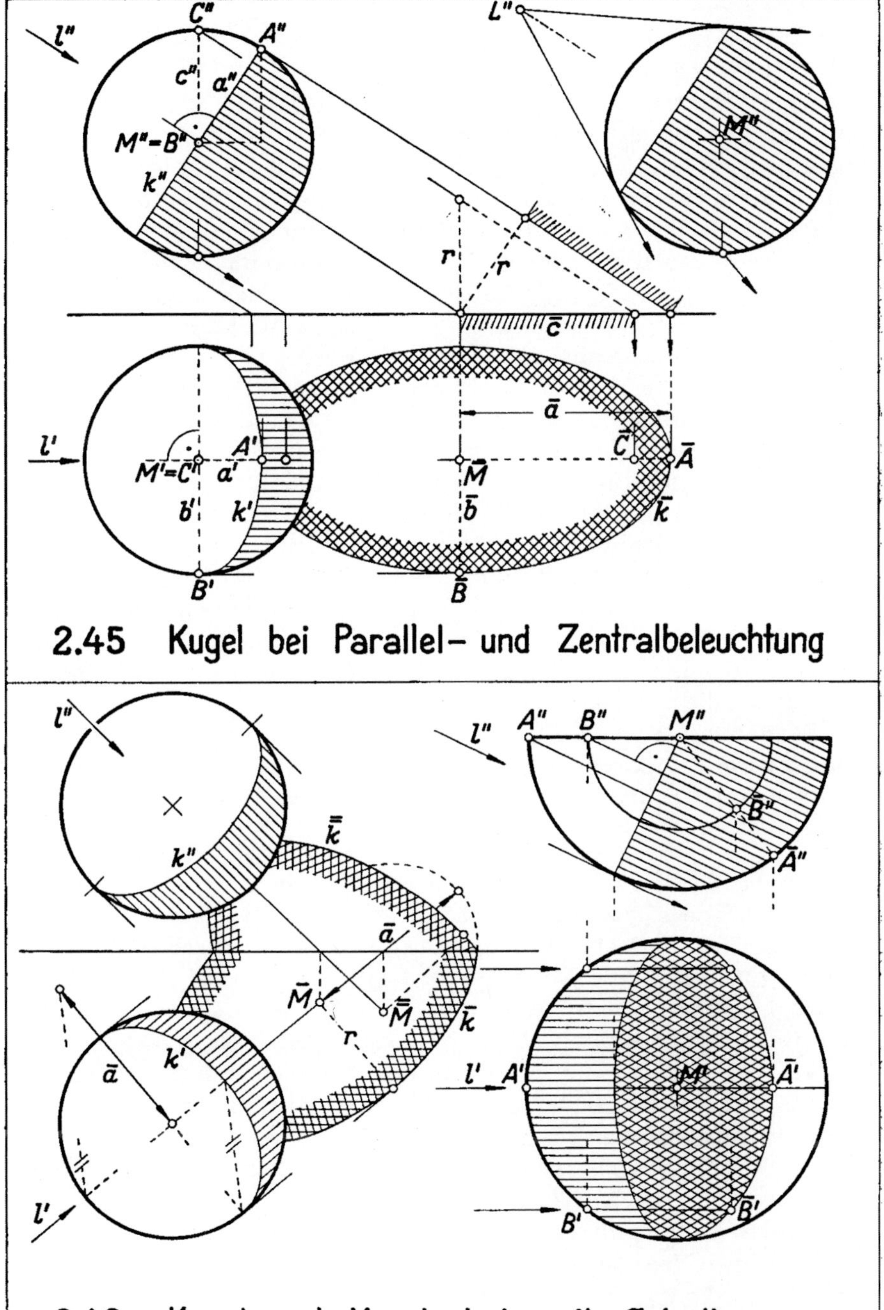

2.45   Kugel bei Parallel- und Zentralbeleuchtung

2.46   Kugel und Kugelschale mit Schatten

3. Anschauliche Risse

3.1 Normale Axonometrie

3.11 Nachteile der schiefen Axonometrie. Ist von einem ebenflächig begrenzten Körper ein anschauliches Bild zu zeichnen, so benutzt man am einfachsten eine schief-axonometrische Darstellung, wählt also auf Grund des Pohlkeschen Satzes das Bild der Koordinatenachsen und ihrer Einheitsstrecken und trägt die Bilder der Ecken mit Hilfe ihrer Koordinaten ein (1.21). Enthält der Gegenstand nur eine einzige Schar paralleler Kreise, so verwendet man insbesondere Militärprojektion oder Kavalierprojektion derart, daß diese Kreise wieder als Kreise erscheinen. Unzweckmäßig und unbequem ist aber die schiefe Axonometrie dann, wenn $\|$ zu mehreren Koordinatenebenen Kreise auftreten, deren Bilder also aus konjugierten Durchmessern zu zeichnen sind. Die Figur zeigt z. B. Zylinder und Kugel in Kavalierprojektion, die hier nicht angebracht ist: Für das Bild des vertikalen Zylinders müßte man nämlich die Konturmantellinien als Ellipsentangenten von fester Richtung mit Hilfe einer Affinität konstruieren (1.46). Für die Kugel wäre die Kontur eine Ellipse (2.45), die die Bilder des Äquators und der Meridiane in Punkten berührt, deren Bestimmung mühsam ist. Um von solchen Schrägbildern überdies den richtigen Eindruck zu erhalten, muß man sie aus einer Richtung betrachten, die meist nicht bekannt ist.

Weit einfacher wird die Zeichentechnik – wie wir nun zeigen wollen – bei der *normalen Axonometrie*, bei der vom Achsenkreuz und vom Gegenstand nicht ein Schrägbild, sondern ein Riß hergestellt wird.

3.12 Das Spurendreieck. Die Rißtafel π gehe nicht durch den Ursprung O und sei zu keiner Achse $\|$ (links). Die Achsen schneiden in π ein *Spurendreieck* aus, das – wie elementare Überlegungen zeigen – (für reelle Achsenkreuze) stets spitzwinklig ist. Da die Spur einer Koordinatenebene $\perp$ zum Riß ihrer Normalen ist, folgt: *Die Risse der Koordinatenachsen sind die Höhen im Spurendreieck.* Der Riß des Ursprungs O ist der Höhenschnittpunkt. Man wählt also im Riß (rechts)[1] die Achsen so, daß je zwei nicht $\perp$ sind und jede durch den stumpfen Winkel der beiden andern geht, weil die Höhen eines spitzwinkligen Dreiecks diese Eigenschaft haben; oder man zeichnet sie als Höhen eines beliebig gewählten spitzwinkligen Spurendreiecks. Legt man dann fest, auf welcher Seite von π der Ursprung O liegen soll, so ist dieser nach dem Thalessatz der *Schnittpunkt dreier Halbkugeln über den Dreiecksseiten als Durchmessern.*

Im Riß sei eine in der xy-Ebene γ liegende O-Gerade u gegeben. Gesucht wird in γ die konjugierte O-Gerade $v \perp u$. Da $v \perp$ zur Verbindungsebene $\delta = uz$ ist, muß der Riß von $v \perp$ zur Spur d von δ sein.

---

[1] Risse und Urbilder bezeichnen wir wieder mit gleichen Buchstaben.

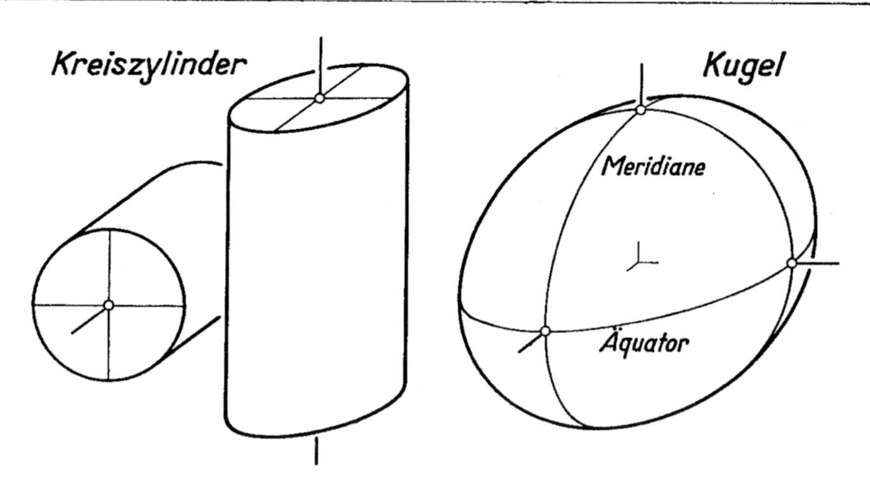

3.11 Nachteile der schiefen Axonometrie

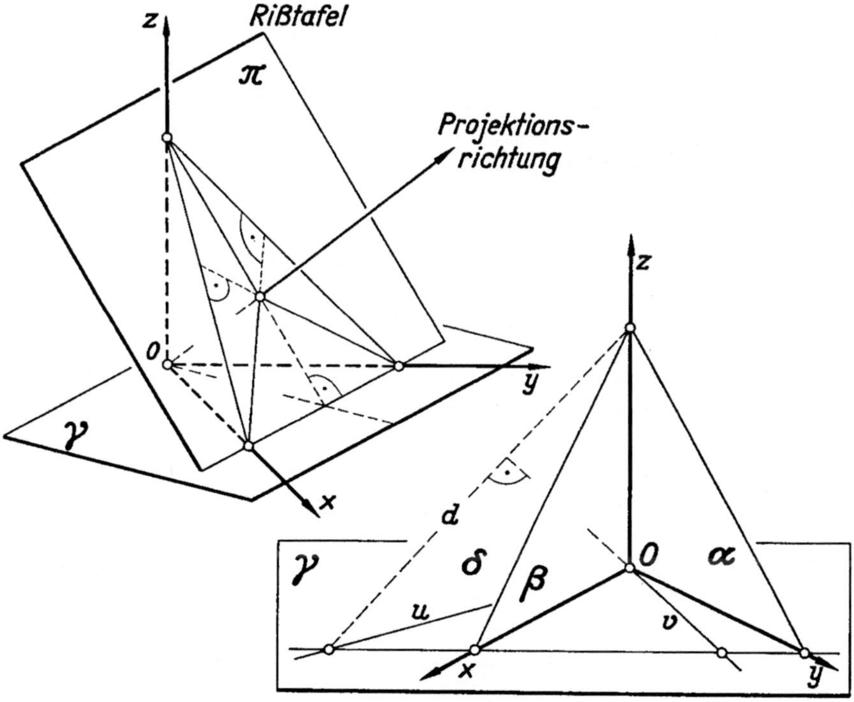

3.12 Das Spurendreieck

3.13 Umlegung der Koordinatenebenen. Sind die Risse der Achsen nach 3.12 so gewählt worden, daß jeder durch den stumpfen Winkel der beiden anderen läuft, so dürfen die Risse e_x, e_y und e_z der auf den Achsen von O aus abgetragenen Einheitsstrecke e, also die Verkürzungsfaktoren der Achsen, nicht mehr beliebig gewählt werden, weil jetzt die Projektionsrichtung $\perp \pi$ bereits vorgeschrieben ist. Zur Konstruktion von e_x, e_y, e_z zeichnet man ein Spurendreieck, also ein Dreieck XYZ, das die Achsenrisse zu Höhen hat, und legt die xy-Ebene γ, also das rechtwinklige Dreieck XOY, um die γ-Spur c um: Die Umlegung $O^\times$ von O liegt auf dem Thaleskreis über XY. Durch die Stauchung zwischen Riß und Umlegung gewinnt man e_x und e_y. Das Verhältnis der Abstände zweier sich in der Stauchung entsprechenden Punkte – z. B. des Risses O und der Umlegung $O^\times$ – von der Stauchungsachse c ergibt den Stauchungsfaktor e_γ von γ. Durch Umlegung der xz-Ebene β erhält man das noch fehlende e_z. Nun zeichnet man – um Koordinatenwege eintragen und messen zu können – die Risse der Achsenmaßstäbe mit den gefundenen Einheiten e_x, e_y, e_z und – um Strecken auf Hauptlinien abtragen zu können – den wahren Maßstab w mit der Einheit e.

Den auf diese Weise entstandenen *axonometrischen Riß* eines Gegenstandes kann man aber auch dadurch gewinnen, daß man seinen Grundriß und seinen Aufriß in die umgelegten Ebenen γ und α einträgt und dann mit den Richtungen $I \parallel z$ und $II \parallel x$ ein E-Bild erzeugt (1.26).

Ist insbesondere das Spurendreieck gleichschenklig, also z. B. $XY = XZ$ und daher im Riß die x-Achse die Halbierungslinie des stumpfen Winkels zwischen y- und z-Achse, so wird $e_y = e_z$ und $e_\beta = e_\gamma$. Der Riß des Achsenkreuzes heißt dann *dimetrisch* (3.21). Ist das Spurendreieck gleichseitig, also $e_x = e_y = e_z$, so erhält man einen *isometrischen* Riß (3.26).

3.14 Umlegung eines Achsenprofils. Den Verkürzungsfaktor e_z und den Stauchungsfaktor e_γ kann man auch erhalten, wenn man durch die z-Achse eine Profilebene, also $\perp \pi$, legt und um ihre Spur ZC, den Riß der z-Achse, umklappt. In der Figur ist dieses „*Profil*" als Seitenriß nach links herausgerückt. Der Thaleskreis über ZC liefert das rechtwinklige Dreieck $ZO^\times C$, das dem Dreieck ZOC kongruent ist; es enthält den Neigungswinkel $\varphi = \sphericalangle\, O^\times ZC$ der z-Achse gegen π, den Neigungswinkel $\psi = \sphericalangle\, O^\times CZ$ der Ebene γ gegen π und den Abstand h des Ursprungs O von π. Trägt man die Einheit e im Seitenriß auf der z-Achse $z^\times$ und der γ-Neigungslinie $n^\times$ ab, so erhält man daraus im gegebenen Riß die verkürzte Einheit e_z bzw. den Stauchungsfaktor e_γ; ebenso verkürzt man eine Strecke r auf r_z bzw. r_γ (rechts) mit einem *Verkürzungswinkel* (1.33). Die Profile der x- und der y-Achse liefern entsprechende Verkürzungswinkel, die man (zur Erleichterung beim Verkürzen) in die gleiche Figur zeichne.

Bei Parallelverschiebung von π erhält man ähnliche Spurendreiecke.

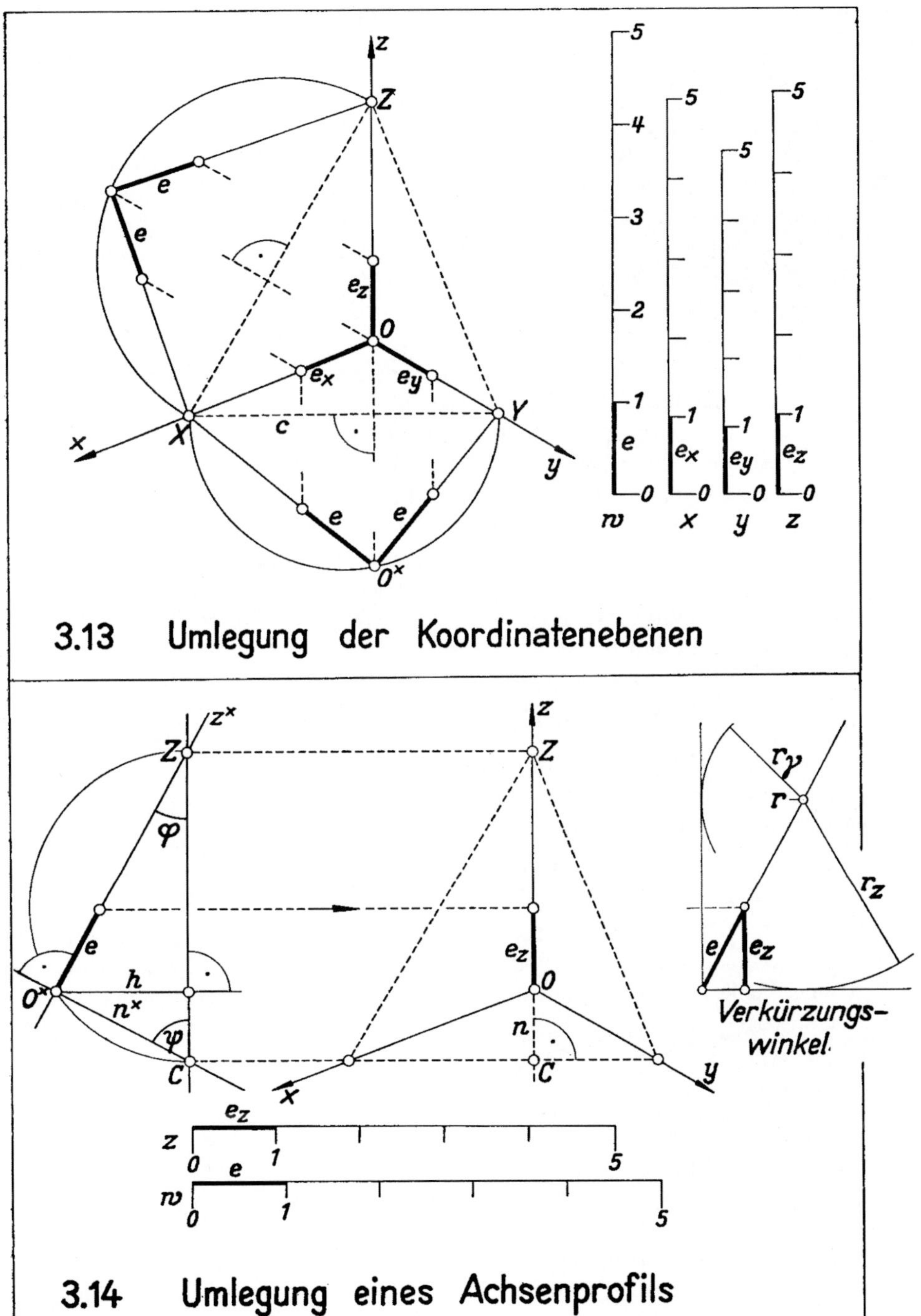

3.13   Umlegung der Koordinatenebenen

3.14   Umlegung eines Achsenprofils

3.15 Kreise in den Koordinatenebenen. Nunmehr suchen wir den Riß eines Kreises in der xy-Ebene γ, z. B. mit dem Radius $r = 5$. Die Kreisachse ist $\|$ zur z-Achse, die Ellipsenhauptachse daher $\perp$ zu deren Riß; ihre Länge ist $2r$. Da die Koordinatenachsen rechte Winkel bilden, schneiden sich die Parallelen durch die Hauptscheitel zu den Rissen der x- und der y-Achse nach dem Thalessatz im Riß eines Kreispunktes, also in einem Ellipsenpunkt P. Aus der Hauptachse und P erhält man die halbe Länge b der Nebenachse mit der Papierstreifenkonstruktion. Wurden aber schon Verkürzungswinkel nach 3.14 gezeichnet, so macht man $b = r_y$.

Während bei der schiefen Axonometrie die Achsen eines Kreisbildes nicht bekannt sind, stehen sie also hier unmittelbar zur Verfügung. Ist z. B. ein Drehzylinder mit dem gezeichneten Basiskreis zu zeichnen, so sind auch die Konturmantellinien als Tangenten in den Hauptscheiteln der Ellipse ohne mühsame Konstruktion leicht anzugeben.

Kreise in Ebenen $\|$ α, β oder γ können auf diese Weise ohne Benutzung von e_x, e_y, e_z gezeichnet werden. Die lineare Exzentrizität unserer Ellipse ergibt den Riß r_z des in der z-Richtung abgetragenen Radius, bei uns z. B. $r_z = 5e_z$ (2.41), so daß man also auch durch diese Konstruktion – statt der Umlegungen in 3.13 und 3.14 – den Riß des z-Achsenmaßstabes ermitteln kann.

3.16 Verkürzungs- und Stauchungsfaktoren. Der Verkürzungsfaktor einer Geraden oder der Stauchungsfaktor einer Ebene war erklärt als Kosinus ihres Winkels mit der Zeichenebene π. Sind $\alpha \perp x$, $\beta \perp y$ und $\gamma \perp z$ die Koordinatenebenen und e_α, e_β, e_γ ihre Stauchungsfaktoren, so entnimmt man aus den Achsenprofilen, z. B. der z-Achse (links):

$$\text{I.} \quad \boxed{e_x^2 + e_\alpha^2 = 1} \qquad \boxed{e_y^2 + e_\beta^2 = 1} \qquad \boxed{e_z^2 + e_\gamma^2 = 1}.$$

Erscheint also eine Achse wenig verkürzt, so werden ihre Normalebenen stark gestaucht, und umgekehrt. Rechts ist der Riß des Einheitskreises in γ gezeichnet. Da die Quadratsumme konjugierter Ellipsenhalbmesser konstant ist (1.36), wird

$$e_x^2 + e_y^2 = 1 + e_\gamma^2 = 1 + (1 - e_z^2), \text{ d. h.}$$

$$\text{II.} \quad \boxed{e_x^2 + e_y^2 + e_z^2 = 2} \qquad \text{und} \quad \text{III.} \quad \boxed{e_\alpha^2 + e_\beta^2 + e_\gamma^2 = 1}.$$

Die drei Verkürzungsfaktoren oder die drei Stauchungsfaktoren dürfen also nicht beliebig vorgeschrieben werden, wenn die Aufgabe, die zugehörigen Achsenrisse zu ermitteln, lösbar sein soll. Meist gibt man $e_x : e_y : e_z$ vor. Diese Aufgabe lösen wir im Abschnitt 3.2 nur für einen in der Technik bedeutungsvollen Spezialfall. Eine Lösung des allgemeinen Problems findet sich z. B. in dem schönen Buche von *M. Großmann*, Darstellende Geometrie für Maschineningenieure (Springer, 1927).

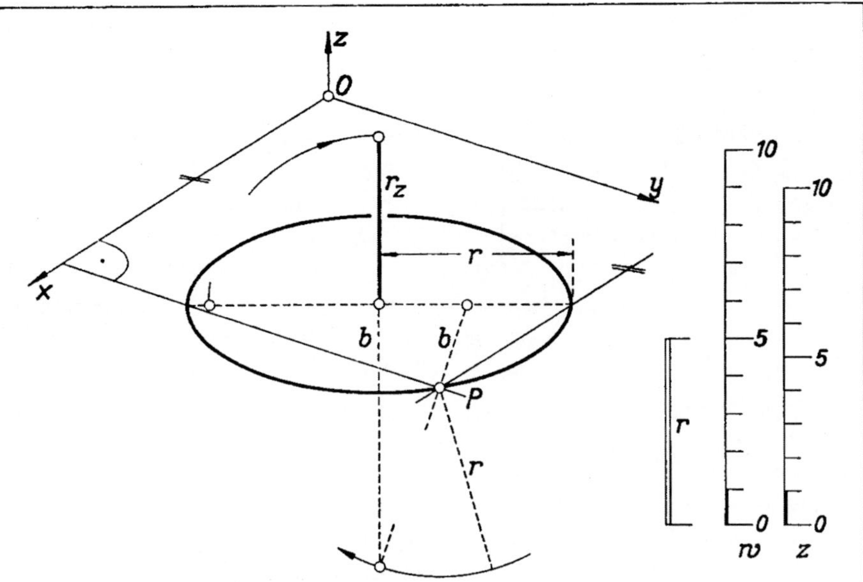

3.15   Kreise in den Koordinatenebenen

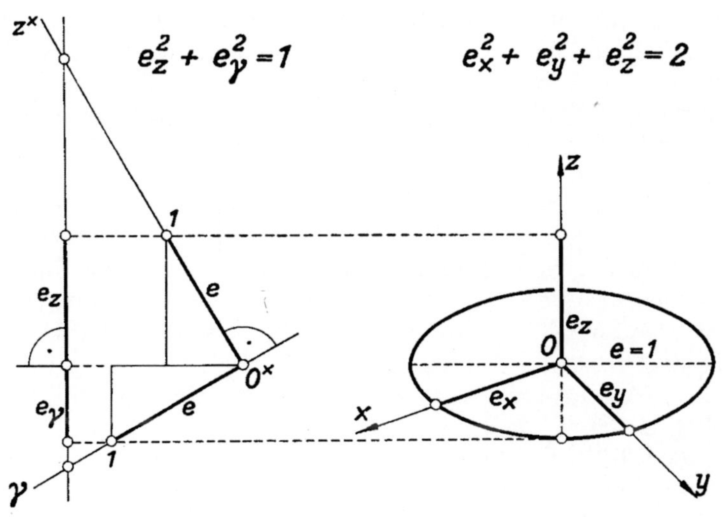

$$e_z^2 + e_\gamma^2 = 1 \qquad\qquad e_x^2 + e_y^2 + e_z^2 = 2$$

3.16   Verkürzungs- und Stauchungsfaktoren

3.2 Spezialfälle der normalen Axonometrie

3.21 Ingenieuraxonometrie. Wir suchen die Achsenrisse für den Spezialfall, daß $e_x : e_y : e_z = 1 : 2 : 2$, also $e_y = e_z = 2e_x$ ist. Aus II in 3.16 folgt: $e_x^2 = \frac{2}{9}$, $e_y^2 = e_z^2 = \frac{8}{9}$, aus I daher $e_\alpha^2 = \frac{7}{9}$, $e_\beta^2 = e_\gamma^2 = \frac{1}{9}$; also gilt:

$$\boxed{e_y = e_z = 2e_x} \qquad \boxed{e_\beta = e_\gamma = \tfrac{1}{3}} \;.$$

Das heißt: *In der Ingenieuraxonometrie, bei der sich die Verkürzungszahlen der Koordinatenachsen wie 1 : 2 : 2 verhalten, erscheinen die xy-Ebene γ und die xz-Ebene β auf ein Drittel gestaucht.*

Ist daher im Profilschnitt der z-Achse, der wie in 3.14 links herausgezeichnet wurde, $HC = 1$ gewählt, so wird $O^\times C = 3$, $CZ = 9$, $HZ = 8$. Da die y- und die z-Achse den gleichen Verkürzungsfaktor besitzen, also ein dimetrischer Achsenriß zu zeichnen ist, müssen im Spurendreieck die durch Y und Z gehenden Höhen gleich sein. Ohne den Profilschnitt zu benutzen, macht man also in dem gesuchten axonometrischen Riß (rechts) $OZ = 8$, $OC = 1$, $CY \perp OC$, $OY = 8$ und legt schließlich den Riß der x-Achse $\perp$ zur Strecke YZ, ohne diese zu zeichnen.

Da nun $CY = \sqrt{63}$, also $YZ = 12$ und daher $OZ : YZ = 2 : 3$, kann man die Risse der y- und der z-Achse auch so finden: *Man zeichnet ein Dreieck OZY mit beliebiger vertikaler Seite OZ so, daß OY = OZ und YZ = $\frac{3}{2}$ OZ.* Spiegelung der Figur an dem Riß der z-Achse liefert einen anderen möglichen Riß des Achsenkreuzes. Da die so gefundenen Achsenrichtungen beim Skizzieren von Maschinenteilen heute fast ausschließlich benutzt werden, empfiehlt sich die Anfertigung einer Schablone.

3.22 Achsenmaßstäbe bei Ingenieuraxonometrie. Nach Konstruktion der Achsenrisse wählt man $e_y = e_z$ beliebig, $e_x = \frac{1}{2} e_y$, und zeichnet mit diesen Einheiten die verkürzten Maßstäbe für die drei Achsenrichtungen und das Bild des Einheitswürfels mit achsenparallelen Kanten. Nun suchen wir die Einheit e des wahren Maßstabes, also die wahre Kantenlänge dieses Würfels. Der Ursprung O liege diesmal in der Zeichenebene. Die xy-Ebene wird um ihre durch O gehende Spur c, die $\perp$ zum Riß der z-Achse ist, umgelegt. Da der Stauchungsfaktor $\frac{1}{3}$ ist, wird der Abstand eines auf dem Riß der y-Achse angenommenen Punktes von der Spur c verdreifacht. Auf der so erhaltenen Umlegung $y^\times$ der y-Achse greift man e ab. Umgekehrt kann man aus einer auf $y^\times$ abgetragenen Strecke r deren Riß $r_y = r_z$ bestimmen. Zum schnellen Abgreifen zeichnet man eine Schar paralleler Linien $\perp$ zur Stauchungsachse c. Eine in der x-Richtung abgetragene Strecke r hat dann den Riß $r_x = \frac{1}{2} r_y$.

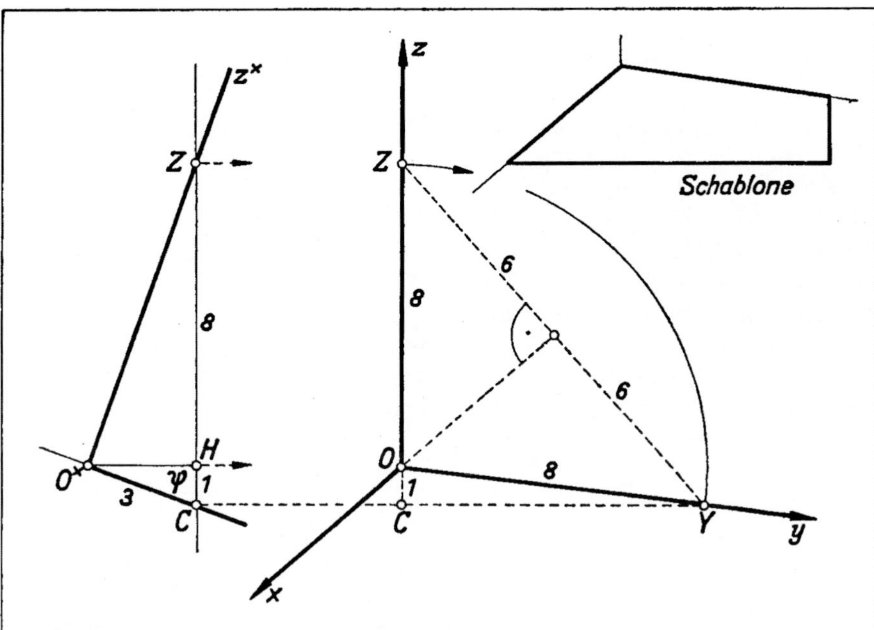

3.21 Ingenieuraxonometrie

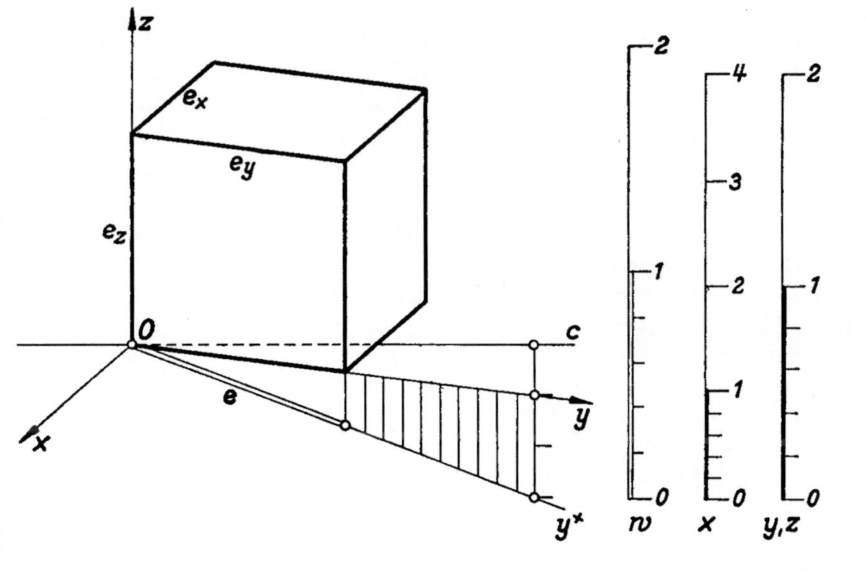

3.22 Achsenmaßstäbe bei Ingenieuraxonometrie

3.23 Kreise in den Koordinatenebenen bei Ingenieuraxonometrie. Der große Vorteil der Ingenieuraxonometrie besteht darin, daß sich Kreise, deren Achsen $\parallel$ zu den Koordinatenachsen sind, besonders leicht skizzieren lassen. Im Kreismittelpunkt zeichnet man $\perp$ zum Riß der Kreisachse die Ellipsenhauptachse, deren Länge gleich dem Durchmesser $2r$ ist, wobei zum Abtragen also der wahre Maßstab benutzt wird. Liegt der Kreis in der xy- oder der xz-Ebene, so ist die halbe Nebenachse $\frac{1}{3}r$. Liegt er in der yz-Ebene, so liefern die Parallelen zum Riß der y-Achse oder der z-Achse durch einen Hauptscheitel auf der Nebenachse die Nebenscheitel, da in unserem speziellen Riß die y- und die z-Achse symmetrisch zur x-Achse liegen. Aus den Exzentrizitäten der Ellipsen ergeben sich die Risse der Pole (3.15). Wieder beachte man, daß sich die Risse der Kreise ohne Benutzung der verkürzten Einheitsstrecken e_x, e_y, e_z zeichnen oder skizzieren lassen, und zwar diesmal noch wesentlich einfacher als bei der allgemeinen normalen Axonometrie.

3.24 Halbkreise in den Koordinatenebenen bei Ingenieuraxonometrie. In der Figur sind die Risse der nach hinten verlaufenden Halbachsen x und y gezeichnet, die xy-Ebene ist um ihre Spur c nach unten umgelegt. Um die Halbkreise mit dem Radius r einzuzeichnen, bestimmt man aus dieser Umlegung r_y und zeichnet im Riß des Halbkreises der yz-Ebene zunächst die konjugierten Halbmesser r_y und $r_z = r_y$, dann $\perp$ zum Riß der x-Achse die halbe Hauptachse r und daraus wie in der vorigen Nummer die halbe Nebenachse. Im Riß des Halbkreises der xz-Ebene sind die konjugierten Durchmesser r_z und $r_x = \frac{1}{2} r_z$ zu zeichnen, dann $\perp$ zum Riß der y-Achse wieder die halbe Hauptachse r und schließlich die halbe Nebenachse $\frac{1}{3}r$.

Als Anwendung zeichne man ein Kreuzgewölbe oder ein Rohrkreuz in Ingenieuraxonometrie (vgl. 5.33). Weitere gute Beispiele für die Verwendung dieser speziellen Axonometrie finden sich in dem Büchlein von *C. Volk*: Die maschinentechnischen Bauformen und das Skizzieren in Perspektive (Springer-Verlag, Berlin 1949).

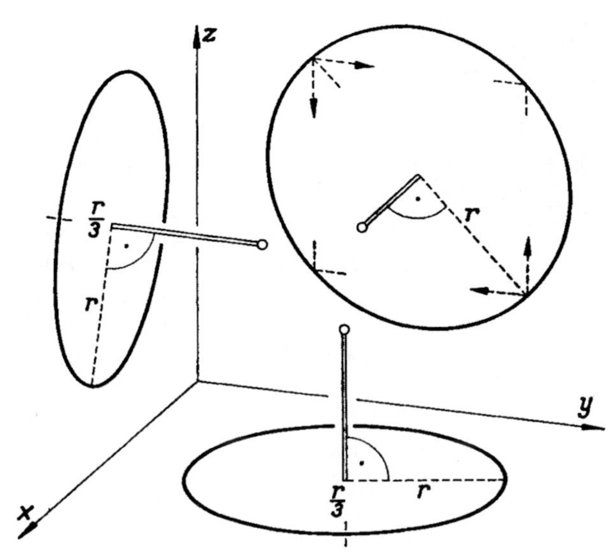

3.23 Kreise in den Koordinatenebenen bei Ingenieuraxonometrie

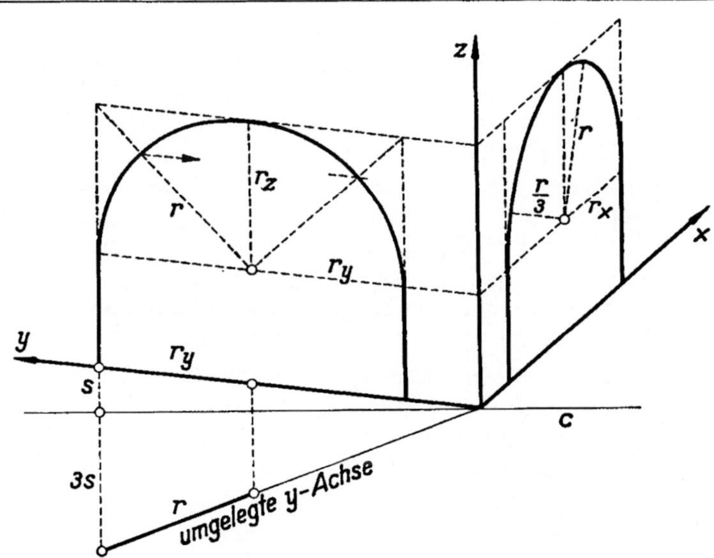

3.24 Halbkreise in den Koordinatenebenen bei Ingenieuraxonometrie

3.25 Konturmantellinien eines 45°-Kegels bei Ingenieuraxonometrie.
Es sollen zwei sich längs einer Mantellinie berührende Kegelstümpfe als
Modell eines Kegelzahnrad-Getriebes gezeichnet werden, von dem rechts
ein Aufriß im Maßstab 1 : 2 gegeben ist. Die Neigung der Mantellinien ist
45°, die Spitzen beider Kegel fallen zusammen. Dieser Punkt ist also der
Pol der vier Basiskreise. Der untere Basiskreis des stehenden Kegels liege
in der xy-Ebene. In seinen axonometrischen Riß trägt man die konjugierten Durchmesser r_x und $r_y = 2r_x$ wie in 3.24 ein. Der Riß des Poles,
also der Kegelspitze, hat die Entfernung $r_z = r_y$ vom Mittelpunkt. Die
Ellipsentangente im Endpunkt A des nach links hinten weisenden Halbmessers r_y hat die Richtung des Risses der x-Achse, geht also als Rhom-
busdiagonale durch den Riß des Poles und ist daher die linke Konturmantellinie dieses Kegels, zugleich aber auch – wie aus Symmetriegründen folgt – die untere Konturmantellinie des liegenden Kegels.
Die Durchführung dieses Beispieles zeigt, wie einfach sich ein solches
axonometrisches Bild skizzieren läßt (siehe auch 3.33).

3.26 Isometrische Projektion. Die Achsenrisse sollen jetzt Winkel von
120° bilden. Die Zeichenebene gehe wieder durch den Ursprung O. Die
verkürzten Achseneinheiten sind dann aus Symmetriegründen gleich:
$e_x = e_y = e_z$; man erhält sie aus der wahren Einheit e durch Umlegen
der xy-Ebene um ihre (nicht gezeichnete) Spur $c \perp$ zum Riß der z-Achse.
Dabei beachte man, daß die umgelegte x-Achse $x^\times$ mit c, also auch mit
dem Riß der z-Achse, den Winkel 45° einschließt. Die Nebenscheitel
eines Kreisbildes findet man wieder durch Ziehen einer Parallelen zur
x- oder y-Richtung durch einen Hauptscheitel. Beim Zeichnen eines
Halbkreises, z. B. in der yz-Ebene, sind die Risse der in der y- und der
z-Richtung abzutragenden Radien, also r_y und r_z, diesmal gleich der
linearen Exzentrizität der Bildellipse, weil $r_x = r_y = r_z$. Diese konjugierten Halbmesser kann man also ohne Benutzung der umgelegten x-Achse
auch direkt als Entfernung eines Ellipsenbrennpunktes vom Mittelpunkt
abgreifen, in der Figur z. B. aus der unteren Ellipse.

Nachdem wir nun in der Lage sind, den axonometrischen Riß eines
Achsenkreuzes mit Kreisen, die ∥ zu den Koordinatenebenen liegen, in
allgemeiner oder spezieller Lage zu zeichnen, wollen wir im nächsten
Abschnitt in ein solches Achsenkreuz die einfachsten in der Technik
vorkommenden *Flächen 2. Ordnung*, nämlich Drehzylinder und Drehkegel,
Ellipsoide, Hyperboloide und Paraboloide einbetten und daraus Skizzier-
möglichkeiten gewinnen. Die Koordinaten x, y, z der Punkte einer
solchen Fläche genügen einer Gleichung zweiten Grades, jede Ebene
schneidet also einen Kegelschnitt aus. Wir stellen deshalb zunächst einige
Hyperbel- und Parabelsätze ohne Beweis zusammen.

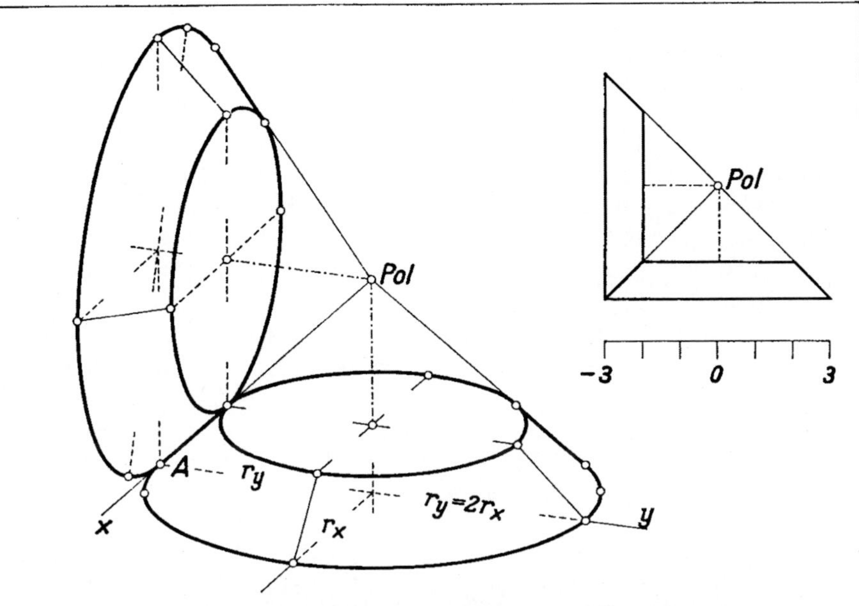

3.25 Konturmantellinien eines 45°-Kegels bei Ingenieuraxonometrie

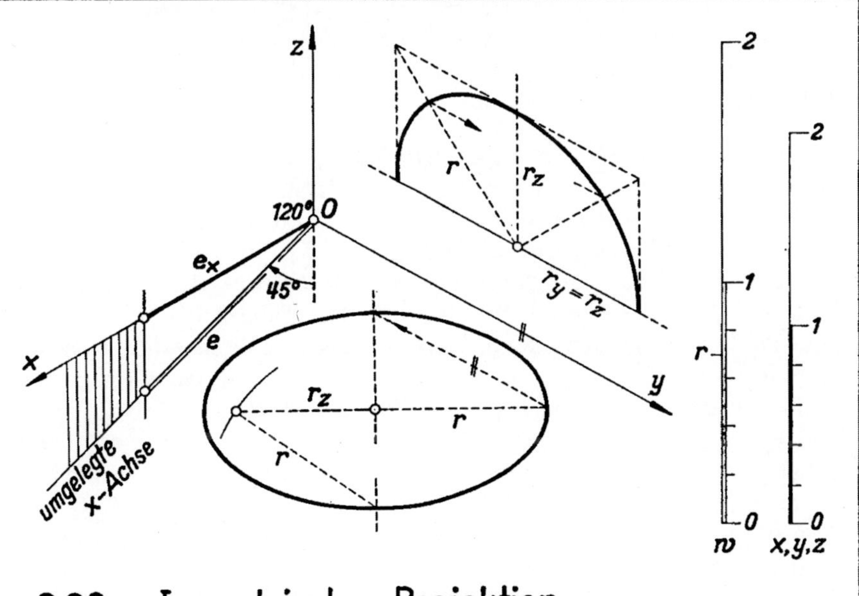

3.26 Isometrische Projektion

3.3 Einfache Kurven und Flächen zweiter Ordnung[1]

3.31 Die Hyperbel $\dfrac{x^2}{a^2} - \dfrac{y^2}{b^2} = 1$ $(a^2 + b^2 = e^2)$ hat zwei in ihren Fernpunkten berührende *Asymptoten* u und v; sie gehen durch den Mittelpunkt O mit der Neigung $\pm\, b : a$. Ist S ein *Scheitel*, N der Schnittpunkt seiner Tangente mit u, F ein *Brennpunkt* und K der *Krümmungsmittelpunkt* für S, so ist $OS = a$, $SN = b$, $OF = ON = e$, $NK \perp u$ und $SK = \varrho_a = b^2 : a$ (links). $x = \pm\, e$ liefert $y = \pm\, \varrho_a$, also die Punkte über F. Sucht man einen Punkt A über dem Punkt X der x-Achse, so macht man auf dieser $XC = b$, greift über X die Ordinate z bis v ab und macht $CA = z$. Sind u, v und A gegeben, so liefert die Umkehrung b und damit die Scheitel.

Aus A gewinnt man weitere Punkte, wenn man auf einer A-Sekante die Stücke zwischen Kurve und Asymptoten gleich macht (rechts). Speziell halbiert jeder Kurvenpunkt B das Stück der B-Tangente t zwischen u und v. Macht man auf u also $OP = PQ$ mit $BP \parallel v$, so wird $BQ = t$. – Zwei u und v harmonisch trennende O-Geraden f und g (vgl. 7.46) heißen *konjugierte Durchmesser*: Besitzt f reelle Kurvenpunkte, so ist $g \parallel$ zu deren Tangenten. Jeder Durchmesser halbiert die konjugierten Sehnen der Hyperbel und des Asymptotenpaares.

Da bei Parallelprojektion Fernpunkte in Fernpunkte übergehen, ist *das Fernbild einer Hyperbel wieder eine Hyperbel* (4.21). *Aus den Asymptoten werden die Asymptoten, aus den Scheiteln aber i. a. nicht etwa die Scheitel des Bildes.* Diese bestimmt man wie oben aus den Bildasymptoten und einem Punkt, z. B. dem Bilde eines Scheitels.

3.32 Die Parabel $y^2 = 2px$ berührt die Ferngerade im Fernpunkt ihrer *Achse* x. Ist O der *Scheitel*, F der *Brennpunkt*, K der *Krümmungsmittelpunkt* für O, $l \perp x$ die *Leitlinie* und L ihr x-Punkt (links), so ist $OF = OL = \tfrac{1}{2} p$, $OK = p$. Durch einen l-Punkt Q legt man den *Durchmesser* $g \parallel x$, durch die Mitte (also den y-Achsenpunkt) von FQ das Lot $t \perp FQ$; dann ist $P = gt$ ein Parabelpunkt und t seine Tangente. Die Tangente eines Punktes (x, y) schneidet auf den Achsen die Stücke $- x$ und $\tfrac{1}{2} y$ ab.

Eine Parabel ist durch zwei Punkte P_1 und P_2 und deren Tangenten t_1 und t_2 festgelegt (rechts). Ist M die Mitte von P_1P_2 und $T = t_1t_2$, so ist $TM = g$ ein Durchmesser, die Mitte P von TM sein Parabelpunkt und $t \parallel P_1P_2$ die P-Tangente. Wir suchen Achse und Scheitel: Durch T zeichnet man $Q_1Q_2 \perp g$, wobei $P_1Q_1 \parallel P_2Q_2 \parallel g$. Dann schneiden sich P_1Q_2 und P_2Q_1 im Scheitel O, durch den man die Achse $x \parallel g$ legt (vgl. auch 4.26).

Das Fernbild einer Parabel ist wieder eine Parabel (4.21), *das Bild der Achse ein Durchmesser, aber i. a. nicht etwa die Achse des Bildes.* Diese bestimmt man wie oben aus zwei Bildpunkten und ihren Tangenten.

---

[1] Abschnitt 3.3 setzt Kenntnis der analytischen Geometrie voraus.

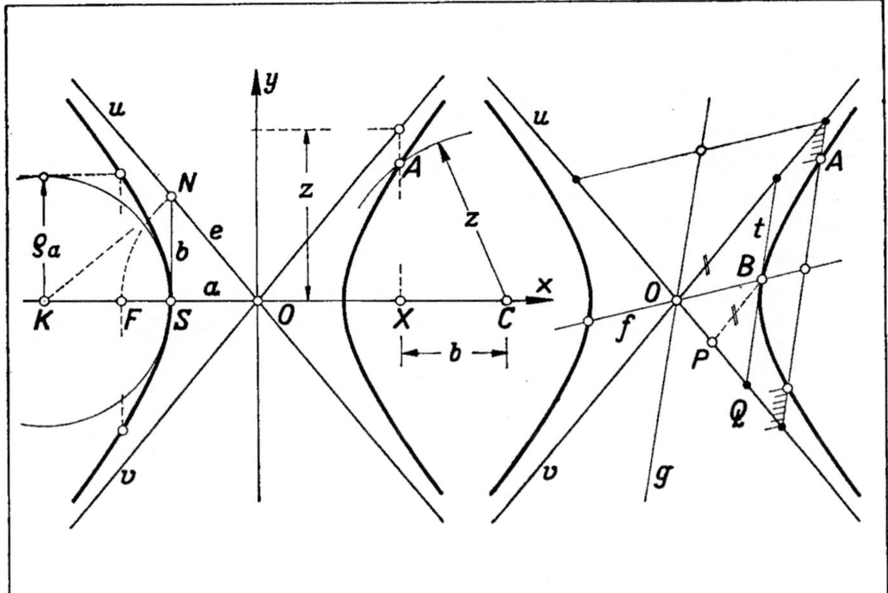

3.31 Die Hyperbel

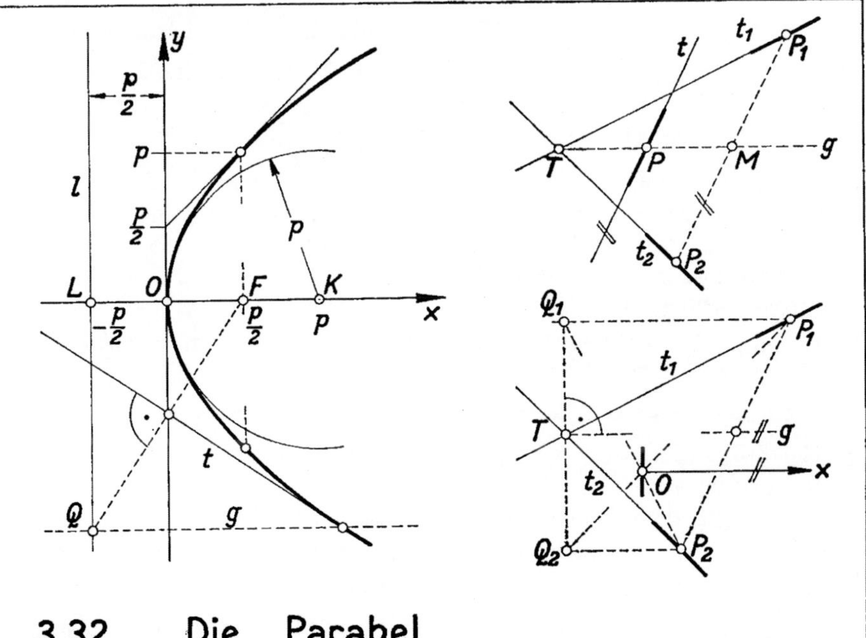

3.32 Die Parabel

3.33 Zylinder und Kegel gehören zu den Flächen zweiter Ordnung, die wir in den folgenden Abschnitten darstellen wollen[1]. In unserem Fall eines *Drehzylinders* und eines *Drehkegels* sei die Achse z vertikal. Der Radius a des Basiskreises k und die Höhen sind gegeben, die Zeicheneinheit sei e. Man wählt eine Ellipse mit horizontaler Hauptachse $2a$ und beliebiger Nebenachse als Riß von k, zeichnet den Riß des Poles von k und erhält durch zwei ähnliche Dreiecke die Einheit e_z des Höhenmaßstabes, in der die Höhen aufgetragen werden (3.15). Die Konturmantellinien sind beim Zylinder die Tangenten in den Hauptscheiteln, beim Kegel die Tangenten aus dem Riß der Spitze S. Man erhält sie und ihre Berührungspunkte durch eine Stauchung der Ellipse zum Nebenscheitelkreis: Stauchungsachse ist der Riß der Kegelachse, S bleibt also fest (1.35). Ebenso findet man die zu einer Richtung y konjugierte Richtung x; sie geht nach 1.31 durch die Mitte einer Ellipsensehne $\| y$, was beim Skizzieren verwendet werden kann.

Eine Tangentialebene im Endpunkt von x ist $\| y$ und berührt Kegel und Zylinder längs einer ganzen Mantellinie.

3.34 Ellipsoid und zweischaliges Hyperboloid sind *Mittelpunktsflächen 2. Ordnung:* Ihr *Mittelpunkt*, in den Figuren der Ursprung des Koordinatenkreuzes, halbiert jede durch ihn gehende Sehne der Fläche. Das *Ellipsoid* $\dfrac{x^2}{a^2} + \dfrac{y^2}{b^2} + \dfrac{z^2}{c^2} = 1$ (links) schneidet die Achsen in den *Scheiteln* $x = \pm\, a, y = \pm\, b$ und $z = \pm\, c$. Parallele ebene Schnitte liefern ähnliche Ellipsen. In der Figur sind die *Hauptschnitte* $x = 0$, $y = 0$ und $z = 0$ aus konjugierten Durchmessern in isometrischer Projektion gezeichnet.

Das *zweischalige Hyperboloid* $-\dfrac{x^2}{a^2} - \dfrac{y^2}{b^2} + \dfrac{z^2}{c^2} = 1$ (rechts) schneidet nur die z-Achse in reellen Scheiteln $z = \pm\, c$. Ebene Schnitte $\| z$ sind Hyperbeln, $\perp z$ für $|z| > c$ Ellipsen. Die Asymptoten der z-Achsenschnitte bilden den *Asymptotenkegel*, der das Hyperboloid in den Fernpunkten berührt. Die Risse der Hauptschnitte $x = 0$ und $y = 0$ werden nach 3.31 aus den Rissen ihrer Scheitel und der Asymptoten gezeichnet. In der Figur ist nur die obere Schale $z > 0$ dargestellt.

Das *elliptische Paraboloid* $z = \dfrac{x^2}{a^2} + \dfrac{y^2}{b^2}$ (ohne Figur) berührt die Fernebene im Fernpunkt der z-Achse. Schnitte $\| z$ sind Parabeln, alle anderen Schnitte Ellipsen.

Auf diesen drei Flächen gibt es keine reellen Geraden. Jede Tangentialebene besitzt nur *einen* reellen Flächenpunkt, den Berührungspunkt. Die Umrisse dieser Flächen bestimmt man wie in 3.45 und 3.46.

---

[1] Hier und in den folgenden Abschnitten 4 und 5 haben wir die Striche an den Bezeichnungen in den Rissen meist fortgelassen, um das Lesen der Figuren zu erleichtern.

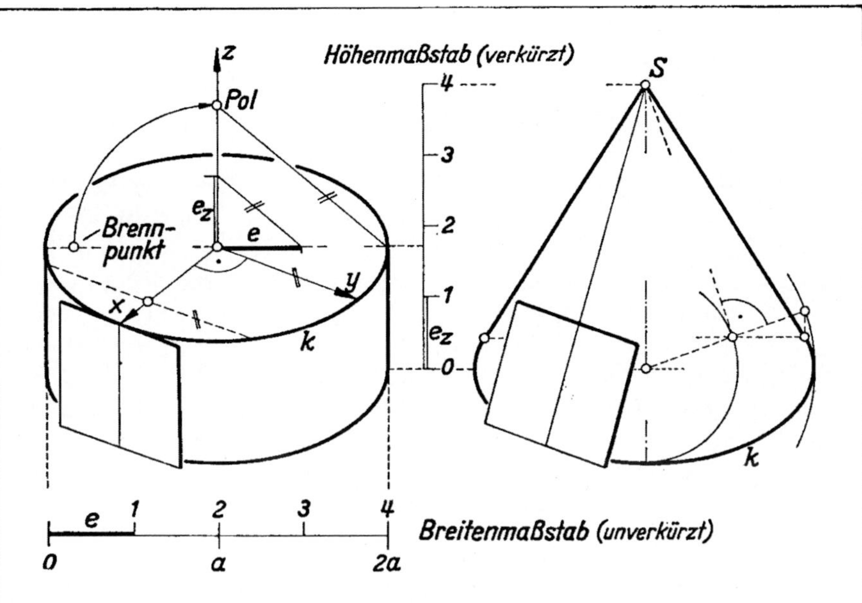

3.33 Zylinder und Kegel

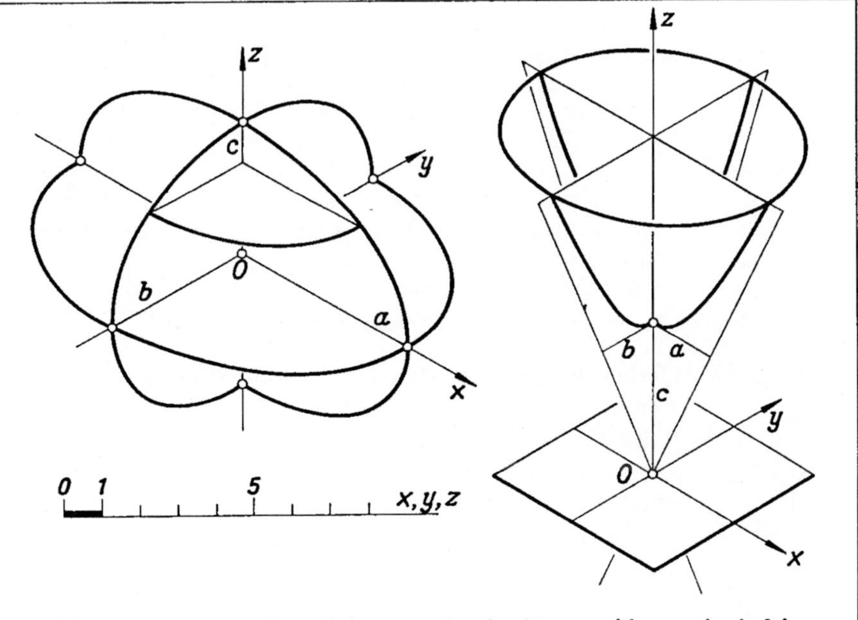

3.34 Ellipsoid und zweischaliges Hyperboloid

3.35 Kugel mit Groß- und Kleinkreisen. Aus dem Ellipsoid wird für $a = b = c = r$ eine Kugel vom Radius r, die wir als Globus mit Äquator, Meridianen und Breitenkreisen darstellen wollen. Der Mittelpunkt O liege in π, die Kontur ist also der π-Großkreis v (2.43). Auf dem Riß z der z-Achse wählt man den Riß N des Nordpols in beliebigem Abstand $ON = r_z < r$ (oben links). Damit ist auch der Riß des Äquators i festgelegt: Die Hauptachse ist der v-Durchmesser $\perp z$; er liegt auf der Spur c der i-Ebene γ. Die Länge $2r_y$ der Nebenachse, also den Riß des i-Durchmessers $\perp c$, kann man bestimmen, indem man die Profilebene σ der z-Achse umlegt: die Umlegung des σ-Großkreises deckt sich mit v, zu N gehört daher ein v-Punkt $N^\times$, und der v-Halbmesser $OC^\times \perp ON^\times$ ergibt den gesuchten Riß $OC = r_y$. Die Figur zeigt aber, wie man r_y oder r_z allein aus dem Konturkreis v, also ohne jene Umlegung abgreifen kann: *r_y ist die halbe zu z senkrechte Kontursehne durch den Polriß, r_z die halbe zu z senkrechte Kontursehne durch einen Nebenscheitel des Äquatorrisses.*

Nun zeichnen wir die Risse x und y der x- und y-Achse in γ nach 3.33 und daraus die *Meridiane* in der yz-Ebene α und der xz-Ebene β (oben rechts): Die α-Spur a ist $\perp x$, die β-Spur $b \perp y$; a und b schneiden auf v die Hauptscheitel der gesuchten Meridianrisse aus. Die Nebenachsen $2p$ und $2q$ werden wie beim Äquator abgegriffen. Die Meridiantangenten in den z-Punkten sind $\parallel x$ und $\parallel y$, in den x- und y-Punkten $\parallel z$.

Jetzt soll ein *Breitenkreis k* gezeichnet werden, dessen Mittelpunkt M den Abstand s vom Kugelmittelpunkt O hat (unten links). Dazu wird wieder die Profilebene der z-Achse als Seitenrißebene benutzt und umgelegt. Auf der Umlegung $z^\times$ von z macht man $OM^\times = s$ und zeichnet die Kontursehne $k^\times \perp z^\times$ durch $M^\times$. Ihre Länge ergibt den Durchmesser 2ϱ von k. Aus diesem Seitenriß gewinnt man nach 2.44 den gesuchten Riß von M, die Nebenscheitel der gesuchten Ellipse, die Hauptachse $\perp z$ von der Länge 2ϱ und schließlich die Konturpunkte U und V.

Gegeben sei ferner der Riß einer Halbkugel mit Äquator, Nordpol und Koordinatenachsen (unten rechts). O liege wieder in π. Gesucht wird der Riß eines *Halbkugelschnittes k* in einer Ebene $\varepsilon \parallel$ zur xz-Ebene β; dieser Riß ist ähnlich dem Riß des β-Meridians, von dem man sich lediglich den Punkt A auf x und den Scheitel S auf der β-Spur $b \perp y$ markiert. Nun zeichnet man von der gesuchten Ellipse zunächst in γ den Durchmesser $u \parallel x$, dann durch Ziehen einer Parallelen zu AN den Halbmesser $\parallel z$, durch Ziehen einer Parallelen zu NS die Hauptachse $\parallel b$ und endlich den Konturpunkt V: er liegt auf der Spur e von ε, die $\parallel b$ ist und durch den Spurpunkt U von u geht; wir müssen also zuvor U suchen: Da u in γ liegt, muß U auf der Spur c von γ liegen, wobei wieder $c \perp z$ läuft.

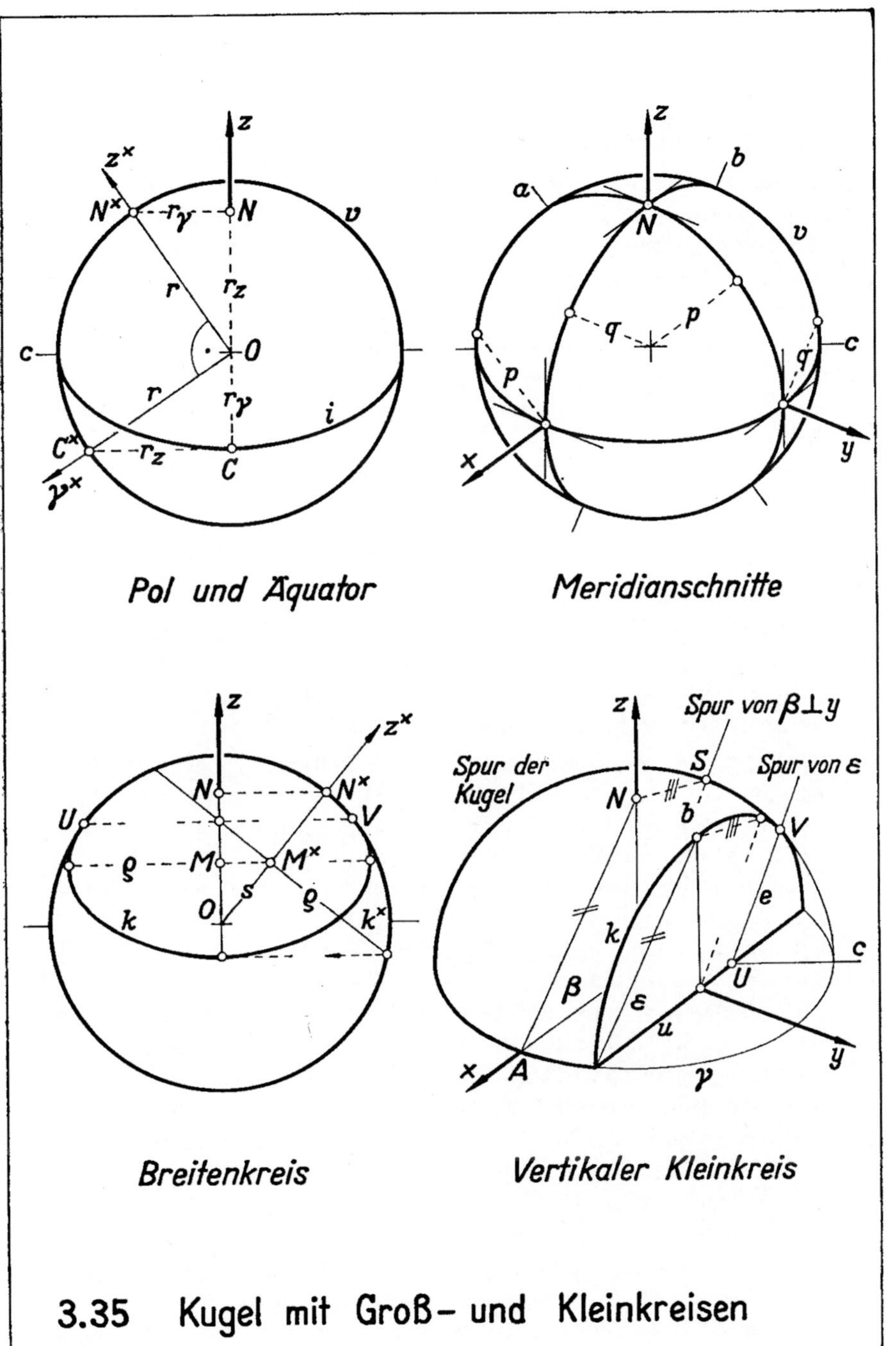

3.35 Kugel mit Groß- und Kleinkreisen

3.36 Einschaliges Hyperboloid und hyperbolisches Paraboloid sind *Regelflächen 2. Ordnung:* Jede trägt zwei Scharen von Geraden.

Das *einschalige Hyperboloid* $\frac{x^2}{a^2} + \frac{y^2}{b^2} - \frac{z^2}{c^2} = 1$ (oben) ist eine Mittelpunktsfläche Φ mit Scheiteln $x = \pm a$ und $y = \pm b$ auf der x- und y-Achse (z. B. A und B). Die Schnitte $\perp z$ sind Ellipsen, $\parallel z$ Hyperbeln und Geradenpaare. Die Asymptoten der z-Achsenschnitte bilden den *Asymptotenkegel* Ψ. Ist $a = b$, so sind Φ und Ψ Drehflächen, ihre Schnitte $z = $ const *Breitenkreise* (oben links k_1 und k_2, rechts k_3). $z = 0$ liefert den *Kehlkreis* k mit dem Radius a, $y = 0$ als *Meridian* m eine Hyperbel, deren Asymptoten u und v die Neigung $\pm c : a$ gegen die xy-Ebene haben. Φ und Ψ entstehen durch Rotation von m und v um z. Man zeichnet also k, k_1, k_2 und k_3 nach 3.33, z. B. für $a = b = c = 3$ und $z = \pm 4$ mit den Radien $a = 3$, $r_1 = r_2 = 5$ und $r_3 = 4$, dann Ψ und endlich m nach 3.31 aus den Rissen von A, u und v.

Die Ebene $y = a$ berührt Φ und k in B und schneidet Φ in zwei Geraden $f \parallel u$ und $g \parallel v$; f und u sind in der Figur fortgelassen. Φ entsteht also auch durch Rotation von f oder g um z, so daß durch jeden Φ-Punkt zwei ganz auf Φ liegende *erzeugende Geraden* gehen. Man findet z. B. Geraden der g-Schar, indem man k_1 und k_2 von ihren g-Punkten B_1 und B_2 aus in n (z. B. $n = 12$) gleiche Teile teilt und entsprechende Punkte verbindet (oben rechts).

Das *hyperbolische Paraboloid* $z = k \cdot xy$ schneidet Ebenen in Hyperbeln, Parabeln oder Geradenpaaren: $z = 0$ liefert die x- und y-Achse, $z = $ const $\neq 0$ gleichseitige Hyperbeln mit Asymptoten in den Ebenen $x = 0$ und $y = 0$. Schnitte $\parallel z$, aber nicht $\parallel x$ und nicht $\parallel y$, sind Parabeln. Man zeichnet also z. B. Parabeln in den Symmetrieebenen $y = \pm x$ und $\parallel$ zur Ebene $y = x$, und zwar jede nach 3.32 aus den Rissen des Scheitels und zweier Punkte mit gleicher Höhe z, ferner Hyperbeln $\perp z$ wieder nach 3.31 (unten links).

Die Ebenen $x = $ const und $y = $ const liefern je eine Schar erzeugender Geraden; zwei Geraden derselben Schar sind windschief und schneiden die Geraden der anderen Schar in ähnlichen Punktreihen. Zeichnet man also das Bild eines windschiefen Vierseits, das aus je zwei Erzeugenden beider Scharen besteht (unten rechts) so findet man weitere Erzeugende, indem man gegenüberliegende Seiten in n gleiche Teile teilt (z. B. $n = 6$), die Teilstrecken – falls erwünscht – noch über die Endpunkte hinaus abträgt und entsprechende Punkte verbindet.

Bei beiden Flächen enthält jede Tangentialebene die beiden durch den Berührungspunkt gehenden Erzeugenden. Die paarweise von den Seiten eines Erzeugendenvierecks ausgespannten Tangentialebenen bilden ein *Tangentialtetraeder* (vgl. auch 4.33). Die Konturen beider Flächen werden von den Bildern ihrer Erzeugenden eingehüllt (3.46.)

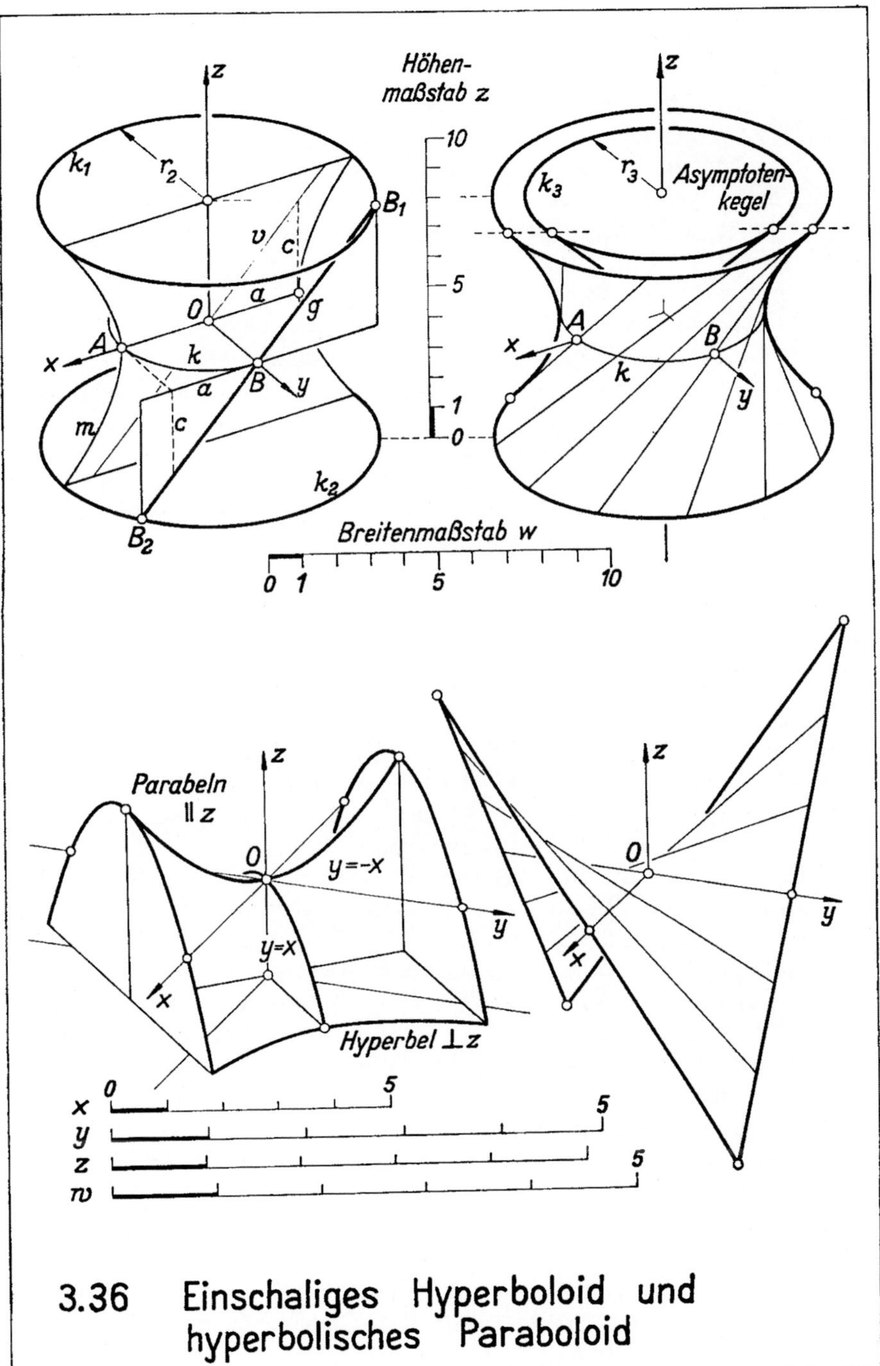

3.36 Einschaliges Hyperboloid und hyperbolisches Paraboloid

3.4 Umrisse

3.41 Tangentialebenen. Die in der Technik vorkommenden Flächen kann man sich häufig durch Bewegung einer *erzeugenden Kurve e* entstanden denken. Dabei beschreibt jeder *e*-Punkt seine *Bahnkurve b*. Die Kurvenscharen *e* und *b* überdecken ein Flächenstück Φ (links). Dieses sei so beschaffen, daß durch jeden Φ-Punkt P genau eine *e*- und eine *b*-Kurve geht, die in P Tangenten t_e und $t_b \neq t_e$ besitzen. Die von diesen ausgespannte Ebene heißt die *Tangentialebene* α, ihre Normale in P die *Flächennormale n*. Die Differentialgeometrie zeigt[1]: *Die Tangente t irgendeiner Flächenkurve k liegt in der Tangentialebene ihres Berührungspunktes P*. Ist speziell k der Schnitt einer Ebene ε mit Φ, so ist t die Schnittgerade von ε mit α.

Die Berührung von Φ mit α kann verschiedener Art sein. Wir betrachten Φ nur in genügend kleiner Umgebung des Berührungspunktes P, Q oder R. Ist P in α der einzige reelle Φ-Punkt, liegt also Φ ganz auf derselben α-Seite, so heißt Φ in P *elliptisch* oder *eiförmig*. Schneidet Φ aber α in einer Kurve, die in Q einen Doppelpunkt, also zwei Tangenten hat, so heißt Φ in Q *hyperbolisch* oder *sattelförmig*. Φ heißt in R *parabolisch*, wenn Φ und α ein Kurvenstück gemeinsam haben, das nur *eine R*-Tangente also z. B. einen *Rückkehrpunkt R* besitzt (vgl. 3.33, 3.34 und 3.36).

3.42 Umriß und Kontur. Um das Bild einer Fläche Φ herzustellen, läßt man einen Strahl l durch das Sehzentrum S berührend an Φ entlanggleiten. Bei Fernbildern ist S ein Fernpunkt (links). Der Tangentenkegel oder -zylinder berührt Φ längs der *Umrißkurve u*. Seine Spur, also das Bild u' von u, heißt die *Kontur* von Φ. u trennt den sichtbaren Φ-Teil vom unsichtbaren. Die Tangentialebene in einem u-Punkt P schneidet im Bildpunkt P' die u'-Tangente t' aus. Geht durch P eine Φ-Kurve k mit der Tangente t nicht $\parallel l$, so ist t' deren Bild, also Tangente der Bildkurve k' in P': *Das Bild einer den Umriß schneidenden Flächenkurve berührt i. a. die Kontur*, kann aber in P' eine Spitze haben, wenn $t \parallel l$ ist. u' kann als *Hüllkurve*, d. h. als Einhüllende der Bilder geeignet gewählter einfacher Φ-Kurven, ermittelt werden (3.36, 3.46 und 4.44).

Deutet man l als Lichtstrahl, so ist u die *Eigenschattengrenze*, $\bar{u}$ (statt u') die *Schlagschattengrenze*. Für einen zylindrischen Turm mit bündigem Kegeldach (rechts) bestimmt man in π_1 die Schatten $\bar{A}$ und $\bar{k}$ der Spitze A und des Traufkreises k. Die Tangenten an $\bar{k}$ von $\bar{A}$ bzw. $\parallel$ zum Grundriß von l sind die Spuren der Kegel- bzw. Zylinder-Tangentialebenen $\parallel l$. Die zugehörigen Berührungsmantellinien-Paare, also die Eigenschattengrenzen auf Kegel und Zylinder, haben keine gemeinsamen Punkte. Zu u gehören zwei zwischen ihnen liegende Kreisbögen auf k, zu $\bar{u}$ deren Schatten auf $\bar{k}$.

---

[1] Vgl. z. B. *Müller-Kruppa* (s. Literaturübersicht).

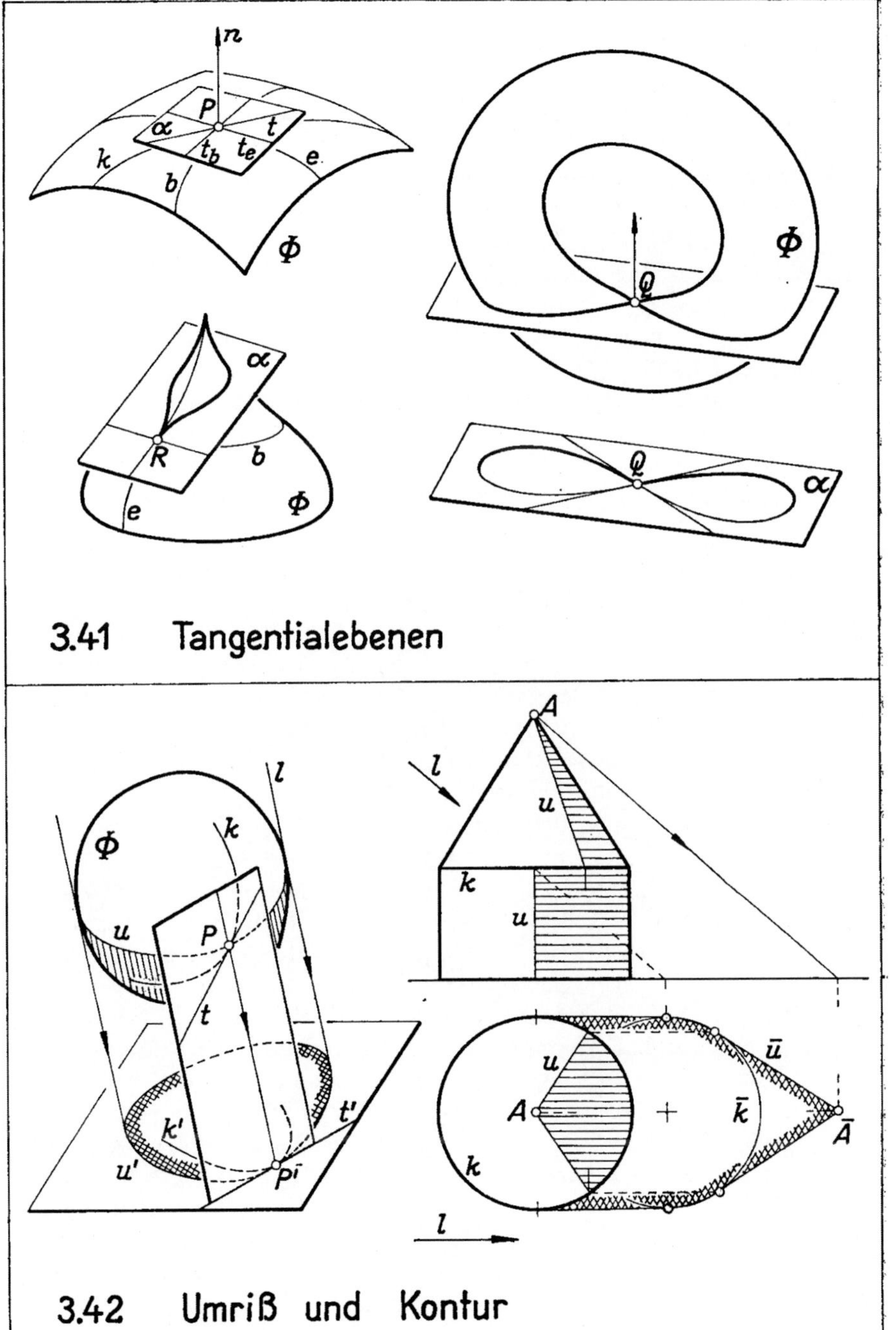

3.41 Tangentialebenen

3.42 Umriß und Kontur

3.43 Drehfläche mit Berührungskugel. In der linken Figur 3.42 denken wir uns eine zweite Fläche Ψ, die Φ im u-Punkt P berührt, in P also dieselbe Tangentialebene besitzt. Dann geht durch P auch die Umrißkurve v von Ψ. *Daher berühren sich in P' die Konturen u' und v' von Φ und Ψ.* Das benutzen wir bei der folgenden Aufgabe: In der Kreuzrißebene π_3 liege die Achse z und eine Kurve m als *Meridian* einer *Drehfläche* Φ, die durch Rotation von m um z entstehen soll. Wir suchen die π_2-Kontur u'', also den Aufriß der Φ-Kurve u, längs der die Projektionsstrahlen $l \perp \pi_2$ berühren. b sei ein *Breitenkreis*, d. h. ein Φ-Kreis $\perp z$, der in π_3 als Strecke $b''' \perp z$ erscheint, Ψ die Kugel, die Φ längs b berührt. Ihre π_3-Kontur ist der Kreis, der m in den Endpunkten von b''' berührt: Man zeichnet in einem dieser Endpunkte die m-Tangente und deren Normale, die z im Kugelmittelpunkt M trifft. Daraus erhält man M'' und die π_2-Kontur v'' von Ψ, also den Aufriß des Großkreises $v \parallel \pi_2$, der in π_3 als vertikaler Durchmesser v''' erscheint (2.43).

P sei einer der beiden v-Punkte auf b, P''' also der Schnitt von b''' und v'''. In P berühren sich Φ und Ψ, und da die Umrißkurve v von Ψ durch P geht, muß – wie wir oben sahen – auch die Umrißkurve u von Φ durch P gehen. Durch Übertragen in den Aufriß ergeben sich auf v'' zwei Punkte P'' und Q'' der gesuchten Kontur u'', die in diesen Punkten v'', also die Kreistangenten, berührt. Durch Verschieben von b erhält man weitere Punktepaare von u''. Dabei läßt man beim Konstruieren die Kugelkonturen fort: Man wählt b''', bestimmt M, M'', P''', den Ordner durch P''', greift den Kugelradius r in π_3 ab und macht $M''P'' = M''Q'' = r$.

3.44 Umriß einer Drehfläche. In unserem Beispiel sei nun m ein Viertelkreis mit dem Mittelpunkt A. Die Punkte M sind mit $1^\times$ bis $4^\times$ bezeichnet, die Punkte P mit 1 bis 4. $1^\times$ ist speziell der Mittelpunkt des obersten Kreises b, $1''$ also Nebenscheitel seines Aufrisses, der u'' in $1''$ berührt. $2^\times$ ergibt $2''$ und $2'''$. $4^\times$ wählt man auf der Vertikalen durch A und macht deren m-Punkt zum Endpunkt von b''': Er wird zugleich $4'''$; $4''$ liegt auf z'', hier wird also $P'' = Q''$. Nun zeichnet man die Kurve $1''' 2''' 4'''$, die den Kreuzriß u''' der Umrißkurve darstellt, und wählt eine weitere Zwischenlage b''' durch Probieren so, daß $3'''$ der tiefste u'''-Punkt wird, in dem also die u'''-Tangente horizontal ist. Die u-Tangente hat hier die Richtung $\parallel l$. Daher hat u'' in $3''$ eine Spitze. Der vollständige Aufriß der Fläche ist unten für die Ansicht von vorn (rechts) und von hinten (links) noch einmal verkleinert gezeichnet. Dabei ist der nur zur Konstruktion der Kontur dienende Kreuzriß fortgelassen.

Die Umrißkurve u ist – wie in unserem Beispiel – i. a. eine räumliche, also nicht-ebene Kurve.

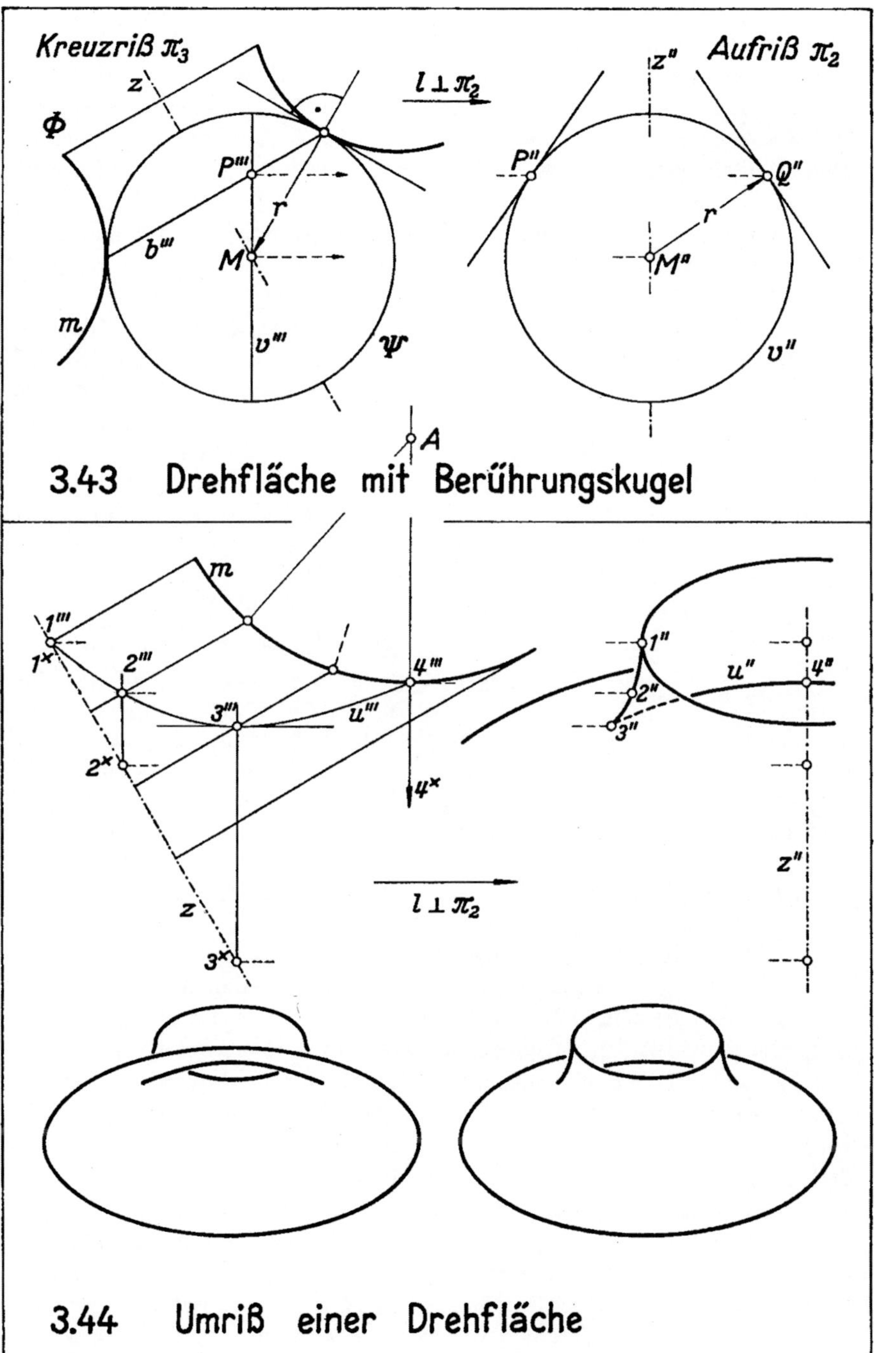

3.43 Drehfläche mit Berührungskugel

3.44 Umriß einer Drehfläche

3.45 Der Umriß des einschaligen Drehhyperboloids in 3.36 ist, wie wir zeigen wollen, eine Hyperbel; ihr Riß hüllt die Risse der Erzeugenden ein: *Die Risse der Erzeugenden sind die Tangenten einer Hyperbel, deren Asymptoten die Konturmantellinien des Asymptotenkegels sind* und deren Punkte man nach 3.31 als Mitten der Tangentenstücke zwischen den Asymptoten findet.

Die Tangenten durch ein Projektionszentrum S berühren nämlich eine Fläche zweiter Ordnung Φ längs einer Umrißkurve u, die in einer Ebene, der sogenannten *Polarebene* σ von S, liegt. Wie jeder ebene Φ-Schnitt ist also der Umriß u und damit auch die Kontur ein Kegelschnitt. *Ist S ein Fernpunkt, so halbiert die Umrißebene σ die zur Projektionsrichtung l parallelen Φ-Sehnen.* Für ein Hyperboloid Φ (3.34 und 3.36) und seinen Asymptotenkegel Ψ liegen die Umrisse u und v stets in der gleichen Ebene σ; sie geht durch den Mittelpunkt O von Φ, also die Spitze von Ψ.

Wir wollen σ für das Drehhyperboloid 3.36 konstruieren, von dem wir zunächst einen Kreuzriß mit der Meridianhyperbel m in π_3 zeichnen (links). Für $l \perp \pi_2$ ist $\sigma \perp \pi_3$. Die σ-Spur $s_3 = u''' = v'''$ halbiert dann die in π_3 liegenden Φ- und Ψ-Sehnen $\parallel l$; s_3 ist der zum O-Strahl $\parallel l$ konjugierte m-Durchmesser (3.31). Bei der gewählten Lage von z ist u eine Hyperbel, v ihr Asymptotenpaar, die Kontur u'' daher ebenfalls eine Hyperbel und v'' deren Asymptotenpaar. Überträgt man die σ-Punkte der Breitenkreise aus π_3 auf die zugehörigen Ellipsen in π_2, so erhält man deren Berührungspunkte mit u'' oder v'' und aus ihnen zunächst das Konturmantellinienpaar v'', dann die Hyperbel u'' aus diesen Asymptoten und einem Punkt (3.31).

3.46 Der Umriß des hyperbolischen Paraboloids ist eine Parabel, falls die Projektionsrichtung l zu keiner Erzeugenden $\parallel$ ist. Denn die Fernebene, in der das Projektionszentrum S liegt, ist Tangentialebene des Paraboloids. Wir betrachten z. B. ein durch den kotierten Grundriß π_1 gegebenes hyperbolisches Paraboloid $z = k \cdot xy$ (3.36), von dem schon einige Erzeugende im Aufriß $\pi_2 \parallel z$ und in einem Seitenriß $\pi_3 \perp y$ konstruiert seien. Die Höhenkurven sind gleichseitige Hyperbeln, die Asymptoten ihrer Grundrisse die x- und y-Achse. Die Tangentialebene in einem Punkte P wird von den beiden Erzeugenden durch P ausgespannt. Ihre Spur in der xy-Ebene ist $\parallel$ zur Tangente t der Höhenkurve durch P (vgl. auch 4.33). Wir suchen nun für $l \perp \pi_2$ den Umriß u und die π_2-Kontur u''. Da $\sigma \perp \pi_1$ ist, wird die σ-Spur $s_1 = u'$ wieder durch die Mitte einer Φ-Sehne $\parallel l$ zwischen x- und y-Achse gezeichnet. Nun überträgt man die σ-Punkte der im Aufriß gezeichneten Erzeugenden aus π_1 in π_2 und erhält dort die Konturparabel u''. Sie hat den Aufriß des Koordinaten-Anfangspunktes zum Scheitel und hüllt die Aufrisse der Erzeugenden ein.

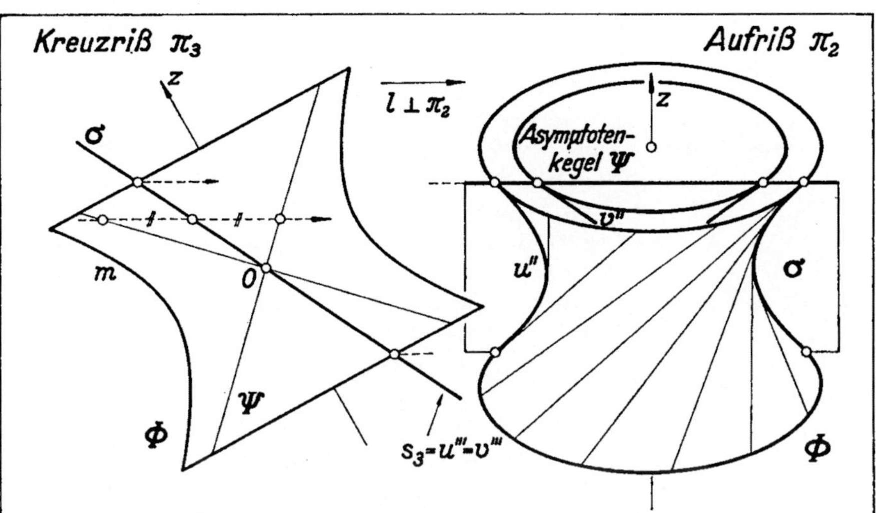

3.45 Umriß des einschaligen Drehhyperboloids

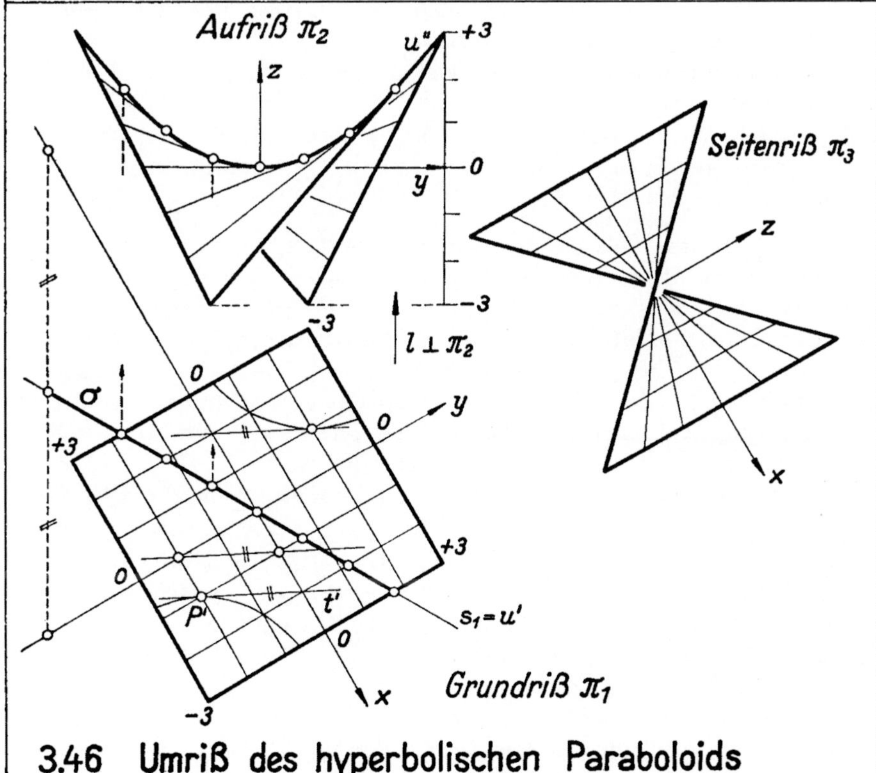

3.46 Umriß des hyperbolischen Paraboloids

4. Einfache Flächen

4.1 Drehflächen

4.11 Übersicht. In den folgenden Abschnitten untersuchen wir vier wichtige Flächentypen. Die Rotation eines Kurvenstückes um eine Achse z liefert eine *Drehfläche.* Die z-Ebenen schneiden als erzeugende Kurven die *Meridiane* aus, die Ebenen $\perp z$ als Bahnkurven die *Breitenkreise.* Bei der *Ringfläche (Torus)* z. B. ist der Meridian ein z nicht treffender Kreis. Sie entsteht auch durch Drehung einer Kugel um z. Im Riß liegen die Kugelmittelpunkte auf einer Ellipse, wenn z zur Rißtafel geneigt ist. Die Kugelkonturen, also Kreise mit dem Radius der Kugel, hüllen die Toruskontur ein.

Eine *Kegelfläche* enthält alle Geraden, die die Punkte einer *Leitkurve* mit einem festen Punkt S außerhalb derselben verbinden. Parallele Schnitte sind ähnlich, bei *Zylindern,* bei denen S Fernpunkt ist, kongruent. Eine *Regelfläche* entsteht durch stetige Bewegung einer Geraden, z. B. dadurch, daß man die Punkte zweier *Leitkurven* (in 3.36 z. B. zweier Geraden) umkehrbar eindeutig einander zuordnet und zusammengehörige Punkte geradlinig verbindet.

Verschiebt man ein Kurvenstück bei seiner Drehung um z zugleich in Richtung von z so, daß die Verschiebungsstrecke stets dem Drehwinkel proportional ist, so entsteht eine *Schraubenfläche.* Die Bahnkurven sind *Schraubenlinien.* Speziell liefert eine erzeugende Gerade e eine *Regelschraubenfläche.*

4.12 Achsenparallele Schnitte. Zunächst betrachten wir zwei einfache Drehflächen Φ, deren Achsen in π_2 liegen und $\perp \pi_1$ seien. Der „*Nullmeridian*" m° in π_2 ist die π_2-Kontur. Die π_1-Kontur ist in unseren Figuren der Grundriß des größten Breitenkreises. Wir wollen den Schnitt mit einer Ebene ε durch z (links) oder $\parallel \pi_2$ (rechts), die durch die π_1-Spur e_1 gegeben sei, bestimmen. Eine Hilfsebene $\perp z$ schneidet Φ im Breitenkreis b, für den b'' eine Kontursehne $\perp z$ und b' ein Kreis ist. b trifft ε in zwei Φ-Punkten; ihre Grundrisse sind die e_1-Punkte von b'.

Links suchen wir im gefundenen Punkte P des ε-Meridians m die Tangenten t_b und t_m von b und m und die Normale n. Im Grundriß ist t_b' die b'-Tangente in P' und $t_m' = n' = e_1$. Im Aufriß ist $t_b'' = b''$. Dreht man ε um z in π_2 hinein, so fällt P in den m°-Punkt P°, t_m auf die m°-Tangente t°, n auf $n^\circ \perp t^\circ$. Da die Meridiantangenten und die Normalen die Achse z schneiden und die z-Punkte bei der Drehung fest bleiben, gehen t_m'' und n'' durch die z-Punkte von t° und n°. m'' *entsteht aus m° durch Stauchung an z,* kann also – nachdem P'' und P° bekannt sind – ohne Benutzung des Grundrisses konstruiert werden. – Rechts erhält man weitere Punkte durch Verschieben der Hilfsebene. Hier ist die P-Tangente t in ε *eine Frontlinie der Tangentialebene α, also $t'' \perp n''$.*

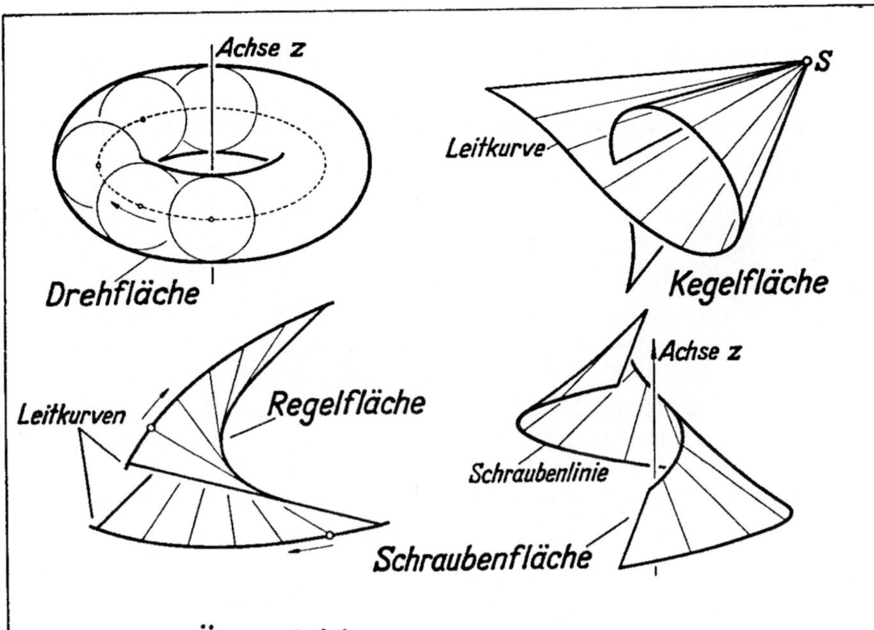

4.11   Übersicht

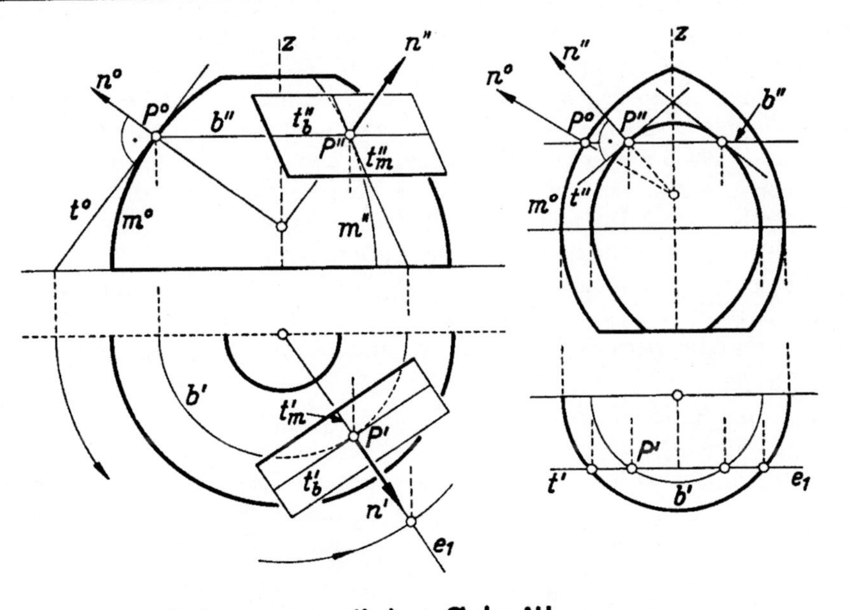

4.12   Achsenparallele Schnitte

4.13 Symmetrielinie eines ebenen Schnittes. Gegeben sei nun eine auf der Grundrißebene aufliegende Ringfläche Φ mit vertikaler Achse z und dem Nullmeridian $m° \parallel \pi_2$, ferner eine Ebene ε mit der Grundrißspur e und dem z-Punkt P.[1] Wir suchen die Schnittkurve k von Φ und ε. Sie liegt symmetrisch zur Meridianebene $\delta \perp e$, also auch zur Fallinie f, die δ aus ε ausschneidet. Im Grundriß zeichnet man $f \perp e$ durch P; der Grundriß von f ist also Symmetrielinie des Grundrisses von k. Der Grundrißspurpunkt F von f liegt auf e. Aus F und P gewinnt man f im Aufriß. Nun suchen wir die Schnittpunkte 1 und 2 von f mit dem δ-Meridian. Dazu drehen wir δ um z in die $m°$-Ebene hinein. Dabei bleibt P fest, F kommt nach $F°$ und aus f wird die gedrehte Fallinie $f° = PF°$. Sie trifft den gedrehten δ-Meridian $m°$ in $1°$ und $2°$. Beim Zurückdrehen wandern $1°$ und $2°$ auf Breitenkreisen, im Aufriß also auf Horizontalen, die f in 1 und 2 treffen. Nun überträgt man 1 und 2 in den Grundriß. Die Tangentialebenen in 1 und 2 schneiden aus ε die k-Tangenten dieser Punkte aus. Sie sind Höhenlinien, erscheinen also im Grundriß $\parallel e$, im Aufriß horizontal.

4.14 Konturpunkte eines ebenen Schnittes. Wir suchen jetzt die Punkte der Schnittkurve k auf den Umrißkurven.

Für die Projektion auf π_2 besteht die Umrißkurve v aus den beiden Nullmeridian-Kreisen $m°$ und dem höchsten und tiefsten Breitenkreis, die π_2-Kontur also aus jenem Kreispaar und zwei horizontalen Tangentenstrecken. Die $m°$-Ebene schneidet ε in der Frontlinie g durch P. $m°$ und g liefern in unserer Figur vier Punkte der π_2-Kontur, in denen also $m°$ den Aufriß von k berührt; von ihnen ist – um die Figur nicht zu überlasten – nur der Punkt 3 markiert. Die k-Tangente t in 3 ist der Schnitt der Tangentialebene α in 3 mit ε. Da $\alpha \perp \pi_2$, deckt sich t im Aufriß mit der π_2-Spur von α, also der $m°$-Tangente in 3. Die π_1-Spur a von α ist $\perp$ zur Rißachse. Der Schnittpunkt von a und e ist der π_1-Spurpunkt T von t, die Verbindungsgerade von T und 3 also der Grundriß von t. Der tiefste in π_1 liegende Breitenkreis trifft ε, also e, in zwei weiteren v-Punkten, z. B. in 4. In diesen Punkten berührt k im Aufriß die untere Strecke der π_2-Kontur.

Für die Projektion auf π_1 besteht die Umrißkurve u aus dem Äquator $b°$ und dem Kehlkreis, d. h. dem größten und kleinsten Breitenkreis. Ihre Ebene schneidet ε in einer Höhenlinie h, die in unserer Figur nur zwei $b°$-Punkte, z. B. 5, liefert. Hier berühren sich im Grundriß k und $b°$. Die π_1-Spur der Tangentialebene in 5 ist im Grundriß die $b°$-Tangente in 5; sie trifft e im π_1-Spurpunkt der durch 5 gehenden k-Tangente.

Durch Spiegelung an δ, im Grundriß also an f, gewinnt man aus jedem konstruierten Punkt einen weiteren k-Punkt mit Tangente.

---

[1] Wieder bezeichnen wir die Risse mit denselben Buchstaben wie ihre Urbilder.

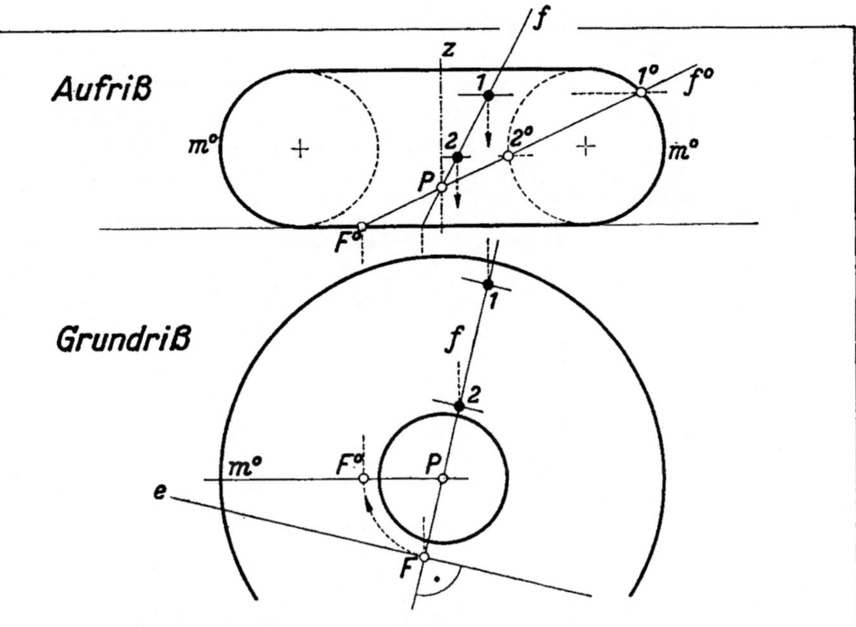

4.13 Symmetrielinie eines ebenen Schnittes

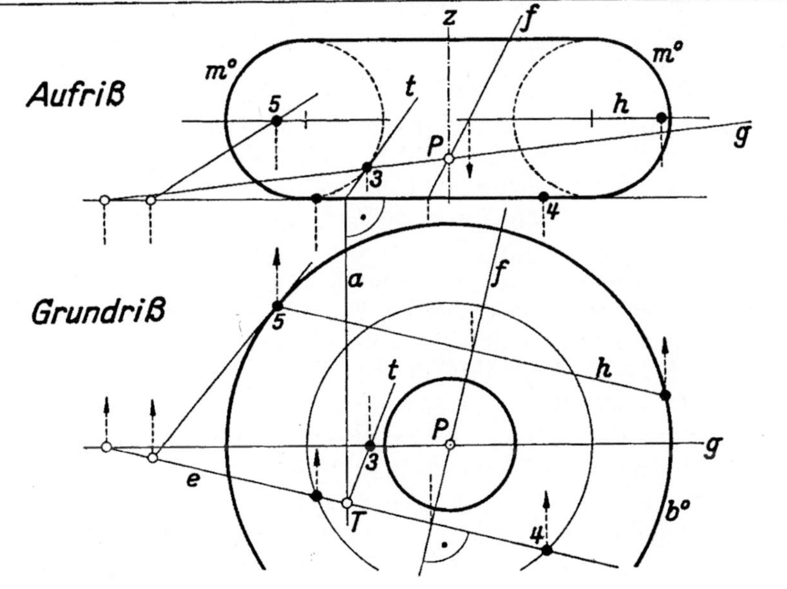

4.14 Konturpunkte eines ebenen Schnittes

4.15 Beliebige Punkte und Tangenten eines ebenen Schnittes bestimmt man erst, nachdem die *ausgezeichneten Punkte*, d. h. die Punkte auf der Symmetrielinie und den Umrißkurven, ermittelt sind. Eine zur Drehachse senkrechte, in unseremFall also horizontale Hilfsebene δ schneidet aus ε eine Höhenlinie h, aus Φ zwei Breitenkreise aus, von denen in unserem Beispiel nur der größere b zwei Punkte 6 und 7 auf h, also zwei k-Punkte, liefert. Im Punkte 6 suchen wir die k-Tangente t. Dazu bestimmen wir zunächst die Tangentialebene α in 6, deren π_1-Spur $a \perp$ zur Meridianebene von 6 ist. Dreht man diese in den Nullmeridian $m°$, so kommt 6 nach $6°$. In $6°$ ist die Tangentialebene $\gamma \perp \pi_2$, ihre Aufrißspur also die $m°$-Tangente in $6°$, ihre Grundrißspur $c \perp$ zur Rißachse. Da c und a gleichen Abstand von z haben, erhält man durch Zurückdrehen des Meridians mit der in $6°$ angehefteten Tangentialebene die noch fehlende Spur a. Durch den Schnittpunkt von a und e geht die gesuchte Tangente t. Die Tangenten in 6 und 7 treffen sich auf der Fallinie f.

Allgemeine Regel: Wird der Schnitt k einer Fläche Φ mit einer Ebene ε gesucht, so wählt man eine veränderliche Hilfsebene δ so, daß sie aus Φ eine einfache Kurve b ausschneidet, die auch einfach zu zeichnende Risse besitzt. Ist h die Schnittgerade von ε mit δ, so liegen die Schnittpunkte von b und h zugleich auf Φ und in ε, sind also k-Punkte.

In 4.13 war z. B. δ die z-Ebene $\perp \varepsilon$, in 4.14 die $m°$-Ebene oder die Äquatorebene.

4.16 Torusschnitt und Zylinderschnitt. Aus den in den Nummern 4.13 bis 4.15 ermittelten Punkten ergeben sich die Risse der Schnittkurve k der Ringfläche Φ mit der Ebene ε (links). Man hüte sich aber davor, zu viele Punkte zu bestimmen; wichtiger für den Kurvenverlauf ist für jeden konstruierten Punkt die Kenntnis der k-Tangente.

Oft begeht der Anfänger ferner den Fehler, daß er eine Schnittkurve k auch dann schrittweise durch Verschieben einer Hilfsebene bestimmt, wenn man aufgrund der Beschaffenheit von Φ die Gestalt von k kennt und durch andere Bestimmungsstücke leichter finden kann.

Soll z. B. ein Drehzylinder mit einer Ebene ε geschnitten werden, so ist k eine Ellipse (rechts). Ihre Nebenachse schneidet die Zylinderachse z senkrecht und hat die Länge des Zylinderdurchmessers. Die Hauptachse liegt also bei einem vertikal stehenden Zylinder auf der z schneidenden Fallinie von ε. Man bestimmt daher zunächst wie in 4.13 die Risse der f-Punkte 1 und 2, also die Risse der Hauptscheitel mit ihren horizontalen Tangenten, dann die Risse der Nebenscheitel 3 und 4 mit ihren Tangenten $\parallel f$. Nun kann man den Aufriß von k aus den konjugierten Durchmessern $1\,2$ und $3\,4$ zeichnen. Lediglich die Aufriß-Konturpunkte 5 und 6 sind noch zu bestimmen: Dazu zeichnet man etwa in ε die Höhenlinien ein, die die Konturmantellinien des Zylinders schneiden.

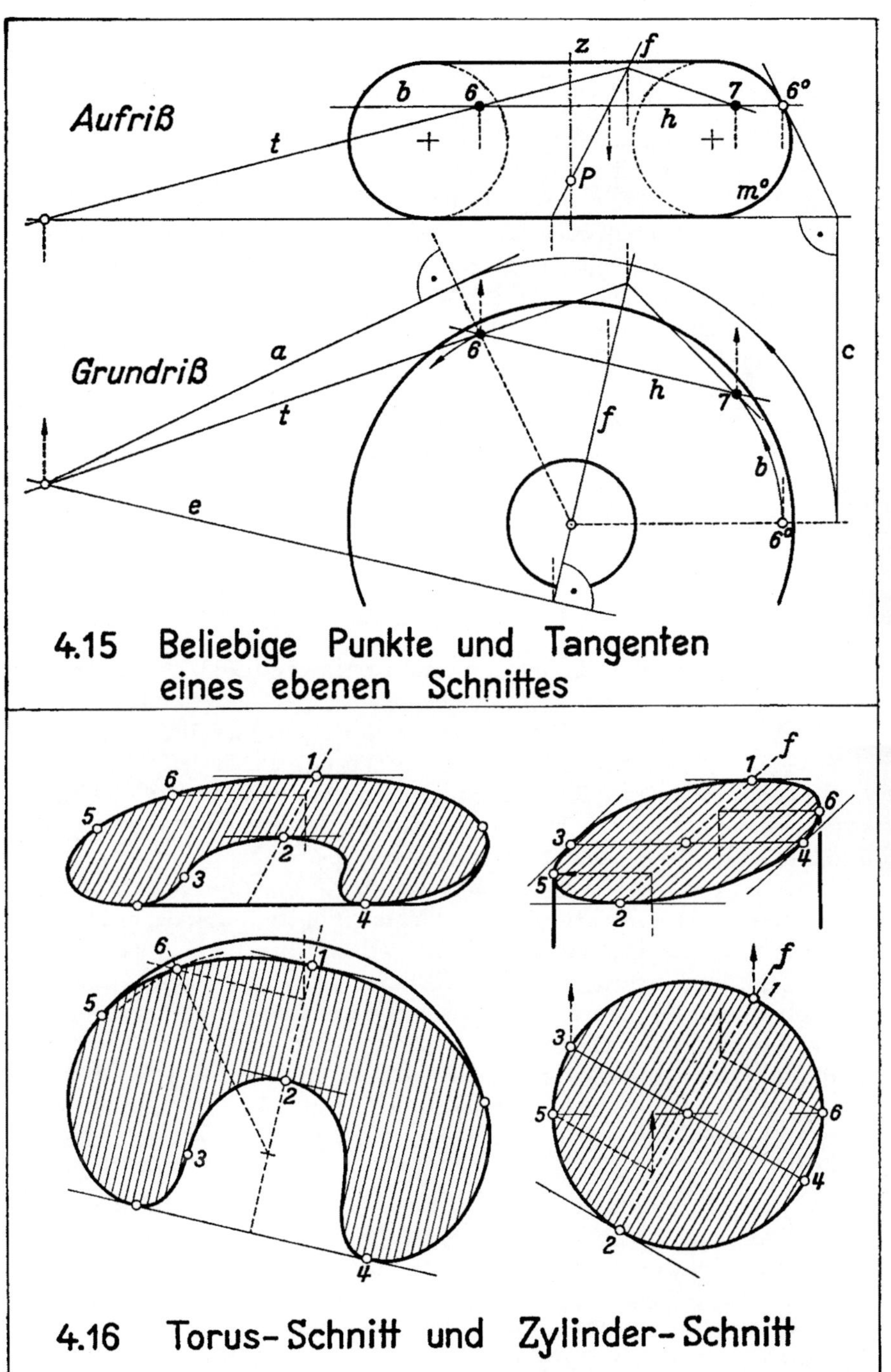

4.15 Beliebige Punkte und Tangenten eines ebenen Schnittes

4.16 Torus-Schnitt und Zylinder-Schnitt

4.2 Kegelflächen

4.21 Kegelschnitte. Ein Kegel oder Zylinder (4.11) heißt von zweiter Ordnung, wenn die Leitkurve c eine Ellipse, Parabel oder Hyperbel, also eine Kurve zweiter Ordnung ist. Sein Schnitt k mit einer nicht durch die Spitze S gehenden Ebene ε ist stets wieder eine jener Kurven zweiter Ordnung. Zur Konstruktion kann man nach 4.15 Hilfsebenen durch S benutzen. Zuvor aber entscheide man, welche Gestalt k hat. Ist nämlich S kein Fernpunkt, so lege man durch S die *Probeebene* $\sigma \parallel \varepsilon$. Dann ist k eine Ellipse, Parabel oder Hyperbel, je nachdem σ mit dem Kegel nur den reellen Punkt S, eine einzige Mantelline oder zwei Mantellinien gemeinsam hat. Denn im ersten Fall (z. B. für einen Kreiskegel) verläuft k auf einem der Mäntel ganz im Endlichen, also als Ellipse, im zweiten Fall durch den Fernpunkt der σ-Mantellinie als Parabel, im dritten auf beiden Mänteln durch die Fernpunkte der beiden σ-Mantellinien als Hyperbel.

Ist aber S ein Fernpunkt, sucht man also einen Zylinderschnitt, so entsprechen Fernpunkten von c wieder Fernpunkte von k. Insbesondere gilt daher: *Jedes Fernbild (also auch jeder Riß) einer Ellipse ist eine Ellipse, einer Parabel eine Parabel, einer Hyperbel eine Hyperbel.*

4.22 Hyperbolischer Schnitt im axonometrischen Riß. Als Beispiel bestimmen wir in einem anschaulichen Riß (3.33) den Schnitt k eines Drehkegels Φ mit einer Ebene ε. Φ sei durch den Leitkreis c in einer Ebene γ, die Achse z und die Spitze S gegeben, ε durch den z-Punkt P und die γ-Spur e. Die c-Punkte von e liefern zwei k-Punkte. Wie in 4.13 suchen wir zunächst die Symmetrieebene $\delta \perp e$ durch z, die ε-Fallinie $f = \varepsilon\delta$ und auf f die Scheitel A und B. Die γ-Spur d von δ ist $\perp e$, im Riß also der zu e konjugierte c-Durchmesser. Ist $F = ed$ der Schnittpunkt von e und d, also $PF = f$, so trifft f die Mantellinien durch die c-Punkte von d in A und B. B ist nicht gezeichnet. Die k-Tangente in A ist $\parallel e$.

In der Probeebene $\sigma \parallel \varepsilon$ ist die S-Fallinie $g \parallel f$. Durch $G = gd$ zeichnet man die γ-Spur $s \parallel e$ von σ. Da s zwei c-Punkte, σ also zwei Mantellinien p und q liefert, ist k eine Hyperbel. p und q treffen ε in den beiden Fernpunkten von k. In diesen suchen wir die k-Tangenten, also die Asymptoten u und v. Sie werden nach 3.41 in ε von den Tangentialebenen α und β ausgeschnitten, die den Kegel längs p und q berühren, deren γ-Spuren a und b also c-Tangenten sind. $U = ea$ und $V = eb$ sind die γ-Spurpunkte von u und v. Da $\varepsilon \parallel \sigma$, wird $u \parallel p$ und $v \parallel q$. Zur Kontrolle: Der Schnittpunkt $M = uv$ liegt auf f und auf der Schnittlinie $\alpha\beta = l$. Diese geht durch S und durch $L = ab$ auf d. *Die Asymptoten findet man also, indem man die Mantellinien der Probeebene parallel in den Hyperbelmittelpunkt M verschiebt.* Die Konturpunkte von k ergeben sich aus denen von c durch die perspektive Verwandtschaft zwischen c und k mit dem Zentrum S und der Achse e (1.44).

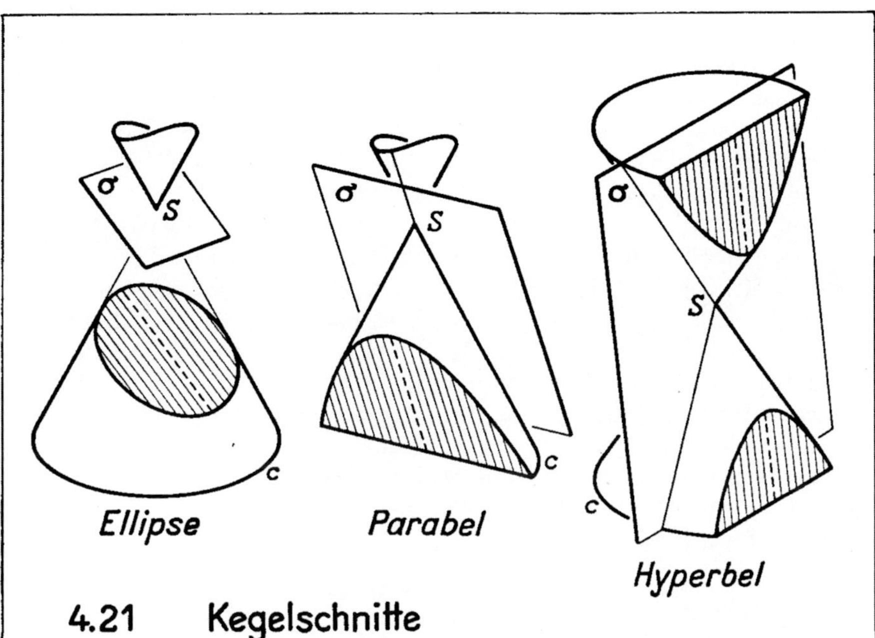

4.21   Kegelschnitte

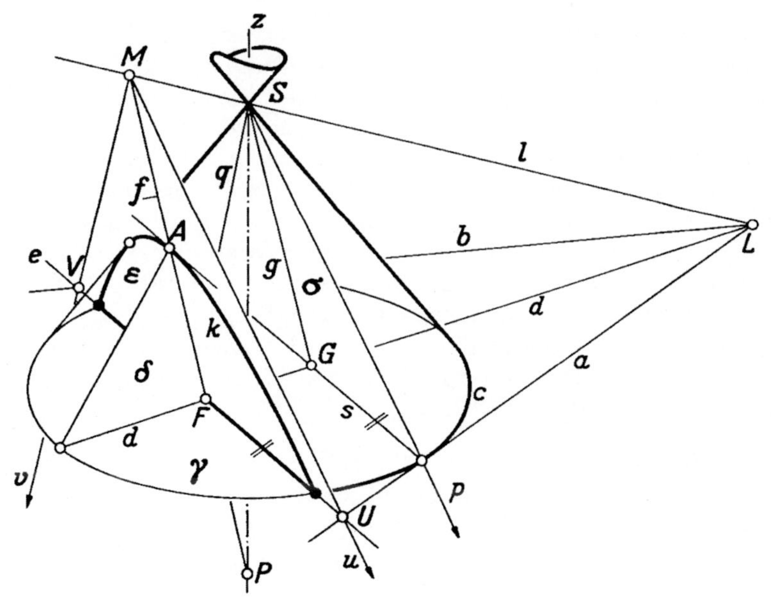

4.22 Hyperbolischer Schnitt im axonometrischen Riß

4.23 Hyperbolischer Schnitt im Grund- und Aufriß. Die in der vorigen Nummer an Hand einer anschaulichen Skizze durchgeführte Konstruktion soll nun im Zweitafelsystem wiederholt werden. Die Kegelachse sei $\perp \pi_1$, die Schnittebene $\varepsilon \perp \pi_2$, ihre π_1-Spur e also $\perp$ zur Rißachse. Der Kegel sei durch den π_1-Kreis c und einen zweiten Parallelkreis begrenzt, der den gleichen Grundriß habe wie c. Aus dem Aufriß überträgt man zunächst die ε-Punkte jener Begrenzungskreise, die Scheitel A und B und die Mitte M der Strecke AB in den Grundriß, dann die zu ε parallelen Mantellinien p und q. Die Tangenten in den c-Punkten von p und q schneiden e in U und V, den Spurpunkten der Asymptoten u und v; im Grundriß sind also $MU = u \parallel p$ und $MV = v \parallel q$ die Asymptoten. – Liegt ε nicht $\perp \pi_2$, so benutzt man einen Seitenriß in einer Hilfsebene $\perp \varepsilon$ und $\perp \pi_1$.

Durch Umlegung von ε um e gewinnt man die wahre Gestalt der Hyperbel k mit dem Mittelpunkt $M^\times$, den Asymptoten $M^\times U$ und $M^\times V$ und dem Scheitel $A^\times$. Weitere $k^\times$-Punkte ermittelt man dann am besten nach 3.31, also nicht etwa mit Hilfe der Stauchung.

4.24 Achsenparalleler Schnitt und Mantelabwicklung. Ist die Schnittebene $\varepsilon \parallel \pi_2$, also ihre π_1-Spur $e \parallel$ zur Rißachse, so sind die Mantellinien p und q der Probeebene die Konturmantellinien im Aufriß. Der Hyperbelmittelpunkt M deckt sich im Aufriß mit der Kegelspitze S. Verschiebt man also p und q wie in 4.22 parallel durch M, so decken sich im Aufriß die so gewonnenen Asymptoten u und v mit p und q. Durch Verschneiden einer Mantellinie mit ε erhält man einen Punkt P der Schnitthyperbel k. Um in ihm die k-Tangente t zu zeichnen, muß man die Tangentialebene α in P bestimmen und mit ε schneiden: Die π_1-Spur a von α ist die Tangente im c-Punkt 2 der Mantellinie durch P, $ae = T$ also der erste Spurpunkt von t, so daß $t = TP$ wird. Der Scheitel A liegt auf dem Breitenkreis, der ε berührt, dessen Grundriß also e als Tangente hat; man überträgt ihn aus dem Grundriß in den Aufriß.

Nun wollen wir den Kegelmantel abwickeln. Ist s die Länge der Mantellinie und r der Radius von c, so ist die *Abwicklung* der Sektor eines Kreises $c^\times$ mit dem Radius s; das Bogenmaß ω seines Öffnungswinkels ergibt sich aus $s\omega = 2\pi r$, also $\omega = 2\pi \dfrac{r}{s}$. Ist das Kegelprofil ein gleichseitiges Dreieck, so ist der Mantel eine Halbkreisfläche. Man überträgt die auf c hinreichend klein gewählten Sehnen $12, 23, 34, \ldots$ auf $c^\times$, dann die wahre Länge $SP^\times$ des Mantellinienstückes SP auf die zugehörige Mantellinie der Abwicklung, in der Figur z. B. auf $S^\times 2^\times$. Dabei ist es zweckmäßig, auch die P-Tangente t mit in die Abwicklung zu übernehmen, indem man auf der $c^\times$-Tangente in $2^\times$ das Stück $T^\times 2^\times = T2$ macht. – Den halben Umfang $\frac{1}{2}u$ von c (und damit die Kreisbögen 12, $23, \ldots$) kann man in ausgezeichneter Annäherung auch durch die Konstruktion von *Adam Kochansky* (1685) gewinnen (unten rechts).

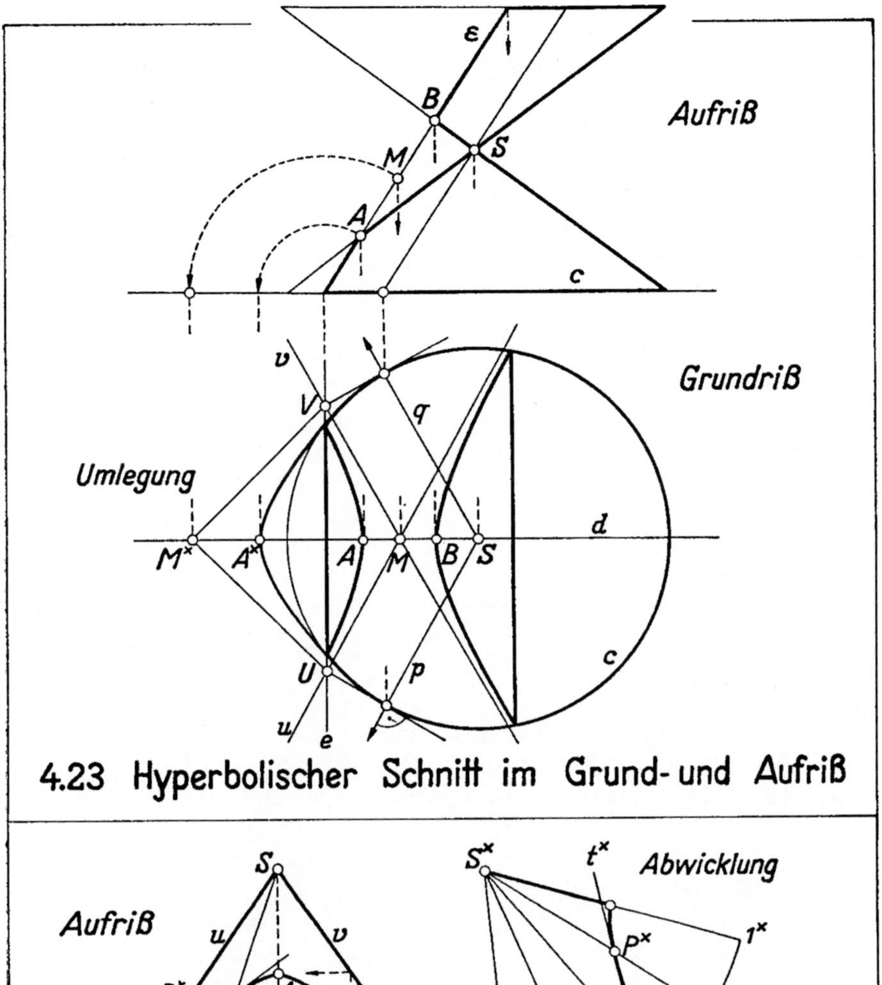

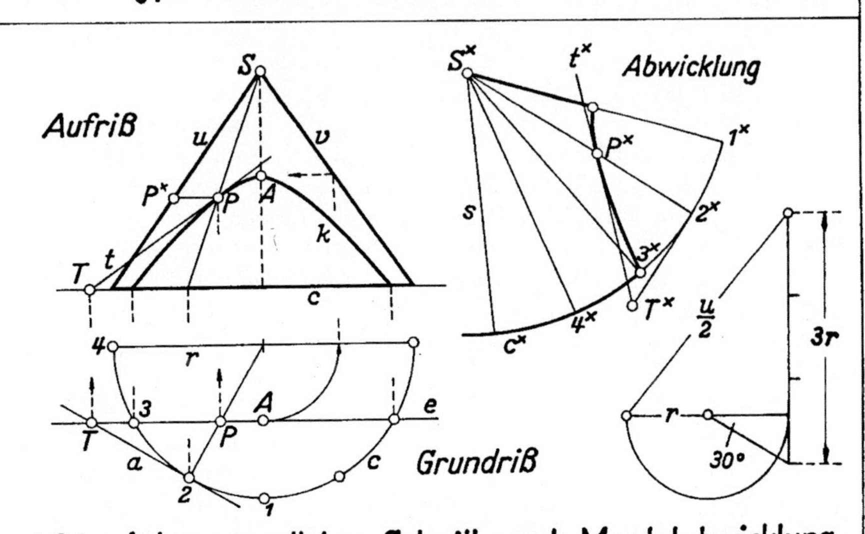

4.23 Hyperbolischer Schnitt im Grund- und Aufriß

4.24 Achsenparalleler Schnitt und Mantelabwicklung

4.25 Brennpunkte. Legt man in einen Drehkegel die Kugeln, die den Kegel und die Schnittebene ε berühren, so sind die Berührungspunkte F und G (rechts) in ε die *Brennpunkte* des ε-Schnittes (*Satz von Dandelin*, 1822).

Wird eine Kugel durch zwei leuchtende Punkte X und Y angestrahlt, die in der Mittelpunktsebene $\|\ \pi_2$ gewählt sind, so bilden die berührenden Lichtstrahlen zwei Drehkegel. Die Eigenschattenkreise erscheinen im Aufriß als Strecken. Wir suchen die Kugelschatten in π_1. Liegt X ebenso hoch wie der höchste Kugelpunkt N, Y aber auf der anderen Kugelseite etwas tiefer, so erzeugt X in π_1 eine Parabel p, Y eine Hyperbel h. Die Scheitel $\overline{A}$, $\overline{B}$ und $\overline{C}$ sind die Schatten der (von N verschiedenen) höchsten und tiefsten Punkte A, B und C der Eigenschattenkreise. Da eine Parallelverschiebung der schattenfangenden Ebene ähnliche Kegelschnitte liefert, erhält man die Brennpunkte nach dem Satz von *Dandelin* als Schatten der Endpunkte des Kugeldurchmessers, der zur schattenfangenden Ebene $\perp$ steht (vgl. 2.45). In unserem Fall liefert also der tiefste Kugelpunkt einen Brennpunkt F_h von h und den Brennpunkt F_p von p. Aus den Brennpunkten und den Scheiteln gewinnt man die Asymptoten u und v von h (3.31) und die Leitlinie l von p (3.32) und daraus punktweise die Schattenkurven p und h ohne Benutzung des Aufrisses.

4.26 Der Satz von Pascal (1640), den wir nicht beweisen, dient zur Konstruktion von Punkten und Tangenten eines Kegelschnittes k: *Wählt man sechs k-Punkte 1, 2, . . ., 6 und schneidet die Sekanten 1 2 und 4 5 in U, 2 3 und 5 6 in V, 3 4 und 6 1 in W, so liegen U, V, W auf einer Geraden g.*

1. k sei durch fünf Punkte *1, 2, . . ., 5* gegeben; sucht man den k-Punkt *6* auf einem beliebigen *1*-Strahl s, so bestimmt man der Reihe nach U, W, g, V, $V5 = t$ und den Schnittpunkt $st = 6$.

2. Setzt man *5 = 6*, so wird $s = 15$ und t die *5*-Tangente t_5.

3. Wird *1 = 2, 3 = 4* und *5 = 6*, so sind *12, 34* und *56* Tangenten: Jede Seite des Sehnendreiecks *135* trifft die Tangente der Gegenecke auf g. Ist also k durch drei Punkte und die Tangenten in zweien von ihnen gegeben, so ist g und damit auch die dritte Tangente bestimmt.

4. k sei durch die drei Punkte *1 = 2, 3, 4 = 5* und die Tangenten in *1* und *4* gegeben. Die *3*-Tangente t_3 sei bereits konstruiert. Einen Punkt *6* bestimmt man nach 1. Um seine Tangente t_6 zu erhalten, setzt man *1' = 2' = 3, 3' = 1 = 2, 4' = 5' = 6, 6' = 4 = 5*; dann wird $V' = V$, $W' = W$, $g' = g$, und daher geht *4'5'* $= t_6$ durch den g-Punkt U' von *1'2'* $= t_3$.

Deutet man den k-Bogen *134* als Zentralbild eines Halbkreises, V also als Bild des Höhenschnittpunktes im Dreieck *1W4*, so ist unsere Konstruktion von *6* und t_6 gleichbedeutend mit der Höhensatz-Konstruktion in 1.34. Als Anwendung zeichne man eine Hyperbel aus den Asymptoten und einem Punkt, eine Parabel aus der Achse, dem Scheitel und einem Punkt oder eine Ellipse aus konjugierten Durchmessern.

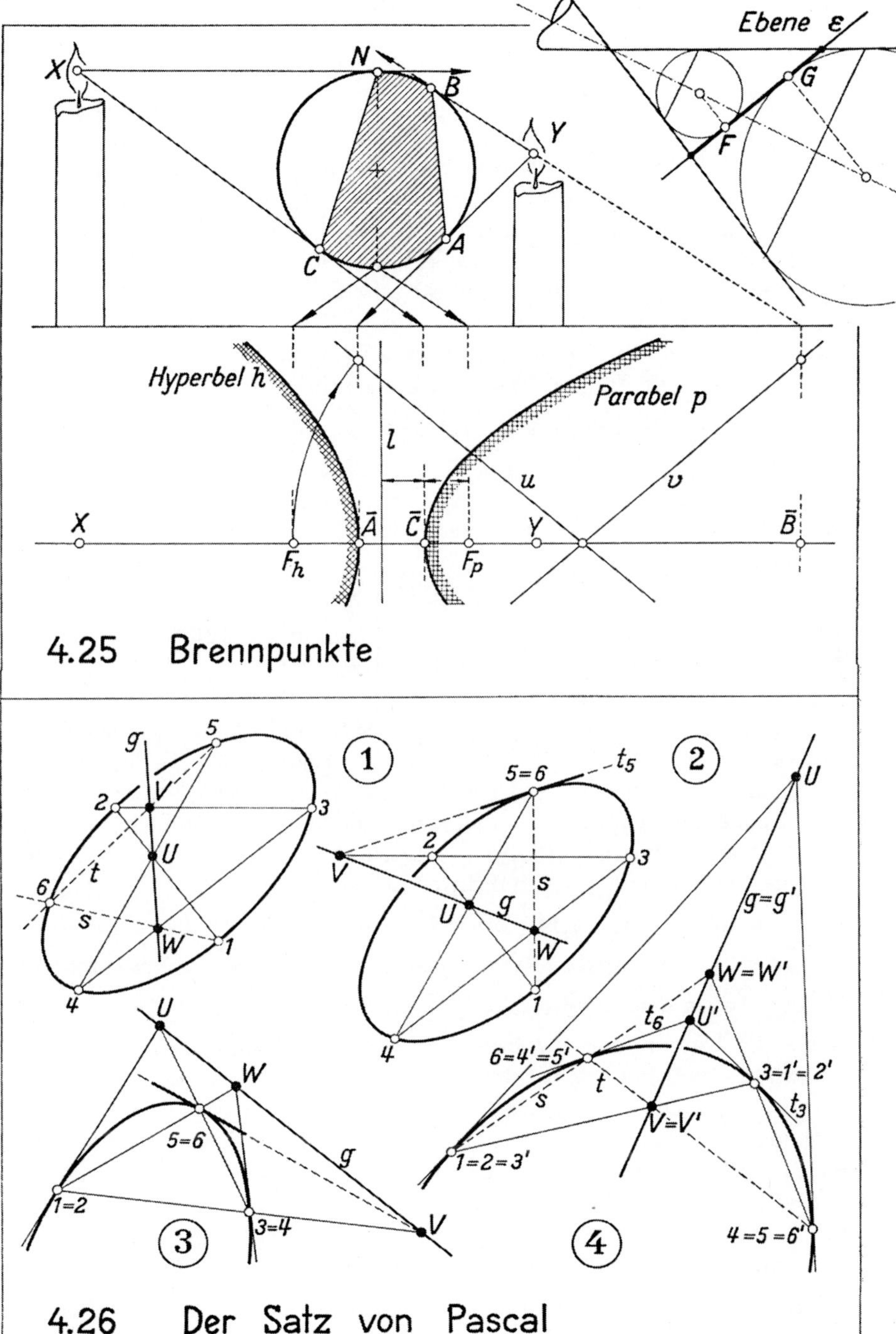

4.25　Brennpunkte

4.26　Der Satz von Pascal

4.3 Böschungsflächen

4.31 Ebenen von gegebener Neigung durch eine Gerade. Der folgende
Abschnitt behandelt die Aufgabe, durch eine Raumkurve, z. B. eine
Straßenkante, eine geeignete Regelfläche zu legen, die den Übergang zum
Gelände oder zu einer zweiten Straßenkante herstellt. Die Lösung geschieht naturgemäß in einem kotierten Riß π_1. Im einfachsten Fall ist
durch eine Gerade g, die durch die kotierten Risse zweier Punkte A und
B gegeben ist, eine Ebene mit der Neigung n zu legen, die größer als die
von g sei. Dazu macht man einen g-Punkt, z. B. A oder B, zur Spitze eines
Böschungskegels Φ, d. h. eines Drehkegels mit vertikaler Achse, dessen
Mantellinien und Tangentialebenen die Neigung n, also die Stufungs-
einheit $s = \dfrac{1}{n}$ besitzen (links); s ist der Radius der Φ-Kreise, die um eine
Einheit höher oder tiefer liegen als die Spitze. Dann legt man durch g
die Tangentialebenen an Φ, erhält also i. a. zwei Lösungen δ und ε. Ihre
Höhenlinien berühren den in gleicher Höhe liegenden Φ-Kreis.

Ist h der Höhenunterschied von A und B, so zeichnet man (rechts) im
kotierten Riß um A den in der Höhe von B liegenden Φ-Kreis mit dem
Radius $r = hs$ und durch B die Kreistangenten als Höhenlinien von δ
und ε. In der Figur ist $h = 3$, $n = 2:1$, also $s = 0,5$ und $r = 1,5$.

4.32 Böschungsebenen durch geradlinige Straßenkanten. Der Straßen-
teil, der höher als das durch Höhenkurven gegebene Gelände liegt, heißt
der *Damm*, der tiefer liegende Teil der *Einschnitt*. Durch die Kanten legt
man Ebenen, die vom Damm im allgemeinen mit der Neigung $n_1 = 2:3$
zum Gelände abfallen und im Einschnitt mit der Neigung $n_2 = 1:1$ an-
steigen. Deshalb sind in den Kantenpunkten *5* der Figur „hängende"
Böschungskegel angebracht, deren Höhenkreise *4* den Radius $s_1 = \dfrac{1}{n_1} =$
$1,5$ haben. In den Punkten *7* stehen die Kegel auf der Spitze, ihre Höhenkreise *8* haben den Radius $s_2 = \dfrac{1}{n_2} = 1$. Die Tangenten an diese Kreise
durch die Kantenpunkte *4* bzw. *8* liefern Höhenlinien der *Böschungsebenen*. Nun bestimmt man deren Schnittkurven mit dem Gelände, indem
man gleichkotierte Höhenlinien schneidet. Dabei liefern die durch die
gleiche Straßenkante gehenden Böschungsebenen zwei Kurven, die sich
auf dieser Kante treffen. Ein *Querprofil AB* $\perp$ zu den Rissen der Straßenkanten veranschaulicht Aufschüttung und Abgrabung. Dabei schneidet
die Ebene des Querprofils *keine* Fallinien aus den Böschungsebenen aus,
das Profil zeigt also *nicht* etwa deren Neigungen.

Jede Gelände-*Fallkurve* f schneidet die Höhenkurven senkrecht. Die
Flächenneigung im Punkte P ist die Neigung der Fallkurventangente t
und wird durch Umlegen der Profilebene von t bestimmt (rechts unten).

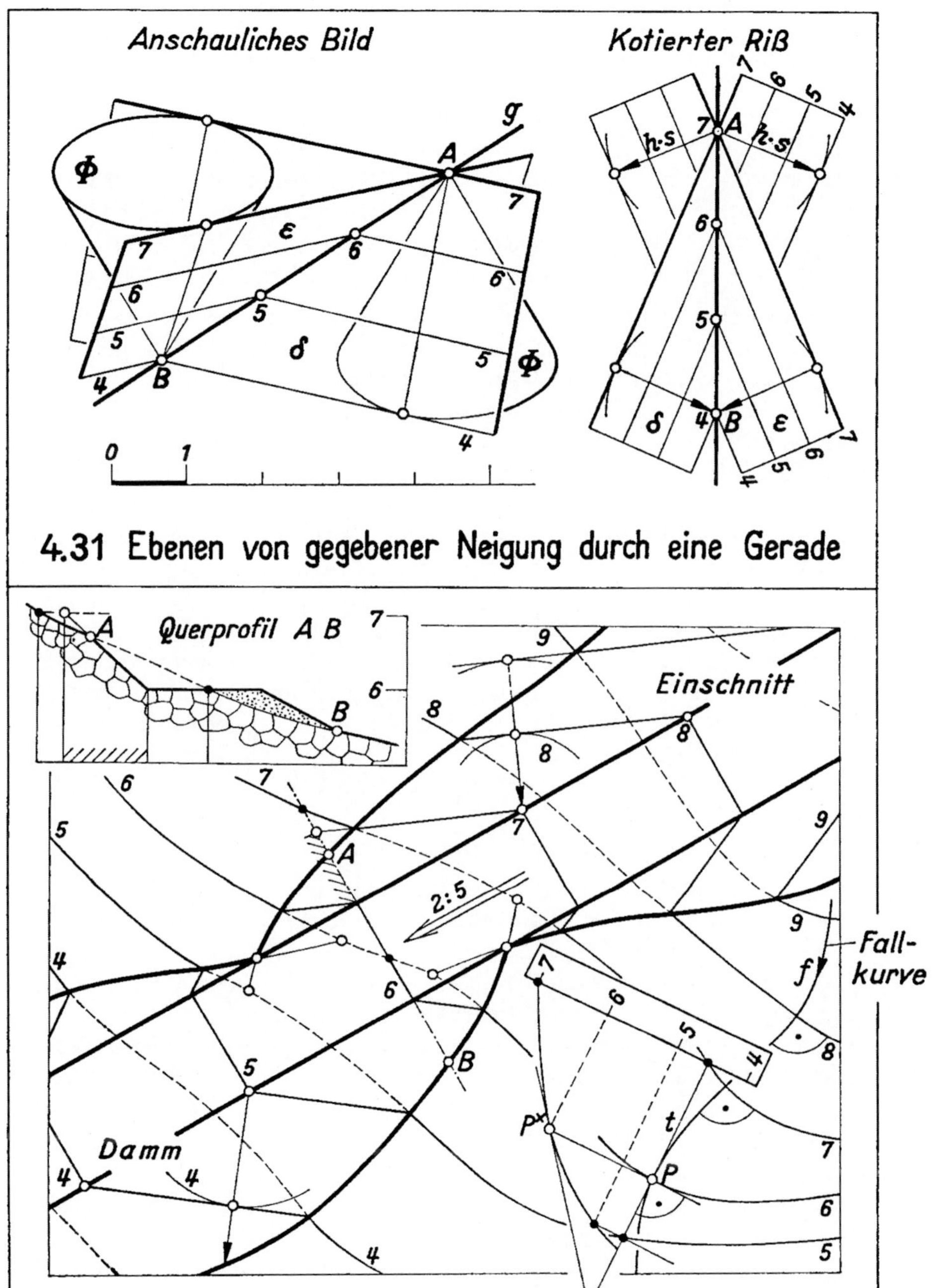

4.31 Ebenen von gegebener Neigung durch eine Gerade

4.32 Böschungsebenen durch geradlinige Straßenkanten

4.33 Das hyperbolische Paraboloid als Übergangsfläche wird nach 3.36 zwischen zwei windschiefen *Leitgeraden* f und g ausgespannt, indem man auf f und g ähnliche Punktreihen gibt – z. B. durch Teilen einer f-Strecke AB und einer g-Strecke CD in n gleiche Teile – und entsprechende (gleichnumerierte) Punkte verbindet (rechts). Ebenso gewinnt man durch Teilen der Erzeugenden $u = AC$ und $v = BD$ die zweite Regelschar, die f und g enthält (in der Figur nicht gezeichnet). In A, B, C und D berühren die Ebenen $\alpha = fu$, $\beta = fv$, $\gamma = gu$ und $\delta = gv$ die Fläche (vgl. auch 3.46).

Links sind in einem kotierten Riß zwei geneigte Straßen gegeben: $u = AC$ ist die Mittellinie der ersten, $f = AB$ die Außenkante der zweiten. $v = BD$ und $g = CD$ sind ihre Höhenlinien 0. Durch Seitenteilung dieses Vierseits erhält man weitere Erzeugende und auf ihnen Punkte gleicher Höhe (schwarz markiert). Sie liefern Hyperbeln als Höhenkurven des Paraboloids, das die Straßenebenen in B und C berührt, also eine günstige Übergangsfläche darstellt. Das zeigt auch das herausgezeichnete 10fach überhöhte u-Profil. Die Fläche wurde durch zwei Vertikalzylinder beschnitten, die die Straßenkanten berühren.

4.34 Raumkurve mit Tangentenfläche. Die Tangenten einer Raumkurve k bilden die *Tangentenfläche* oder *Torse* von k. Diese unterscheidet sich wesentlich von den Regelflächen in 3.36: Durchläuft nämlich dort ein Punkt eine Erzeugende g, so dreht sich seine Tangentialebene um g (Fig. 4.33 rechts). Die Differentialgeometrie zeigt, daß dagegen auf einer Torse Φ alle Punkte einer Erzeugenden wie bei den Kegelflächen die gleiche Tangentialebene besitzen, und daß die Torsen daher *abwickelbar* sind, d. h. in eine Ebene ausgebreitet werden können (5.46).

Die Raumkurve k sei durch den kotierten Riß k' gegeben. Wir suchen die Stufungseinheiten der Tangenten und damit die Höhenkurven von Φ. Dazu stellen wir ein *Längenprofil* $k^\times$ von k her, indem wir den zu k gehörenden *Profilzylinder* mit den in der Skizze verdeutlichten Tangenten-Neigungsdreiecken in die Zeichenebene ausbreiten: Wir teilen die k'-Abschnitte zwischen den kotierten Punkten in genügend kleine Teile, übertragen sie auf eine Horizontale, tragen $\perp$ zu ihr ein Vielfaches der Höhenunterschiede der Punkte gegen ein geeignet gewähltes Niveau auf, zeichnen in den erhaltenen $k^\times$-Punkten die $k^\times$-Tangenten und greifen in den jeweils um eine Einheit tiefer liegenden Schichten die Stufungseinheiten (z. B. s_5, s_6, . . .) der Tangenten ab. Überträgt man diese auf die k'-Tangenten, so gewinnt man die Höhenkurven von Φ. Die k-Tangenten sind i. a. nicht etwa die Fallkurven von Φ, die ja nach 4.32 $\perp$ zu den Höhenkurven verlaufen.

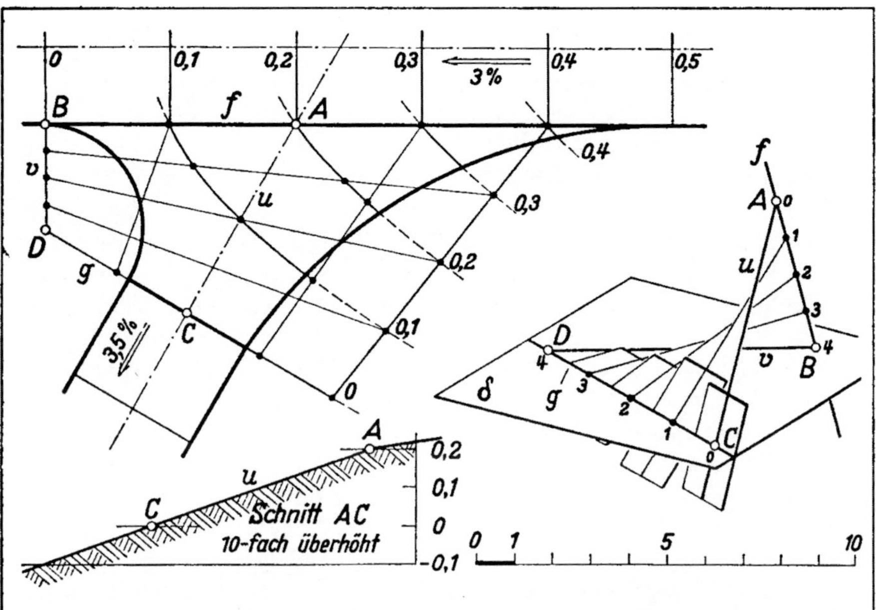

4.33 Das hyperbolische Paraboloid als Übergangsfläche

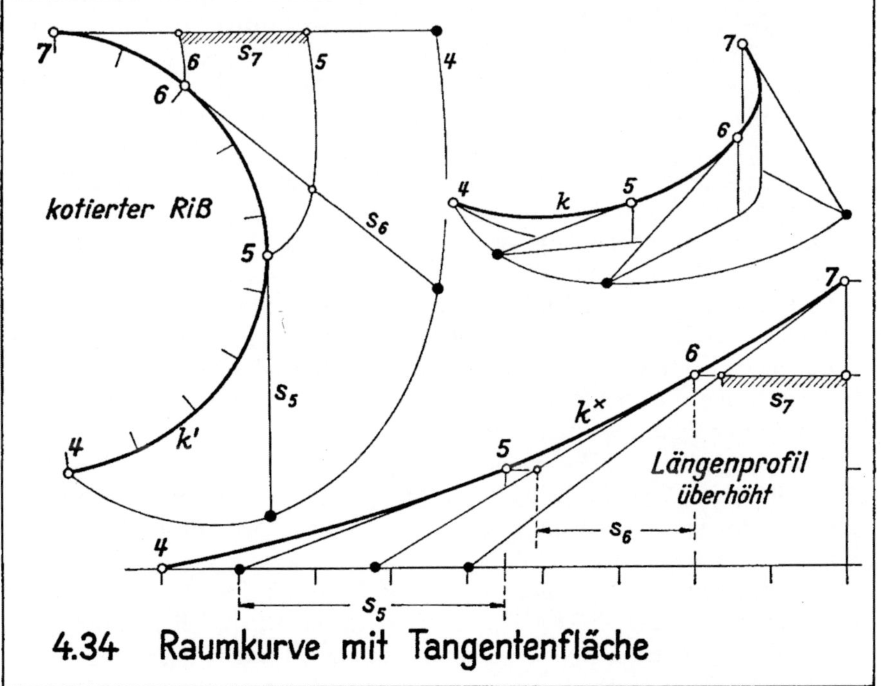

4.34 Raumkurve mit Tangentenfläche

4.35 Böschungslinien und Böschungsflächen. Eine Raumkurve b, die überall die gleiche Neigung gegen π_1 hat, deren Längenprofil also eine Gerade ist, heißt eine *Böschungskurve* in bezug auf π_1, ihre Torse eine *Böschungsfläche* mit der *Gratkurve b*. Ihr Riß sei b'. Die Stufungseinheit aller Erzeugenden, d. h. der b-Tangenten, hat die Länge des b'-Kurvenstückes zwischen zwei Punkten mit dem Höhenunterschied 1, kann also durch Abwicklung dieses Stückes auf die b'-Tangenten übertragen werden, d. h. ohne Benutzung eines Längenprofils von b (4.34). Die Risse der Höhenlinien einer Böschungsfläche Φ sind Parallelkurven, nämlich *Evolventen* von b': Bei Abwicklung eines auf b' liegenden gespannten Fadens beschreibt jeder Fadenpunkt den Riß einer Höhenlinie. Die b-Tangenten sind im Gegensatz zu den allgemeinen Tangentenflächen hier $\perp$ zu den Höhenlinien, also Fallinien.

Die Tangentialebene α im Φ-Punkt P wird von der Erzeugenden e und der zu ihr senkrechten Höhenlinientangente durch P ausgespannt, ist also wie in 4.34 für alle e-Punkte dieselbe. Ist k eine beliebige Φ-Kurve durch P, so liegt ihre P-Tangente t in α. In jeder Horizontalebene γ, z. B. der Schicht 4, liegt daher der γ-Punkt T von t auf der γ-Spur a von α. Diese geht durch den γ-Punkt E von e und ist $\perp e$, also auch $\perp e'$.

4.36 Böschungsfläche von gegebener Neigung durch gegebene Raumkurve. Jetzt sei der kotierte Riß k' einer gekrümmten Straßenkante k gegeben. Wir wollen durch k als Übergang zum Gelände eine Böschungsfläche Φ mit der Neigung $n = 2:3$, d. h. der Stufungseinheit $s = 1{,}5$, legen, suchen also die Höhen- und Fallinien von Φ, ohne wie in 4.35 die Gratkurve b zu kennen. Im k-Punkt P bringe man die Spitze eines Böschungskegels mit der Neigung n an (Skizze). Er berührt Φ längs der Φ-Erzeugenden e durch P, hat also mit Φ längs e die gleiche Tangentialebene α. In jeder Horizontalebene γ berühren sich der Kegelkreis, die Φ-Spur h und die α-Spur a im e-Punkt E. Läuft P auf k, so hüllen die Kegelkreise die gesuchte Kurve h ein. Um die k'-Punkte $7, 6$ und 5 zeichnen wir z. B. die Kreise der Schicht 4 mit den Radien $3s$, $2s$ und s und durch den k'-Punkt 4 deren *Hüllkurve h'* als Riß der Schichtkurve 4.

Wir wollen die Berührungspunkte von h' mit den Kreisen, also die γ-Punkte der Fallinien durch $7, 6$ und 5 bestimmen. Dazu ermitteln wir auf den k'-Tangenten die schwarz markierten γ-Punkte mit den Koten 4 mit Hilfe eines Längenprofils $k^\times$ von k wie in 4.34 oder – falls k eine Böschungskurve war – durch Abwicklung von k' wie in 4.35. Auf t' durch P' erhält man z. B. so den Riß T' des γ-Punktes T von t. Durch T' legt man eine Tangente a' an den Kreis um P' mit dem Radius $3s$. Sie berührt in E'; damit ist die Fallinie PE ermittelt. – In unserem Beispiel konnte $k^\times$ aus der Figur 4.34 benutzt werden, da dort (wie in 4.35) die gleiche Kurve k gewählt wurde. k ist nicht etwa die Gratkurve der gefundenen Fläche Φ.

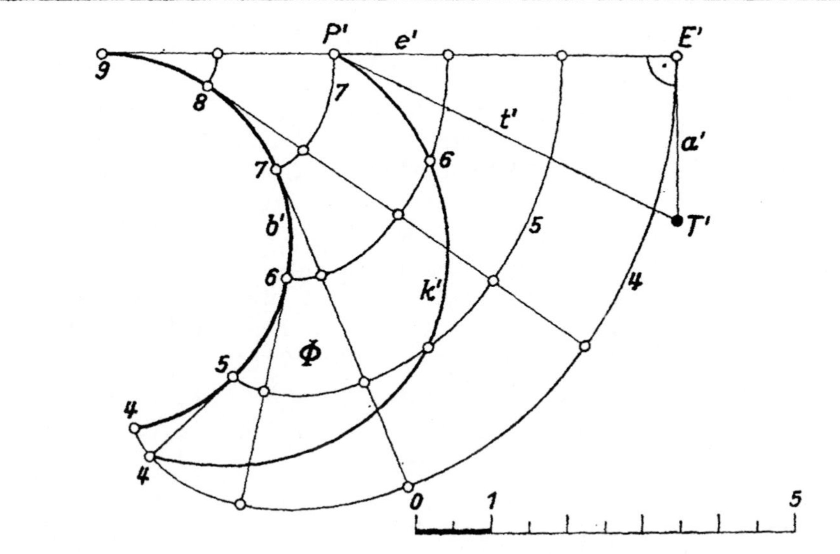

4.35 Böschungslinien und Böschungsflächen

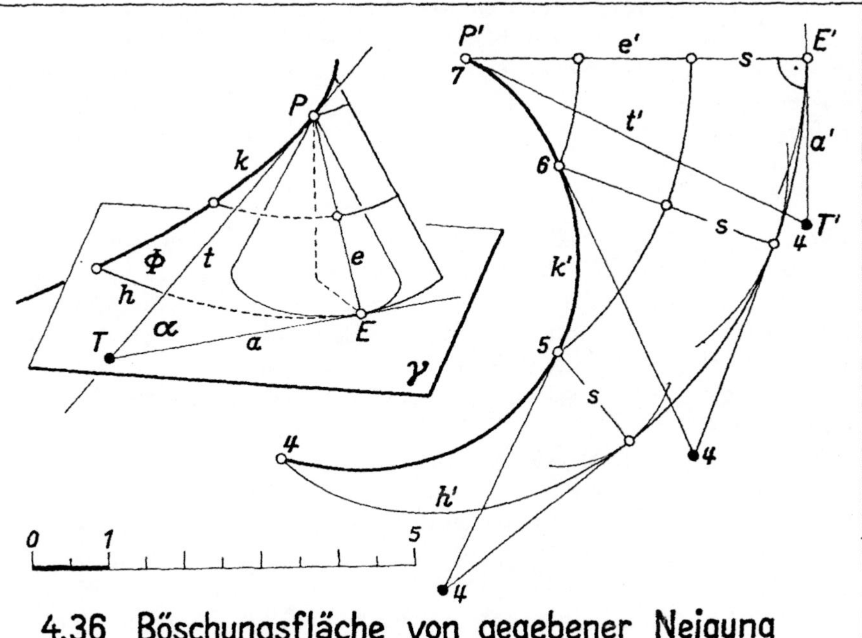

4.36 Böschungsfläche von gegebener Neigung durch gegebene Raumkurve

4.4 Schraubenflächen

4.41 Die Schraubenlinie. Eine Böschungskurve s (in bezug auf π_1) auf einem Drehzylinder mit der Achse $z \perp \pi_1$ und dem Radius r heißt eine *Schraubenlinie*. Umläuft ein s-Punkt genau einmal den Zylinder, sein Grundriß also dessen Basiskreis s', so heißt das durchlaufene s-Stück ein *Schraubengang*, der Höhenunterschied von Anfangs- und Endlage die *Ganghöhe h*. Das Profil eines Ganges ist ein rechtwinkliges Dreieck mit den Katheten $2\pi r$ und h. Dieses Dreieck ist so auf den Zylinder zu wickeln, daß h Mantellinie wird, die Hypotenusenendpunkte also übereinanderliegen. Um s'' zu zeichnen, teilt man s' z. B. in $n = 12$ gleiche Teile und trägt über den Teilpunkten $\lambda = 0, 1, \ldots, n$ die Höhen $z_\lambda = \lambda h : n$ auf. In $\pi_2 \| z$ ist s'' eine Sinuslinie. – Alle s-Tangenten haben die gleiche Neigung tg $\varphi = \dfrac{h}{2\pi r} = \dfrac{p}{r}$ gegen π_1. Die *reduzierte Ganghöhe* $p = \dfrac{h}{2\pi} \approx \dfrac{h}{6}$ wird aus dem gezeichneten Profil von der Zylinderkontur ausgeschnitten. Verschiebt man alle s-Tangenten $\|$ zu sich in den z-Punkt R mit der Höhe p, so entsteht der *Richtungskegel* mit dem Basiskreis s'. Er dient zur Bestimmung der Tangente t im s-Punkt P (4.42). Diese liegt in der Zylindertangentialebene τ, t' berührt also s' in P'. Nun legt man durch R die Ebene $\| \tau$, sucht in ihr die zu t parallele Mantellinie m und macht dann $t \| m$. So findet man z. B. t'' im Punkte *10*. In den Wendepunkten *0*, *6* und *12* von s'' wird $t'' \|$ zu den Aufrißkonturlinien des Kegels. Für eine Skizze genügt es, nur diese Wendetangenten und die *Krümmungskreise* in den *Scheiteln 3* und *9* von s'' zu zeichnen (oben rechts); ihr Radius ist, wie die Differentialgeometrie zeigt, $\varrho = p^2 : r$ und wird an einem rechtwinkligen Dreieck im Profil abgegriffen.

4.42 Anschauliche Risse einer Schraubenlinie erhält man, wenn man wie in 3.33 ein Bild des Schraubenzylinders zeichnet und die Höhen z_λ und p verkürzt aufträgt. Die Figur zeigt drei Schraubenlinien auf demselben Zylinder mit verschiedenen Ganghöhen und ihre links herausgezeichneten Richtungskegel mit verschiedenen (schwarz markierten) Spitzen über dem gemeinsamen Basiskreis, der als Ellipse erscheint; eine der Spitzen liegt im Innern, die zweite im Äußern, die dritte in einem Nebenscheitel der Ellipse. Im ersten Fall treten als Kegelmantellinien und also auch als s-Tangenten alle Richtungen der Zeichenebene auf: Das Bild von s hat *Schleifenform*. Im zweiten Fall aber liefern die beiden Konturmantellinien des Kegels die Tangenten in den Wendepunkten des Bildes, das jetzt *Wellenform* hat. Im dritten Fall endlich ist die durch jenen Nebenscheitel gehende Mantellinie $\perp$ zur Zeichenebene, d. h. projizierend. Daher entstehen auf der linken Zylinderkontur *Spitzen* des Bildes von s, weil hier die s-Tangenten projizierend sind. – Man zeige: *Das Schrägbild einer Schraubenlinie in einer Ebene $\perp$ zur Achse ist eine Zykloide. Die abgebildeten drei Risse sind Affinbilder von Zykloiden.*

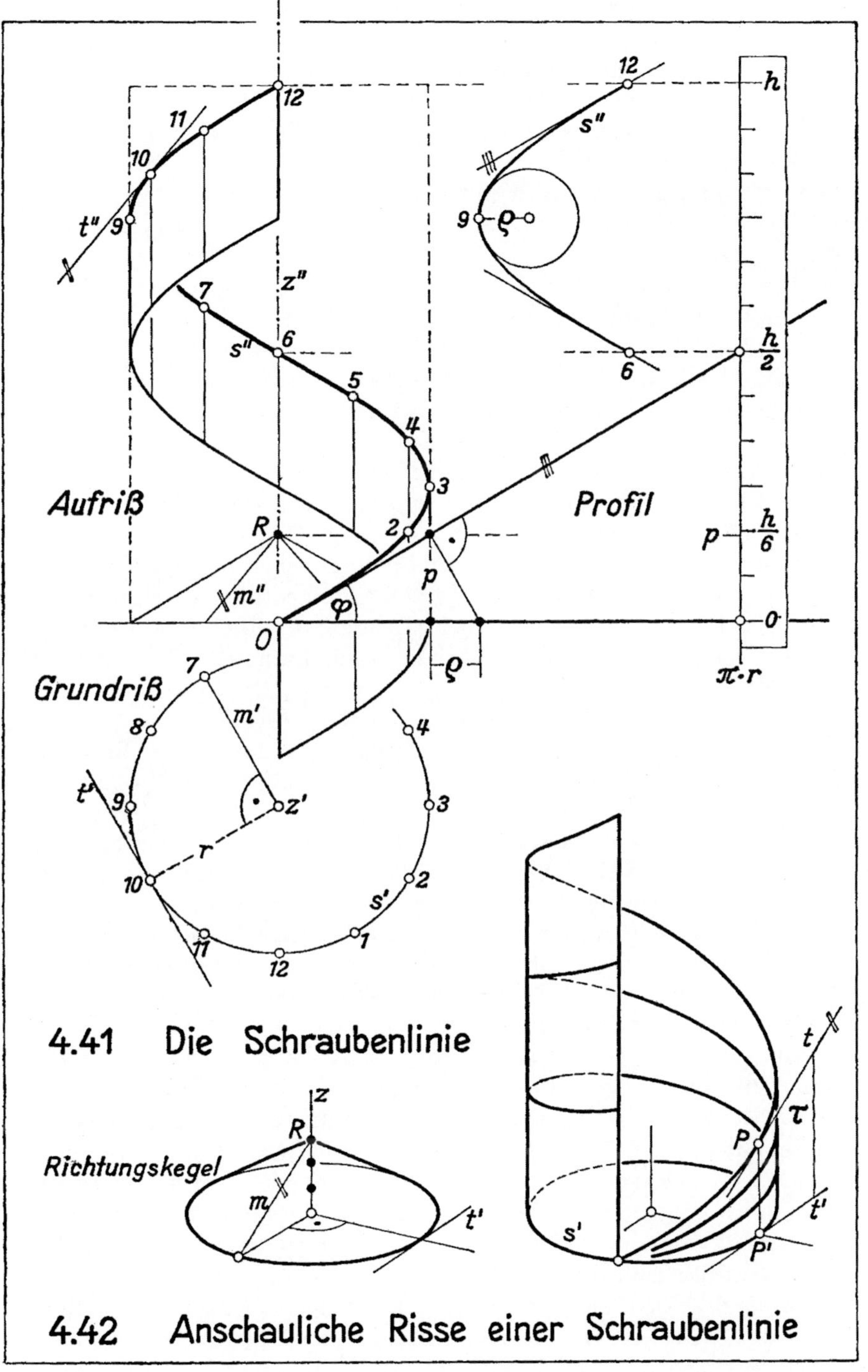

4.41   Die Schraubenlinie

4.42   Anschauliche Risse einer Schraubenlinie

4.43 Regelschraubenflächen entstehen durch Verschrauben einer Geraden e um eine Achse z, die z. B. vertikal sei. Sie heißen *offen*, wenn e und z windschief sind, *geschlossen*, wenn sie sich schneiden, *gerade* oder *schief*, je nachdem sie einen rechten Winkel bilden oder nicht. Die Bahnkurven sind Schraubenlinien mit der gleichen Ganghöhe und konzentrischen Grundrißkreisen; die zugehörenden Richtungskegel haben dieselbe Spitze.

Die *Tangentenfläche einer Schraubenlinie s* (links) ist eine offene schiefe Regelschraubenfläche. Die Erzeugenden sind die s-Tangenten t, in der Figur die Halbtangenten. Sie ist eine Böschungsfläche, die Tangentialebene bleibt also – wie bei allen Torsen – längs t fest. Daher ist sie *abwickelbar*, d. h. sie kann aus einem Ebenenstück durch Verwinden hergestellt werden (5.46). Die Grundrisse der Höhenkurven sind Evolventen von s'. Die Aufrisse der Bahnschraubenlinien berühren die Aufrißkontur der Fläche, also den Aufriß der Erzeugenden durch den s-Punkt *4*.

Die *Wendelschraubenfläche* (rechts) ist geschlossen und gerade: e schneidet z rechtwinklig. Wandert ein Punkt auf einer Erzeugenden e von z nach außen, so wird seine Bahnschraubentangente t dabei flacher. Die Tangentialebene, die von e und t ausgespannt wird, dreht sich daher um e, bleibt also längs e nicht fest. Diese Regelschraubenfläche ist mithin *nicht abwickelbar* (4.34).

4.44 Tangentialebene und Kontur einer Schraubenfläche. Eine *allgemeine Schraubenfläche* entsteht durch Verschrauben einer Kurve u um eine Achse z. In der linken Figur ist $z \perp \pi_1$, u ein Viertelkreis in der z-Ebene $\| \pi_2$, p die reduzierte Ganghöhe. Durch Verschrauben der u-Punkte A, B und C erhält man weitere Lagen der erzeugenden Kurve, z. B. v. Sucht man die Tangentialebene σ in einem v-Punkt P auf der Bahnschraubenlinie s, so zeichnet man die Tangenten e und t von v und s, die σ ausspannen: e deckt sich im Grundriß mit v, t findet man mit Hilfe des Richtungskegels (oben) nach 4.41.

Nun suchen wir im Aufriß (rechts) den Konturpunkt Q von s, also den s-Punkt, in dem die Tangentialebene $\perp \pi_2$ ist. Ist c eine Höhenlinie in σ und w die erzeugende Kurve in der z-Ebene $\perp c$, so erhält man Q, wenn man P längs s so weit nach oben verschraubt, bis $c \perp \pi_2$, also $w = u$ geworden ist. Dazu überträgt man den schraffierten s-Bogen zwischen w und v aus dem Grundriß links in den Grundriß rechts von B bis Q, dann gestreckt auf die horizontale Kathete des s-Profiles (rechts oben), erhält so $\| z$ den ebenfalls schraffierten Höhenunterschied der s-Punkte B und Q und damit den Aufriß von Q. Die s-Tangente in Q zeichnet man wieder mit Hilfe des Richtungskegels (oben). In der rechten Figur wurde statt des Viertelkreises ein Halbkreis verschraubt. Man erkennt, daß die Bahnschraubenlinien von der Aufrißkontur eingehüllt werden.

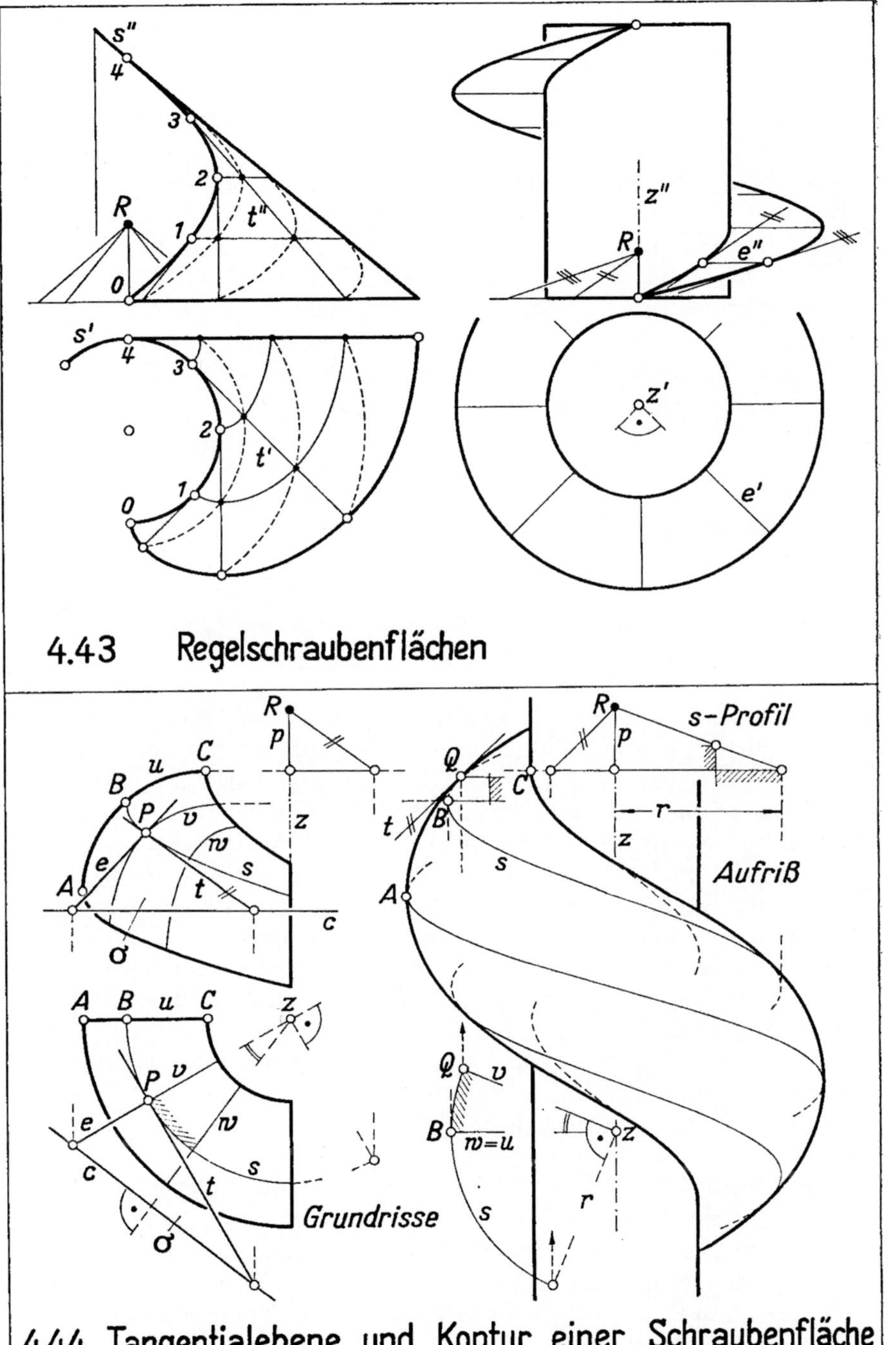

4.43 Regelschraubenflächen

4.44 Tangentialebene und Kontur einer Schraubenfläche

4.45 Achsenparalleler Schnitt einer Regelschraubenfläche. Um die vertikale Achse z soll eine in der z-Ebene $\parallel \pi_2$ gegebene Strecke r mit der Ganghöhe h verschraubt werden. Die reduzierte Ganghöhe sei p. Von den Erzeugenden sind die Lagen $0, 1, \ldots, 13$ gezeichnet, wobei die Lagen 1, 7 und $13 \parallel \pi_2$ sind. Im Aufriß hüllen die Erzeugenden die Kontur ein, die also keine Gerade ist, in unserem Beispiel aber nicht sehr davon abweicht. Diese Kontur kann nach 4.44 genau bestimmt werden.

Wir suchen nun die Schnittkurve k mit einer achsenparallelen Ebene δ, die wir $\parallel \pi_2$ annehmen. Dazu schneidet man die Erzeugenden im Grundriß mit der δ-Spur und überträgt die Schnittpunkte in den Aufriß. Die Erzeugende e, die durch den Punkt 5 geht, trifft z. B. δ in A. Wir suchen in A die k-Tangente u, also den Schnitt von δ mit der Tangentialebene α des Punktes A. α wird von e und der Bahnschraubentangente a des Punktes A ausgespannt, die wir zunächst mit Hilfe eines Richtungskegels ermitteln müssen: Seine Höhe ist p, sein Basiskreis k_A liegt in der Grundrißebene und geht durch den Grundriß von A. Auf dem Kegel sucht man die Mantellinie m auf, die $\parallel a$ ist, und gewinnt daraus a. Jetzt ist α durch e und a festgelegt. Da die gesuchte k-Tangente u in α eine Frontlinie ist, zeichnet man in α zunächst eine beliebige Frontlinie $f \parallel \pi_2$ und macht dann $u \parallel f$ (vgl. hierzu auch 4.12 und 4.24).

4.46 Stirnschnitt einer Regelschraubenfläche. Jetzt suchen wir den Stirnschnitt, d. h. den Schnitt l der Schraubenfläche mit einer Ebene $\varepsilon \perp z$, also in unserem Fall $\parallel \pi_1$. Man schneidet die Erzeugenden im Aufriß mit der ε-Spur und überträgt die Schnittpunkte in den Grundriß. Für die Tangentenkonstruktion wählen wir den l-Punkt B der Erzeugenden g, die durch den Punkt 11 geht. Wir suchen die l-Tangente v durch B, also den Schnitt von ε mit der Tangentialebene β in B. β wird von g und der Bahnschraubentangente b des Punktes B ausgespannt, die wir daher wieder zunächst bestimmen müssen: Der Richtungskegel hat die Höhe p; sein Basiskreis k_B liegt in π_1 und geht durch den Grundriß von B. Auf diesem Kegel sucht man die Mantellinie n auf, die $\parallel b$ ist, und gewinnt daraus b. Jetzt ist β durch g und b festgelegt. Die gesuchte l-Tangente v ist eine Höhenlinie in β. Man zeichnet daher wieder zunächst eine beliebige Höhenlinie i in β und macht dann $v \parallel i$.

Im Abschnitt 5 verwenden wir Flächen zweiter, allgemein m-ter Ordnung. Eine *Raumkurve* (speziell: ebene Kurve) *heißt von m-ter Ordnung*, wenn sie eine beliebige Ebene (bzw. Gerade ihrer Ebene) i. a. in m reellen oder imaginären Punkten trifft. Eine *Fläche heißt von m-ter Ordnung*, wenn sie eine beliebige Ebene i. a. in einer Kurve m-ter Ordnung schneidet. *Die Durchdringungskurve zweier Flächen m-ter bzw. n-ter Ordnung ist von der Ordnung $m \cdot n$, ihr Riß ebenfalls.* 5.21 benutzt diesen Satz.

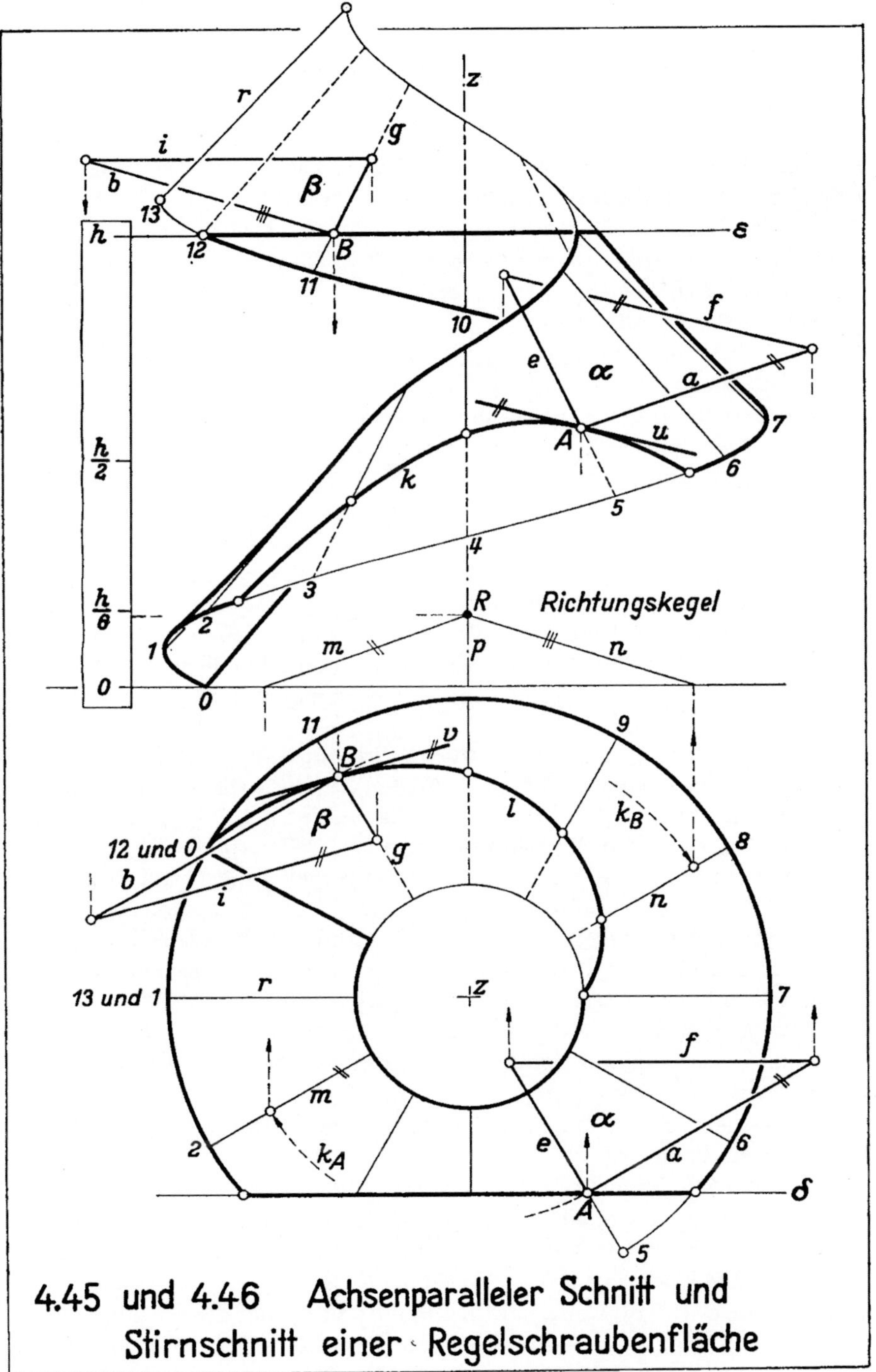

4.45 und 4.46   Achsenparalleler Schnitt und Stirnschnitt einer Regelschraubenfläche

5. Durchdringungen

5.1 Kugelverfahren für Drehflächen

5.11 Punkt- und Tangentenkonstruktion. Dieses Kapitel behandelt die Konstruktion der Durchdringungskurve k zweier Flächen **A** und **B** (lies: Alpha und Beta). Die Lösungsmethode ist – abgesehen vom Sonderfall 5.3 – stets die gleiche: *Man wählt eine Schar von Hilfsflächen Φ derart, daß jede aus **A** und **B** eine möglichst einfache Kurve k_A bzw. k_B ausschneidet, deren Risse bequem zu zeichnen sind* (links). Jeder Schnittpunkt P von k_A und k_B ist ein k-Punkt. Beim *Kugelverfahren* verwendet man Kugeln, beim *Pendelebenenverfahren* die Ebenen eines Büschels. Bei zwei Geländeflächen z. B. schneidet man in einem kotierten Riß gleichkotierte Schichtkurven. Ist speziell **B** eine Ebene, k also eine *ebene* Kurve oder kurz ein „*Schnitt*" der Fläche **A**, so benutzt man als Hilfsflächen meist Ebenen, weil diese aus **B** Geraden ausschneiden; z. B. wählt man bei einer Drehfläche **A** Hilfsebenen $\perp$ zur Achse (4.13 – 4.16). – Es ist ratsam, die k-Punkte nicht allzu dicht zu legen, aber in jedem Punkt die Tangente t anzugeben (rechts). Beim *Tangentialebenenverfahren* ermittelt man sie als Schnitt der Tangentialebenen α und β der Flächen **A** und **B** im Punkte P, beim *Normalenverfahren* als Lot der Normalebene ν, die von den beiden Flächennormalen $a \perp \alpha$ und $b \perp \beta$ im Punkte P aufgespannt wird.

5.12 Drehflächen mit gemeinsamem Achsenpunkt. Zunächst seien **A** und **B** Drehflächen, deren Achsen c und d in der Rißtafel π liegen und sich im Zeichenbereich schneiden. Die Meridiane seien beliebige Kurven. Als Hilfsflächen sind dann Kugeln um den Achsenschnittpunkt H geeignet. In unserer Figur ist **A** ein Zylinder, **B** ein Kegel. Eine Kugel Φ um H schneidet π im Konturkreis f, **A** und **B** in Breitenkreisen k_A und k_B, deren Risse die f-Sehnen $k'_A \perp c$ und $k'_B \perp d$ sind (links). Schneiden sich k_A und k_B, also auch k'_A und k'_B, so erhält man zwei zu π symmetrische k-Punkte *1* und *2* mit den Rissen *1'* $=$ *2'*; der Riß k' ist also doppelt überdeckt. Insbesondere liefert die Kugel, die **B** berührt und **A** noch schneidet, die Punkte *3* und *4*, in denen k die **A**-Kreise berührt; denn zwischen diesen ergeben sich bei weiterer Verkleinerung der Kugel keine reellen k-Punkte mehr. In 5.23 zeigen wir, daß k' aus zwei Bögen *einer* Hyperbel besteht.

Für die Bestimmung der Tangente t ist das Normalenverfahren besonders bequem. Dazu suchen wir die π-Punkte A und B der Normalen a und b im Punkte *5* (rechts). Für **A** wird $a' \perp c$ und $A = a'c$. Dreht man *5* um d in die **B**-Kontur nach *5°*, so bleibt der d-Punkt B von b fest; die Konturnormale in *5°* trifft also d in B. $AB = n$ ist die π-Spur der Ebene $\nu = ab$. Da $t \perp \nu$ ist, wird $t' \perp n$. – Für den Punkt *4* wird B der Kugelmittelpunkt, also $n = c$ und daher der Tangentenriß $\perp c$. (Vgl. auch 5.1 Schluß.)

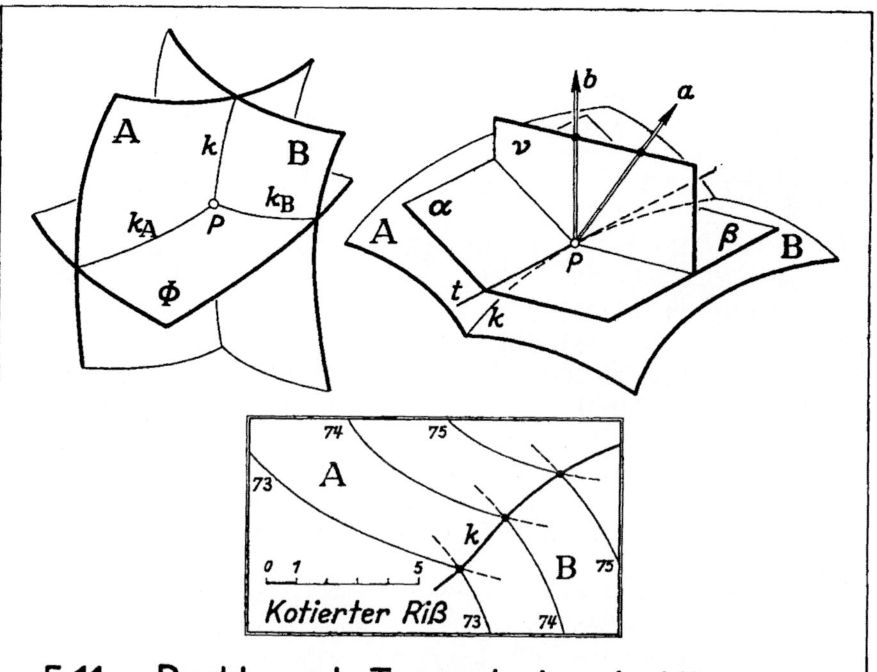

5.11 Punkt- und Tangentenkonstruktion

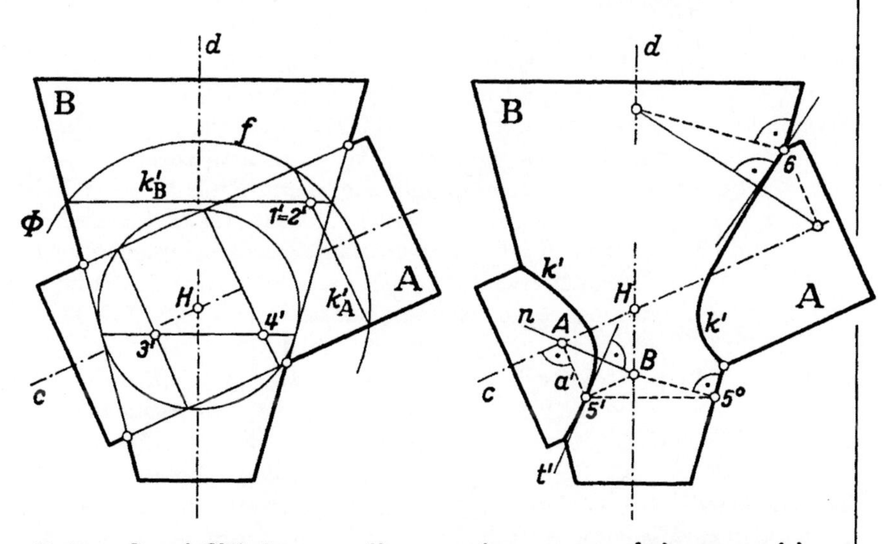

5.12 Drehflächen mit gemeinsamem Achsenpunkt

5.13 Imaginäre Elemente mit reellen Rissen. Zwei Drehkegel mit gemeinsamem Achsenpunkt H schneiden die Hilfskugel in vier Kreisen (links). Die Spuren der Kreisebenen bilden ein Parallelogramm, seine Ecken sind die Risse ihrer Schnittgeraden. Auf diesen reellen Geraden müssen die reellen oder imaginären Schnittpunkte von je zwei Kugelkreisen liegen. Schneiden sich die Kreise nicht reell, z. B. bei sehr groß gewählter Kugel, so ist also der Riß ihrer konjugiert-imaginären Schnittpunkte dennoch reell. Die Gesamtheit dieser imaginären k-Punkte besitzt daher einen reellen Riß, nämlich den außerhalb der Kegelkontur liegenden Zug der Hyperbel k'. Der Diagonalenschnittpunkt jenes Spurenparallelogramms, das ja ein Sehnenparallelogramm von k' ist, liefert den Mittelpunkt M von k' (schwarz markiert).

Verschiebt man insbesondere beide Kegel parallel in dieselbe beliebig gewählt Spitze Z (rechts), so durchdringen sie sich in vier reellen oder imaginären Mantellinien, die man mit einer einzigen Hilfskugel um Z bestimmt: Sie gehen durch die Schnittpunkte der auf den Kegeln ausgeschnittenen Kugelkreise. In unserem Beispiel sind je zwei Mantellinien konjugiert imaginär, ihre Risse aber reell, nämlich die (durch Z gehenden) Diagonalen u' und v' des Sehnenparallelogramms. Man entwerfe die entsprechende Figur für den Fall, daß zwei gemeinsame Mantellinien reell und die beiden anderen konjugiert imaginär sind.

5.14 Die Asymptoten einer Durchdringungskurve sind die Tangenten in ihren Fernpunkten. Wir suchen sie für die linke Figur 5.13. Die Tangente t in einem k-Punkt P ist der Schnitt der beiden Tangentialebenen, die die Kegel in den Erzeugenden m_A und m_B durch P berühren. Ist P ein Fernpunkt von k, so wird $m_A \parallel m_B$ und auch $t \parallel m_A$. P ist aber auch gemeinsamer Fernpunkt der an die Stelle Z verschobenen Kegel, $ZP \parallel m_A$ also eine der vier gemeinsamen Mantellinien, deren Risse u' und v' wir rechts konstruierten. So folgt: Die gesuchten reellen oder imaginären k-Asymptoten sind $\parallel$ zu den gemeinsamen Mantellinien der verschobenen Kegel, die Asymptoten der Hyperbel k' also $\parallel u'$ und $\parallel v'$; der Deutlichkeit wegen sind sie links nicht eingezeichnet; praktisch wählt man $Z = M$.

Für die nebenstehenden Drehzylinder wird $M = H$, weil auch die Konturenschnittpunkte ein Sehnenparallelogramm von k' bilden. Wählt man $Z = H$, so arten die verschobenen Kegel in die Zylinderachsen und die Kreisebenen der Z-Kugel in die Tangentialebenen durch die Achsenpunkte der Kugel aus: Die Asymptoten von k' werden daher die Winkelhalbierenden der Achsen, können also ohne Hilfskugel gezeichnet werden. Da sie als Diagonalen eines Rhombus aufeinander senkrecht stehen, ist der Riß der Durchdringungskurve zweier Drehzylinder mit sich schneidenden Achsen stets eine *gleichseitige* Hyperbel (oder im Sonderfall 5.32 ein Streckenpaar), wenn die Rißtafel $\parallel$ zu den Achsen gewählt wird.

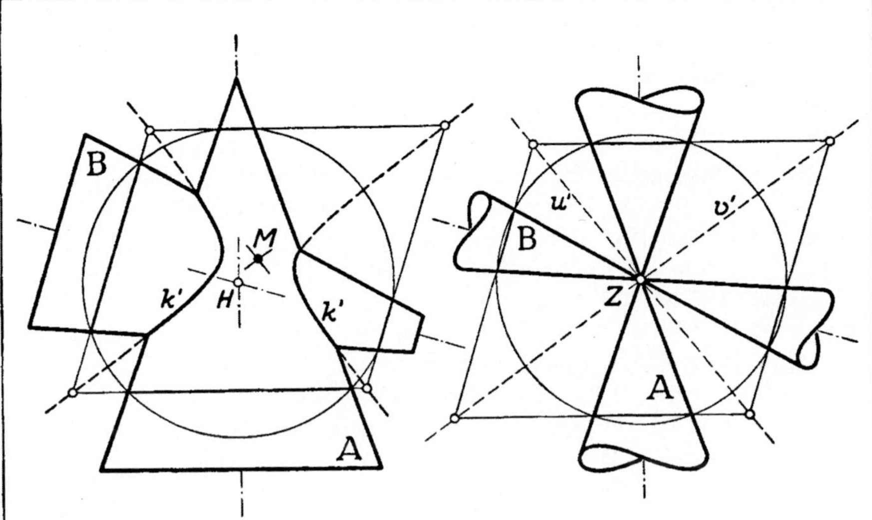

5.13 Imaginäre Elemente mit reellen Rissen

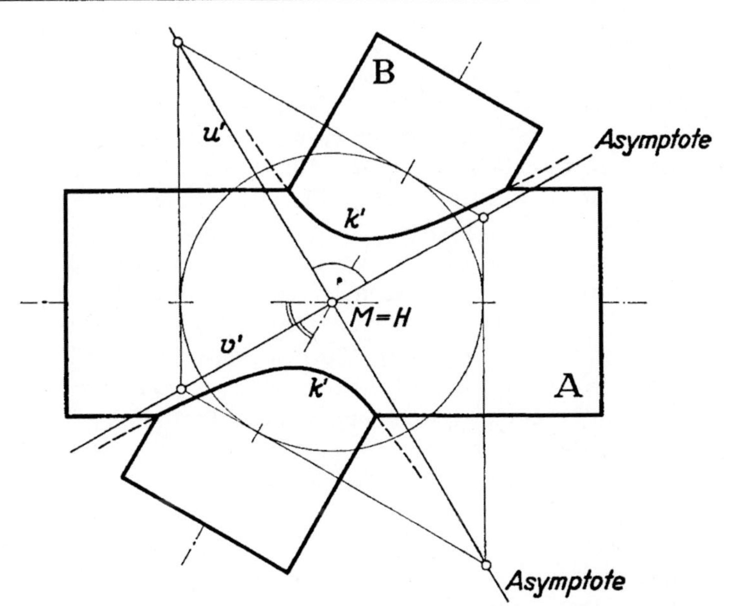

5.14 Asymptoten einer Durchdringungskurve

5.15 Ringfläche und Kegel: Punktkonstruktion. Wir schildern nun das Kugelverfahren für den allgemeineren Fall, daß **B** eine Drehfläche ist und **A** Kreise enthält, deren Achsen die **B**-Achse treffen. In unserem Beispiel sei **A** ein Stück einer Ringfläche mit der Achse $m \perp \pi$. Der π-Spurpunkt von m sei M. Die Mitten aller Meridiankreise liegen in π auf einem Kreis c um M. **B** sei wieder ein Drehkegelstutzen mit der Achse d in π. Eine beliebig gewählte m-Ebene schneidet **A** in einem Meridiankreise k_A, dessen Riß die Strecke $k'_A = UV$ ist. Durch k_A legt man eine Hilfskugel Φ, deren Mittelpunkt auf d liegen soll, damit sie auch **B** in Kreisen schneidet. Das Mittellot l auf k'_A (im c-Punkt von k'_A) trifft d im Mittelpunkt von Φ, dem oberen der schwarz markierten d-Punkte; um ihn zeichnet man den Konturkreis f von Φ durch U und V, der die **B**-Kontur in W treffen möge. Φ schneidet **B** im Breitenkreis k_B mit dem Riß $k'_B \perp d$ durch W. k_A und k_B schneiden sich in den k-Punkten *1* und *2*, die Risse k'_A und k'_B also in *1′ = 2′*.

Legt man speziell k'_A durch den Schnittpunkt von c und d, den unteren der schwarz markierten d-Punkte, so wird dieser der Mittelpunkt der kleinsten Hilfskugel, die die Ringfläche längs eines Meridians gerade noch berührt. Sie liefert die k-Punkte *3* und *4*. Wieder wird hier der **B**-Kreis von k berührt (vgl. 5.12). Weitere Punkte von k' sind die Schnittpunkte der Konturen.

5.16 Ringfläche und Kegel: Tangentenkonstruktion. Sucht man in einem k-Punkt *1* die Tangente t, so verwendet man auch hier am zweckmäßigsten das Normalenverfahren, das sich immer dann empfiehlt, wenn die Punkte nach dem Kugelverfahren konstruiert worden sind.

Der Riß a' der **A**-Normalen a deckt sich mit k'_A; der π-Punkt von a liegt auf c, ist also der c-Punkt A von k'_A. Den π-Punkt B der **B**-Normalen b erhalten wir wieder, wenn wir *1* auf k_B in den Konturmeridian nach *1°* = W drehen. Dabei bleibt der d-Punkt B von b fest; die Konturnormale $b°$ in W trifft also d in B. Nun zeichnet man durch *1′* den Riß t' $\perp$ zur π-Spur $n = AB$ der Ebene $v = ab$, ohne vorher n wirklich zu zeichnen. Man beachte, daß man auch nur die Spurpunkte von a und b, nicht aber die Risse a' und b' zu zeichnen braucht.

Für den Punkt *3* liegen beide Normalen-Spurpunkte auf d; daher wird $n = d$, also der Tangentenriß durch *3′* $\perp$ d, wie schon in 5.15 gezeigt.

In allen Fällen dieses Abschnitts konnte die Punkt- und Tangentenkonstruktion ohne Benutzung eines zweiten Risses durchgeführt werden, weil diese einfachen Flächen schon durch einen einzigen geeignet gewählten Riß festgelegt sind. Die Tangentenkonstruktion von k' in 5.12 ist übrigens auch noch in den Konturschnittpunkten (z. B. dem Punkt *6*) erlaubt, wie einfache Grenzwertbetrachtungen zeigen.

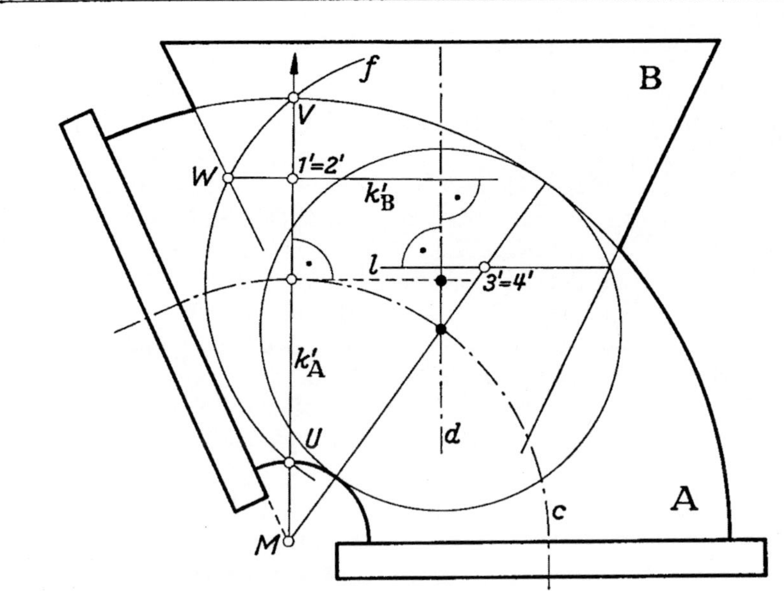

5.15 Ringfläche und Kegel : Punktkonstruktion

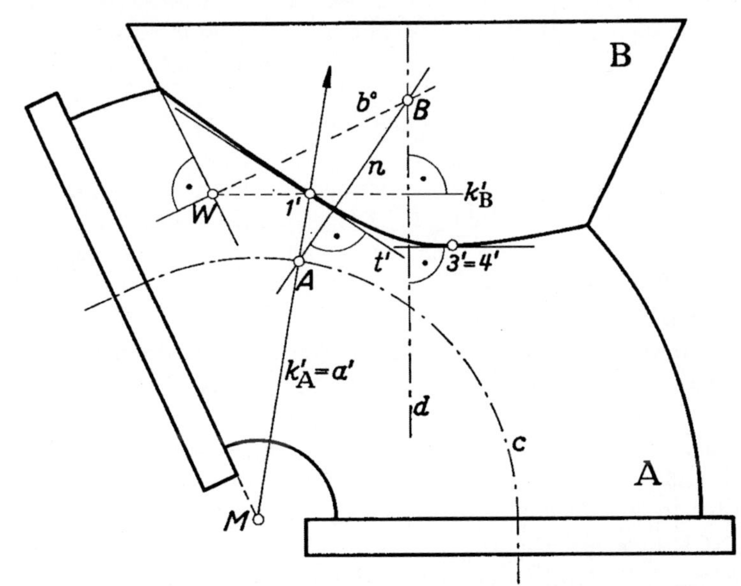

5.16 Ringfläche und Kegel : Tangentenkonstruktion

5.2 Pendelebenenverfahren für Kegelflächen

5.21 Pendelebenen zweier Kegel. A und B seien zwei Kegel mit den Spitzen A und B und mit Leitkurven in den Ebenen σ und τ. Um die Durchdringungskurve k zu bestimmen, sucht man wieder geeignete Hilfsflächen. Man benutzt hier zweckmäßigerweise Ebenen, die die Kegel in ihren Mantellinien schneiden, d. h. man dreht eine Hilfsebene ε um die *Pendelachse* $p = AB$. Die Kegel-Erzeugenden in ε schneiden sich dann in Punkten von k (in der Figur schwarz markiert). Beim Konstruieren benutzt man die ε-Spuren u und v in σ und τ, die durch die festen p-Punkte U und V gehen und sich auf der Schnittgeraden von σ und τ treffen müssen. Die Tangente t in einem k-Punkt bestimmt man – wie fast immer beim Pendelebenenverfahren – als Schnitt der Tangentialebenen; ihre Spuren in den Ebenen σ und τ sind Tangenten der Leitkurven.

Sind die Leitkurven, also auch die Kegel, von zweiter Ordnung, so liefert jede *Pendelebene* ε zwei Erzeugendenpaare, also vier reelle oder imaginäre k-Punkte. Schneidet man zwei Flächen zweiter Ordnung, speziell also die Kegel A und B, mit einer beliebigen Ebene δ, die rechts herausgezeichnet ist, so erhält man in δ zwei Kegelschnitte, also i. a. wieder vier k-Punkte. k heißt deshalb eine *Raumkurve vierter Ordnung*. Ein Riß k' von k trifft jede Gerade g der Rißtafel in vier (reellen oder imaginären) Punkten, nämlich den Rissen der vier k-Punkte, die in der projizierenden g-Ebene liegen: k' ist eine *ebene Kurve vierter Ordnung*. Ihre Gleichung ist – wie die analytische Geometrie zeigt – vom vierten Grade. Wird $A = B$, so zerfällt k in vier Erzeugende (5.13), die δ wieder i. a. in vier Punkten treffen. (Vgl. 4.4, Schluß.)

5.22 Berührende Pendelebenen. Für einen Kegel A und einen Zylinder B wird die Pendelachse $p \parallel$ zu den B-Mantellinien. Sind beide Basiskurven in derselben Ebene σ gegeben, so muß man die σ-Spur u der Pendelenebene ε um den σ-Punkt U von p drehen.

Berührt ε die eine Fläche und schneidet aus der anderen zwei Mantellinien aus, so werden diese Mantellinien Tangenten in den beiden k-Punkten *1* und *2*, weil in ihnen je zwei k-Punkte zusammenfallen. Dasselbe ergibt auch die Tangentenkonstruktion, z. B. für den Punkt *1*: ε ist zugleich die A-Tangentialebene, sie schneidet die B-Tangentialebene in der B-Mantellinie des Punktes *1*, die deshalb Tangente wird. Davon machen wir in den Beispielen der nächsten Nummern Gebrauch.

Löst sich ε gleichzeitig von A und B, berührt also beide Flächen, so fallen die vier k-Punkte in einen *Doppelpunkt*, d. h. einen Punkt mit zwei i. a. voneinander verschiedenen k-Tangenten, zusammen. In ihm versagt die oben geschilderte Tangentenkonstruktion. Beispiele für diesen Fall lernen wir in 5.25 und 5.43 kennen.

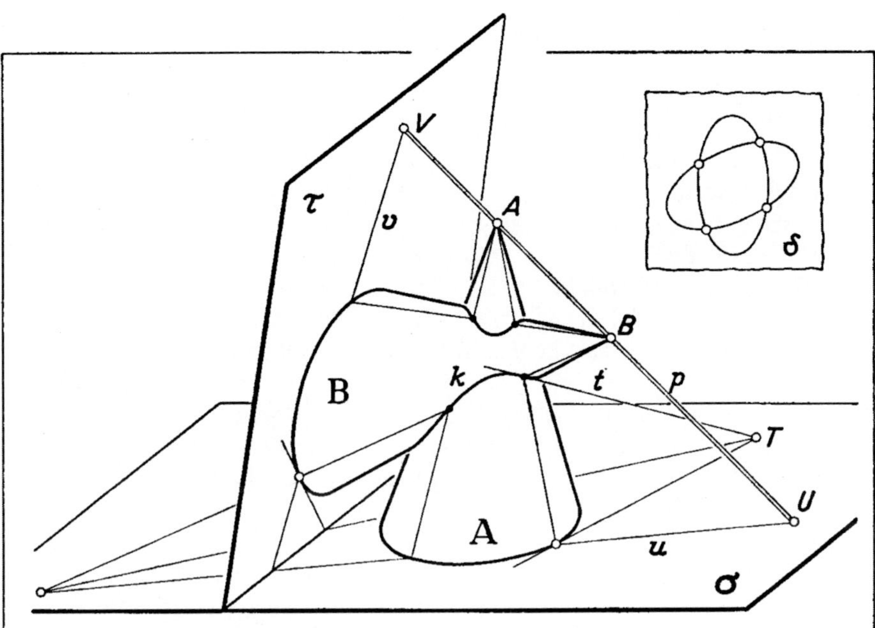

5.21   Pendelebenen zweier Kegel

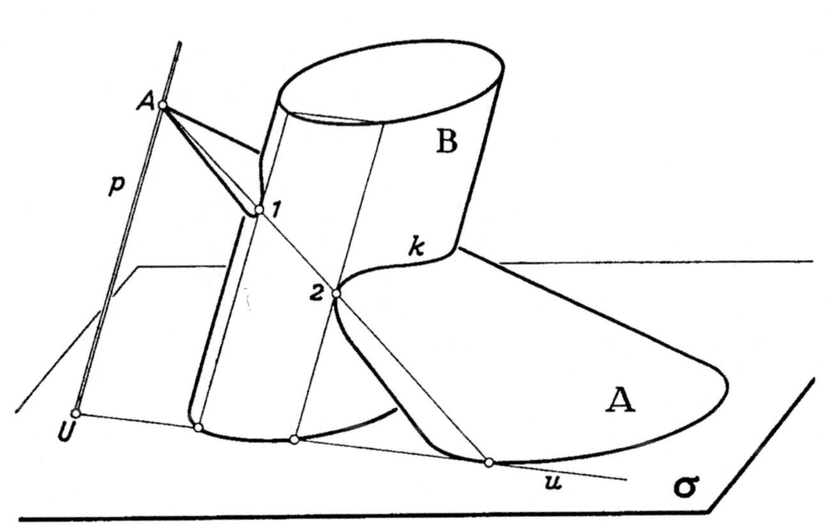

5.22   Berührende Pendelebenen

5.23 Durchdringung zweier Rohre. Wir betrachten jetzt zwei Zylinder A und B, deren Mantellinien $\parallel \pi$ sind, in unserer Figur z. B. zwei Drehzylinder mit den Achsen c und d in der Zeichenebene π (vgl. 5.14). Dann sind die Pendelebenen $\varepsilon \parallel \pi$; p ist ihre Ferngerade. Man verwendet zwei Seitenrißebenen $\sigma \perp c$ und $\tau \perp d$, in denen man die Zylinderprofile, in unserem Fall zwei Halbkreise, zeichnet, wählt in σ und τ die ε-Spuren u und v im gleichen Abstand z von π und gewinnt so die k-Punkte *1* bis *4*. In *1* zeichnen wir die Tangente t als Schnitt der Tangentialebenen α und β: Ihre π-Spuren $a \parallel c$ und $b \parallel d$ liefern den π-Punkt T von t. In den Konturschnittpunkten versagt diese Konstruktion. Hier benutzt man ausnahmsweise die Normalen (5.12). Wird z gleich dem Radius r des dünneren Rohres B, ε also dessen Tangentialebene, so ergeben sich die Punkte *5* und *6*. Hier sind nach 5.22 die Tangenten $\parallel c$. Zwischen ihnen liegen keine k'-Punkte; k besteht daher aus zwei getrennten geschlossenen Zügen.

Sind A und B zwei allgemeine Flächen zweiter Ordnung, von denen jede symmetrisch zu π liegt, so ist auch k symmetrisch zu π und jeder k'-Punkt der Riß zweier k-Punkte. k' schneidet daher jede π-Gerade in nur zwei (doppelt zu zählenden) Punkten, ist also eine Kurve zweiter Ordnung, d. h. ein „Kegelschnitt". In unserem Beispiel und in 5.12 besitzt k' zwei Äste, ist also eine Hyperbel. Ihre Asymptoten bestimmen wir wie in 5.14.

5.24 Schlagschatten eines Kreises auf einen Zylinder. Auf einem zylindrischen Turm sitzt ein überstehendes Kegeldach. Wir suchen den Schlagschatten seines Traufkreises. Die durch ihn gehenden Lichtstrahlen l, die $\parallel \pi_2$ gewählt sind, bilden einen schiefen Kreiszylinder, der mit dem Turm zu schneiden ist. Die Pendelebenen sind $\parallel \pi_2$: Der Schattenpunkt $\overline{1}$ des Punktes *1* liegt auf der Konturmantellinie des Aufrisses, der Schattenpunkt $\overline{2}$ von *2* in der Pendelebene, die den Turmzylinder berührt. Daher wird im Aufriß der Lichtstrahl $2\overline{2}$ Tangente der Schlagschattenkurve (5.22). Da beide Zylinder dieselbe Symmetrieebene $\parallel \pi_2$ besitzen, besteht der Aufriß der Durchdringungskurve wieder aus zwei Hyperbelbögen, von denen nur einer als Riß des Schlagschattens in Frage kommt. — Der Leser überlege sich (unter Berücksichtigung von 5.31), daß man hier u. a. auch Hilfskugeln verwenden kann, die durch den Traufkreis des Kegeldaches gehen.

Die Zylindermantellinie durch $\overline{2}$ ist Eigenschattengrenze. Auf dem Kegel besteht die Eigenschattengrenze aus den Mantellinien, in deren Punkten die Lichtstrahlen den Kegel berühren: Man verschafft sich die Spuren der zur Lichtrichtung parallelen Tangentialebenen in der Traufebene und verbindet die Punkte, in denen sie den Traufkreis berühren, mit der Kegelspitze (3.42).

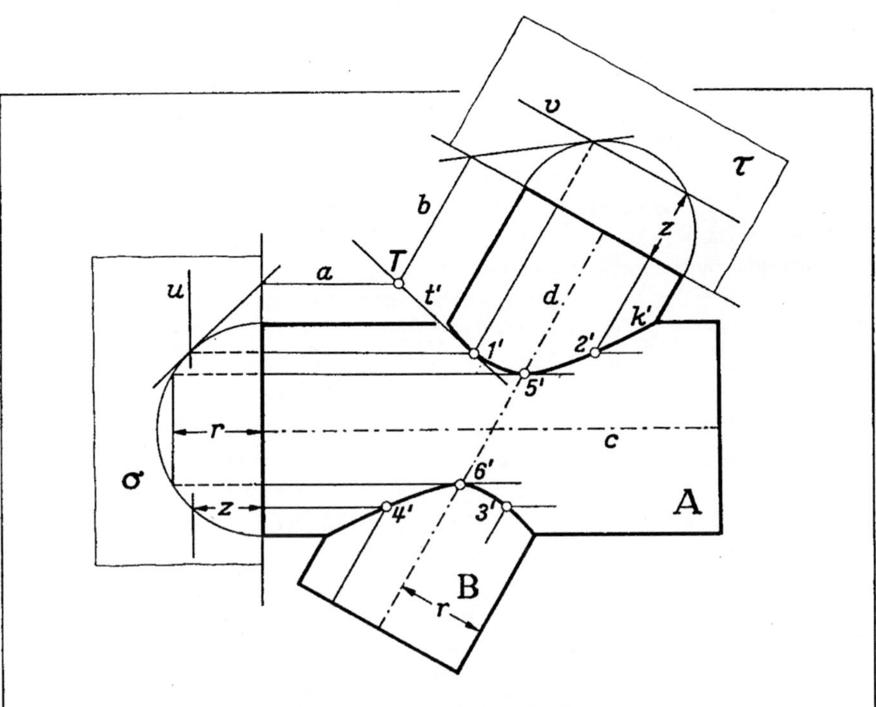

5.23 Durchdringung zweier Rohre

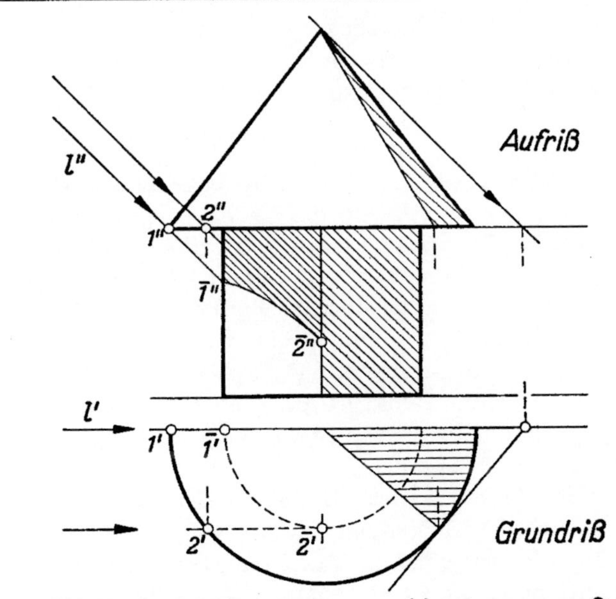

5.24 Schlagschatten eines Kreises auf einen Zylinder

5.25 Kegel und Zylinder: Punktkonstruktion. A sei ein Drehzylinder, B ein schiefer Kreiskegel. Die Achse c von A liege in π_3 und $\perp \pi_2$, der B-Kreis l in π_3 symmetrisch zu π_2, die B-Spitze B in π_2. Dabei liegen B, der höchste l-Punkt und die höchste A-Erzeugende gleich hoch. Die Durchdringungskurve k ist symmetrisch zu π_2, jeder konstruierte k'-Punkt also an π_2 zu spiegeln; k'' fällt mit dem Aufriß von A zusammen.

p und die p-Ebenen ε sind $\parallel c$, also $\perp \pi_2$. Die p-Ebene $\varepsilon \parallel \pi_1$ ist Tangentialebene beider Flächen, liefert also auf jeder zwei zusammenfallende Erzeugende und daher einen Doppelpunkt 1 von k und k' (vgl. 5.22). Nun wählt man ε im Aufriß beliebig, überträgt die B-Geraden in den Kreuzriß und von dort in den Grundriß und erhält so z. B. die Punkte 2 und 3.

Wichtig ist wieder die Bestimmung der *ausgezeichneten* Punkte (4.15). Um die Konturpunkte im Grundriß zu ermitteln, legt man ε zunächst durch die Mantellinien des Kegels, die die Grundrißkontur liefern, im Aufriß die ε-Spur also durch den Mittelpunkt von l, und gewinnt dadurch auf der B-Kontur die Punkte 4 und 5. Dann ist ε durch die rechte der beiden A-Geraden zu legen, die in π_1 die A-Kontur liefern. In unserem Beispiel sind die Abmessungen der Flächen speziell so gewählt, daß sich wieder die durch den Mittelpunkt von l gehende p-Ebene und damit noch einmal der Punkt 5 ergibt, der mithin ein Schnittpunkt der A-Kontur und der B-Kontur ist. Endlich liefert die untere Tangentialebene von B zwei zusammenfallende B-Geraden in π_2 und auf ihnen die Scheitel 6 und 7 von k. Im Grundriß sichtbar ist der Kurvenzug $4\ 2\ 1\ 3\ 5$ und sein Spiegelbild an π_2.

5.26 Kegel und Zylinder: Tangentenkonstruktion. Um in einem k-Punkt die Tangente t als Schnitt der beiden Tangentialebenen α und β festzulegen, verschafft man sich einen weiteren t-Punkt. Man bestimmt z. B. in einer Rißtafel die Spuren von α und β und dann den Spurpunkt von t als Schnitt dieser Spuren. Für den Punkt 2 ist die π_2-Spur a_2 von α Tangente des A-Kreises in π_2, ihre π_3-Spur a_3 ist horizontal. Auf l ist der π_3-Spurpunkt der B-Erzeugenden, die durch 2 geht, schwarz markiert. Die l-Tangente in diesem Punkt ist die π_3-Spur b_3 von β. Nun überträgt man den π_3-Spurpunkt $T_3 = a_3 b_3$ von t in den Grundriß und erhält so den Grundriß t' von t.

In $4'$ berührt k' die B-Kontur. In 5 sind beide Tangentialebenen, also auch $t \perp \pi_1$. Daher hat k' hier eine Spitze (vgl. 4.42). In 6 und 7 werden nach 5.22 die A-Erzeugenden zu Tangenten. Im Doppelpunkt 1 versagt die übliche Konstruktion. Hier lassen sich die Tangenten durch differentialgeometrische Überlegungen ermitteln, die man z. B. in dem Buch von *Müller-Kruppa*, Darstellende Geometrie (Springer Verlag, Wien 1948) findet, die aber für die Praxis selten erforderlich sind.

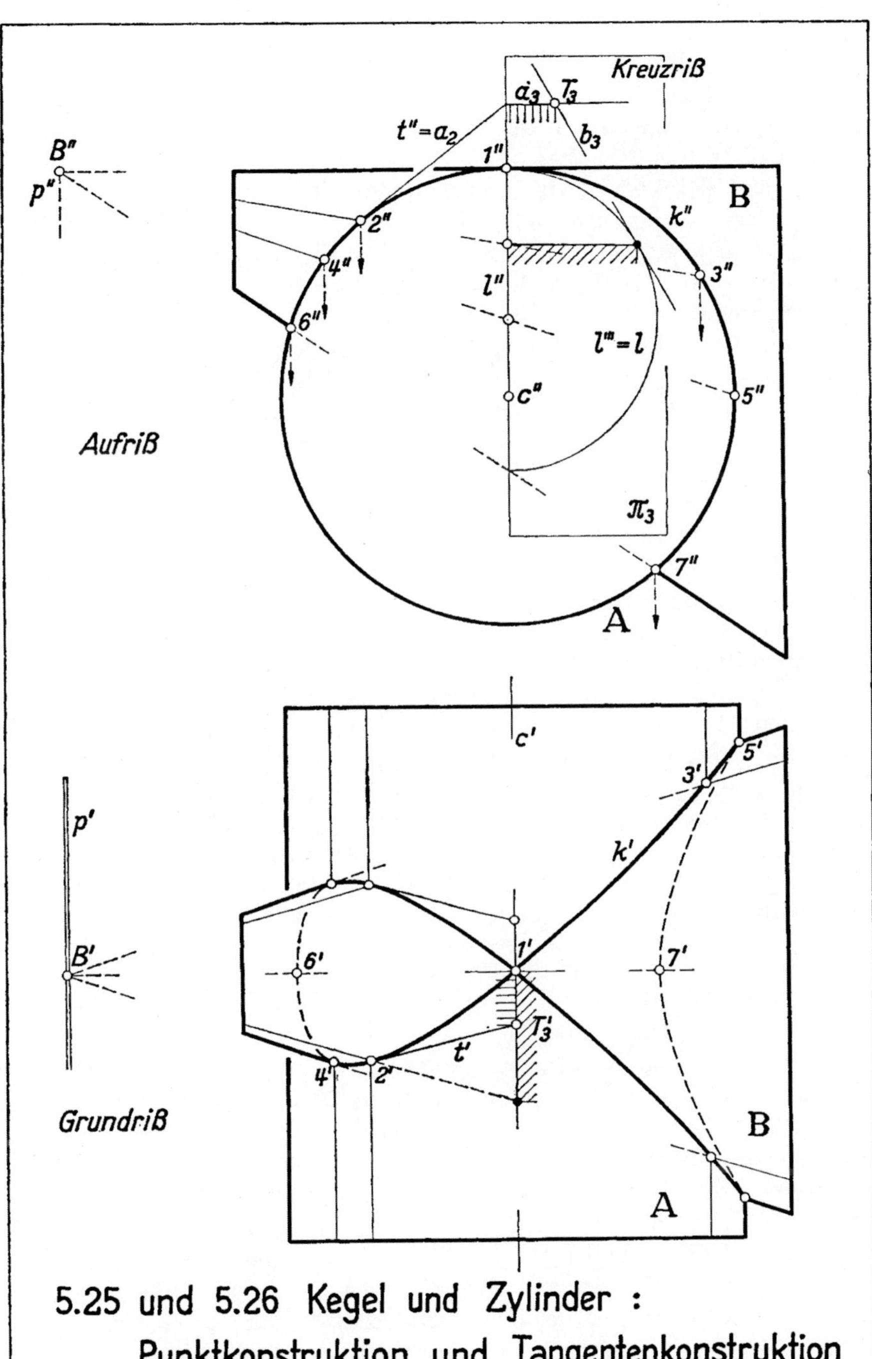

5.25 und 5.26 Kegel und Zylinder :
Punktkonstruktion und Tangentenkonstruktion

5.3 Zerfallende Durchdringungskurven

5.31 Zwei Kegel mit zwei Berührungspunkten. Zwei Kegel 2. Ordnung
$\mathbf{A}$ und $\mathbf{B}$ mit den Spitzen A und $B \neq A$ sollen sich in P und Q berühren,
also in diesen gemeinsamen Punkten die gleichen Tangentialebenen ε_P
und ε_Q besitzen (links). Wir untersuchen die Durchdringungskurve k. P
und Q sind *Doppelpunkte* von k, R sei ein weiterer k-Punkt. Die Ebene
$\delta = PQR$ schneidet $\mathbf{A}$ und $\mathbf{B}$ in zwei Kegelschnitten, die durch P, Q und R
gehen. Da sie in P und Q außerdem die gleichen Tangenten, nämlich die
Schnittgeraden $\delta \varepsilon_P$ und $\delta \varepsilon_Q$ besitzen, fallen sie nach 4.26 in einen (ebenen!)
Kegelschnitt zusammen, der mithin einen Bestandteil k_1 von k bildet.
Für einen k-Punkt S, der nicht auf k_1 liegt, folgt ebenso, daß auch die
Ebene PQS aus $\mathbf{A}$ und $\mathbf{B}$ einen Kegelschnitt k_2 ausschneidet. Da das
Kurvenpaar k_1, k_2 jede andere Ebene in vier Punkten trifft, heißt es eine
zerfallende Raumkurve 4. Ordnung; weitere k-Punkte gibt es nicht.

Nun sei vorausgesetzt, daß $\mathbf{A}$ und $\mathbf{B}$ einen gemeinsamen Kegelschnitt
k_1 in der Ebene δ besitzen (rechts). $AB = p$ schneide δ in U außerhalb
von k_1. Dann gibt es zwei p-Ebenen, die k_1 in P und Q berühren, d. h.
δ in den k_1-Tangenten UP und UQ schneiden, also gemeinsame Tangentialebenen von $\mathbf{A}$ und $\mathbf{B}$ sind. Daher haben $\mathbf{A}$ und $\mathbf{B}$ noch einen zweiten
Kegelschnitt k_2 gemeinsam, der ebenfalls durch P und Q geht. Kennt man
bereits k_1, so kann man k_2 auf zwei Arten als perspektives Bild von k_1
gewinnen: Perspektivitätsachse ist die Gerade PQ, Perspektivitäts-
zentrum A oder B. Ist $\mathbf{A}$ oder $\mathbf{B}$ ein Zylinder, so sind k_1 und k_2 affin (5.36).

Allgemeiner gilt: Haben zwei Flächen 2. Ordnung einen Kegelschnitt
gemeinsam, so besitzen sie noch einen zweiten gemeinsamen Kegelschnitt.
Zwei Kugeln gehen z. B. stets durch den *imaginären Kugelkreis* der Fernebene und schneiden sich daher in einem zweiten *ebenen* Kugelschnitt,
also einem reellen oder imaginären Kreis (Skizze in 5.32).

5.32 Zwei Drehkegel mit gemeinsamer einbeschriebener Kugel. Jetzt
seien $\mathbf{A}$ und $\mathbf{B}$ zwei Drehkegel, deren Achsen in der Zeichenebene π liegen
und sich in H treffen (links). Gibt es unter den Kugeln, die man beim
Kugelverfahren um H legt, eine Kugel, die $\mathbf{A}$ im Kreise a und $\mathbf{B}$ im
Kreise b berührt, dann berühren sich $\mathbf{A}$ und $\mathbf{B}$ in den Schnittpunkten
dieser Kreise. k zerfällt daher nach 5.31 in zwei Kegelschnitte k_1 und k_2,
die symmetrisch zu π liegen, deren Risse also die doppelt überdeckten
Diagonalen des Konturlinienvierecks sind; sie gehen durch den Schnittpunkt der Risse von a und b (*MacLaurin*sche Konfiguration).

Für zwei Drehzylinder gleicher Dicke mit beliebigem Achsenwinkel
(rechts) sind k_1 und k_2 Ellipsen, deren Ebenen zueinander senkrecht sind
und deren kleine Achse gleich dem Zylinderdurchmesser ist. Als Beispiele
sind unten das *Klostergewölbe*, das *Kreuzgewölbe*, das *Rohrknie* und das
Kugelpaar aus 5.31 skizziert.

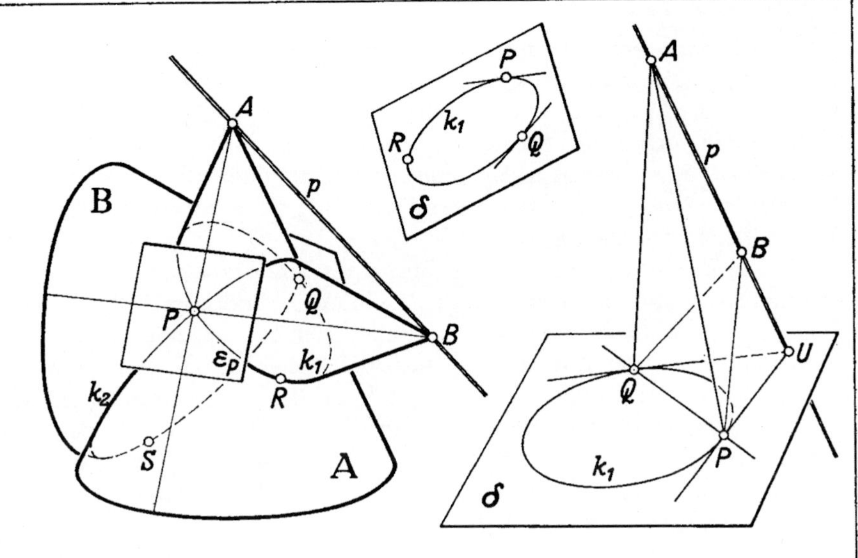

5.31 Zwei Kegel mit zwei Berührungspunkten

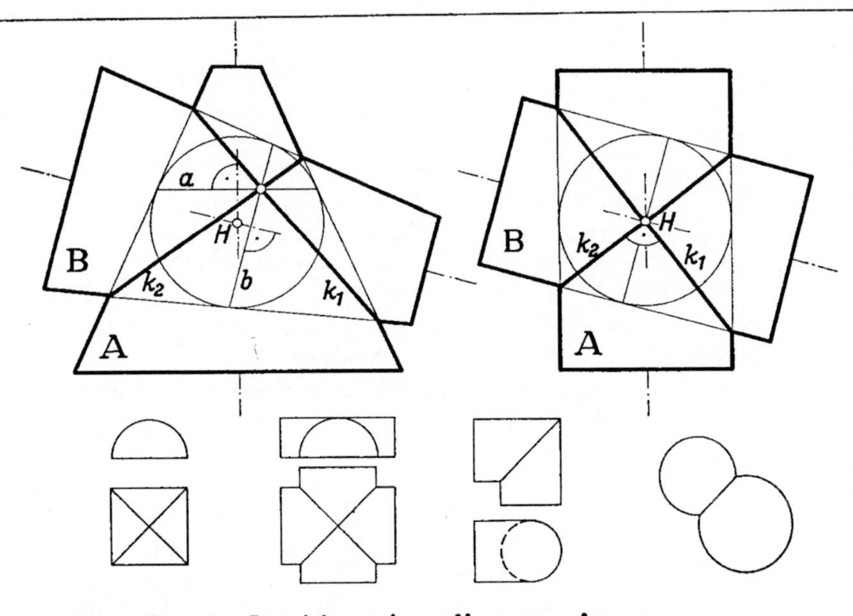

5.32 Zwei Drehkegel mit gemeinsamer einbeschriebener Kugel

5.33 Kreuzgewölbe. Ist eine der drei in den vorigen beiden Nummern besprochenen Voraussetzungen erfüllt, besitzen also die beiden Kegel zwei gemeinsame Tangentialebenen oder einen gemeinsamen Kegelschnitt oder aber eine gemeinsame einbeschriebene Kugel, so braucht man zur Bestimmung der zerfallenden Durchdringungskurve keine Hilfsflächen zu verwenden, sondern kann k_1 und k_2 als ebene Kegelschnitte konstruieren (vgl. auch 4.16).

Soll z. B. ein axonometrisches Bild eines Kreuzgewölbes entworfen werden, so zeichnet man zunächst das Bild des Grundrisses und der vier Schildbögen, dann die Konturmantellinien der Halbzylinder **A** und **B** (bei einer normalen Axonometrie also die Tangenten in den Hauptscheiteln der Schildbögen) und schließlich die Bilder der Gratellipsen k_1 und k_2 über den Diagonalen des Grundrißquadrates. Dabei hat der gemeinsame Vertikalhalbmesser von k_1 und k_2, der über dem Diagonalenschnittpunkt steht und dessen Endpunkt der Doppelpunkt ist, die gleiche Länge wie die Vertikalhalbmesser der Schildbögen. Legt man durch die Konturmantellinie von **A** die Pendelebene || zur Bodenebene, so ergibt sie die Konturpunkte *1* auf k_1 und *2* auf k_2, außerdem die Punkte *3* und *4*. In *3* ist die Tangente als Schnitt der Tangentialebenen bestimmt. Die hier nicht eingezeichnete Pendelebene durch die Konturmantellinie von **B** ergibt die Konturpunkte *5* auf k_2 und *6* auf k_1.

5.34 Rohrknie. Zwei gleichdicke Drehzylinder **A** und **B** können zu einem Rohrknie zusammengesetzt werden. Der gemeinsame Kegelschnitt ist eine Ellipse *k*. Ihre kleine Achse hat die Länge des Zylinderdurchmessers und steht $\perp$ auf beiden Zylinderachsen. In unserem Beispiel sei **A** horizontal, **B** vertikal gewählt, die *k*-Ebene δ also unter $45°$ gegen π_1 geneigt. Die Hauptachse *12* von *k* ist Fallinie, die Nebenachse *34* Höhenlinie von δ (links). Im Grundriß decken sich *k* mit dem Zylinder **B**, der dort als Kreis erscheint, und *12* mit der Achse von **A**. *34* wird also im Grundriß $\perp$ *12*. Im Aufriß liegen *1* und *2* auf den Konturmantellinien von **A**. Man könnte also den Aufriß von *k* aus den konjugierten Durchmessern *12* und *34* zeichnen, kann aber auch seine Achsen leicht angeben. Für jede Ellipse liefern nämlich die Diagonalen eines Tangentenparallelogramms zwei konjugierte Durchmesser, weil im affinen Kreisbild dem Parallelogramm ein Tangentenrhombus entspricht (1.31). Im Aufriß ergeben daher die Diagonalen *a* und *b* des Konturlinienquadrates zwei zueinander senkrechte konjugierte Richtungen, also die Achsen des Aufrisses von *k*: man sucht zunächst die Grundrisse dieser Diagonalen, gewinnt daraus auf ihnen die Endpunkte *5* und *6* in beiden Rissen und schließlich den Konturpunkt *7*, wobei im Aufriß *17* $\perp$ *a* ist.

Die Schnittellipse ist zu den Basiskreisen beider Zylinder affin. Im axonometrischen Bild (rechts) erhält man *k* also nach 1.46.

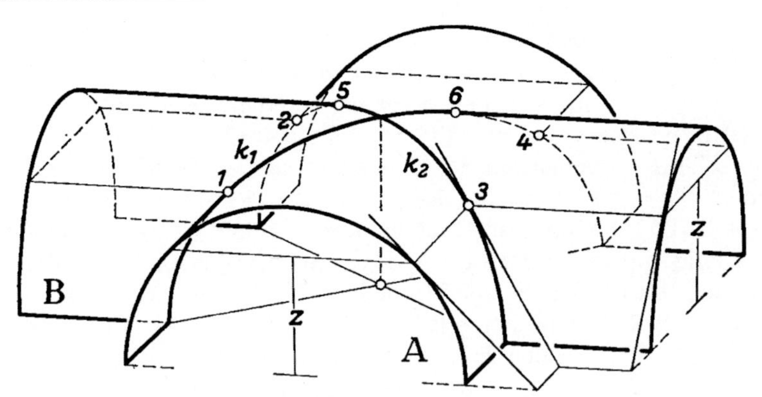

5.33 Kreuzgewölbe

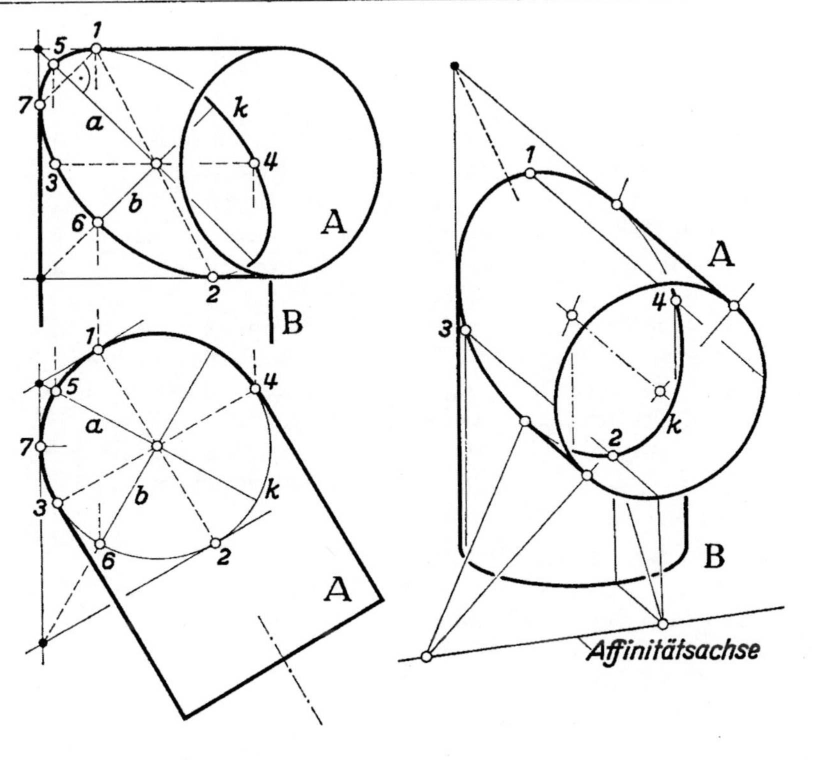

5.34 Rohrknie

5.35 Kongruente Drehkegel. Als weiteres Beispiel zweier Kegel mit gemeinsamem Kegelschnitt betrachten wir zwei Drehkegel mit vertikalen Achsen in π_2 und mit gleichen Böschungswinkeln; im Aufriß sind also je zwei Konturlinien parallel. Beide Kegel haben in der Fernebene einen Kegelschnitt k_1 gemeinsam. Die Ebene des zweiten gemeinsamen Kegelschnittes $k_2 = k$ ist $\perp \pi_2$, ihre π_2-Spur geht (wie in 5.32) durch die im Endlichen liegenden Konturenschnittpunkte. Im linken Beispiel liegt jede Kegelspitze außerhalb des anderen Doppelkegels; k ist in diesem Fall eine Hyperbel. Im rechten Beispiel liegt jede Kegelspitze im Innern des anderen Kegels; hier wird k eine Ellipse. Grundrißpunkte von k erhält man durch Schnitt der Höhenkreise beider Kegel in einer beliebigen Ebene $\delta \parallel \pi_1$. Ihre Radien seien r_1 und r_2. Der Aufriß zeigt, daß links $r_1 - r_2 = r$ $=$ const, rechts $r_1 + r_2 = r =$ const, nämlich gleich dem Radius des Kegelkreises in der durch die Spitze des anderen Kegels gelegten Horizontalebene, ist; d. h.: *Der Grundriß von k ist ein Kegelschnitt, der die Grundrisse der Kegelspitzen zu Brennpunkten hat.* Oder allgemein: *Der Riß eines ebenen Drehkegelschnittes in einer Rißtafel $\perp$ zur Drehachse hat den Riß der Kegelspitze zum Brennpunkt.*

5.36 Hohlkegel mit Randschatten. Wie in 2.46 bilden die Lichtstrahlen durch den Randkreis k_1 eines Drehkegels **A** einen schiefen Kreiszylinder **B**, der **A** außer in k_1 noch im Schlagschatten k_2 von k_1, einem Ellipsenbogen, schneidet. Der Lichtstrahl l durch die Spitze von **A** ist die Pendelachse. l trifft die k_1-Ebene σ in U. Nach 5.31 (rechts) legen wir zunächst durch l die Tangentialebenen an **A**, durch U also die k_1-Tangenten. Sie berühren k_1 in $1 = \bar{1}$ und $2 = \bar{2}$, den Schnittpunkten von k_1 und k_2 (in 5.31 mit P und Q bezeichnet). Die l-Ebene durch die **A**-Achse ist Symmetrieebene für k_2 und liefert den Schatten $\bar{3}$ des k_1-Punktes 3 als Scheitel von k_2 und des Grundrisses von k_2. Zur Bestimmung des Aufrißkonturpunktes $\bar{4}$ legt man die l-Ebene durch die rechte **A**-Erzeugende $\parallel \pi_2$, ihre σ-Spur also durch U und den k_1-Punkt jener Erzeugenden. So findet man $\bar{4}$ als Schatten des k_1-Punktes 4.

Als Schnitte des Lichtzylinders sind k_1 und k_2 affin, also auch ihre Grundrisse. Ihre Mittelpunkte 0 und $\bar{0}$ entsprechen einander. Bekannt sind die Affinitätsachse $\overline{12}$ und ein Punktepaar $3, \bar{3}$. Daraus erhält man $\bar{0}$ zunächst im Grundriß – die Konstruktion ist nicht eingezeichnet –, dann im Aufriß auf der durch die Mitte von 1 und 2 gehenden Fallinie $\bar{0}\bar{3}$. Die kleine Achse von k_2 (mit schwarz markierten Endpunkten) hat die Länge des Durchmessers von k_1.

Die Erzeugenden durch 1 und 2 bilden die Eigenschattengrenze auf **A** (rechts). Der Eigenschatten ist einfach, der Schlagschatten doppelt schraffiert.

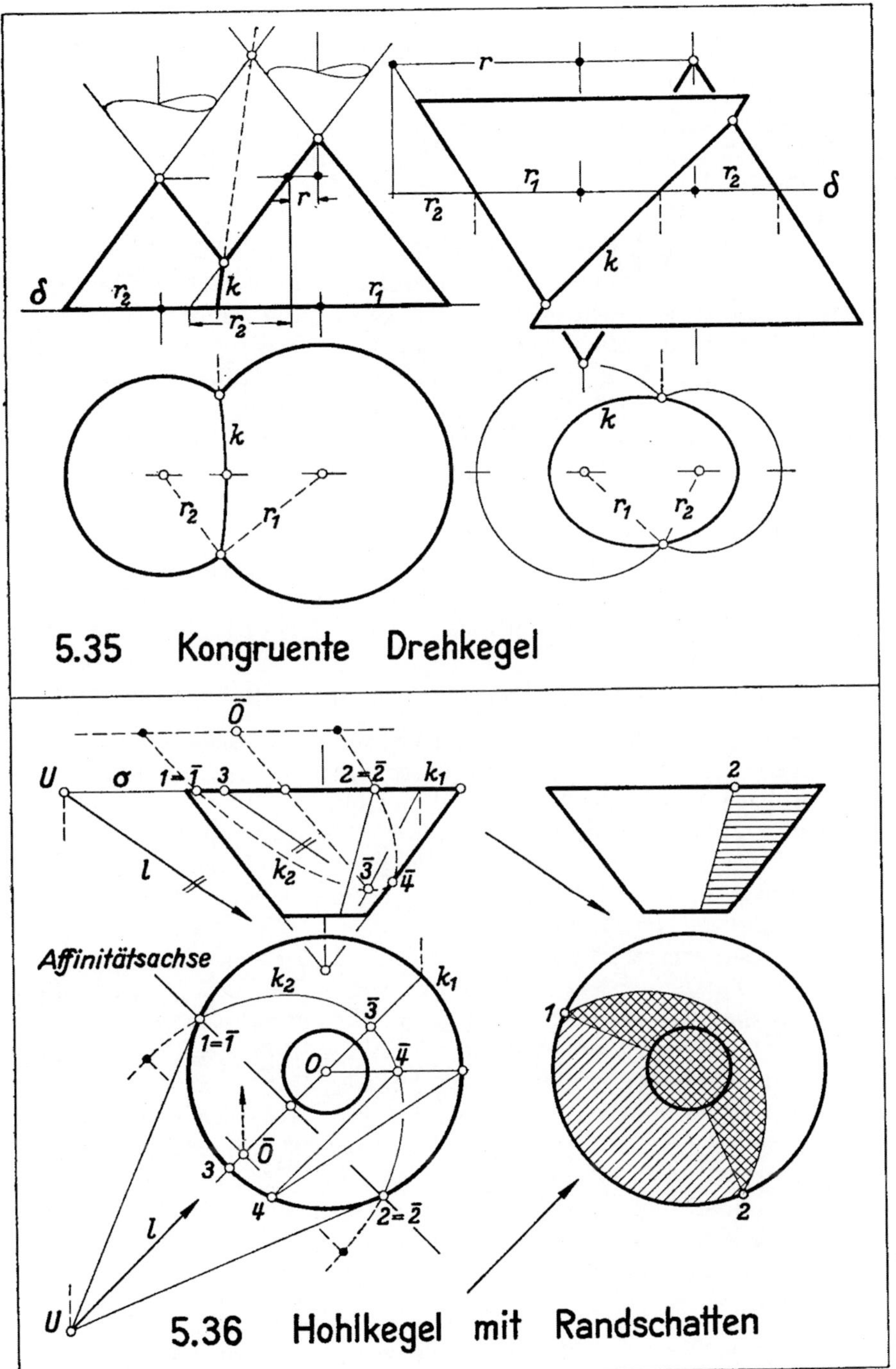

5.35 Kongruente Drehkegel

5.36 Hohlkegel mit Randschatten

5.4 Pendelebenenverfahren für Kugeln und Regelflächen

5.41 Kugel und Kegel: Punktkonstruktion. In diesem Abschnitt wollen wir die Durchdringung einer Kugel mit einem Kegel oder einer Regelschraubenfläche und einige Abwicklungen ermitteln. Wir verwenden *Pendelebenen*, d. h. die Ebenen eines Büschels, speziell eine Schar paralleler Ebenen.

A sei eine Halbkugel über einer horizontalen Ebene. Die Rißtafeln π_2 und π_3 sind durch den Kugelmittelpunkt M gelegt; nach Ineinanderklappen derselben decken sich die von ihnen ausgeschnittenen Kugelhalbkreise[1]. In die Halbkugel sollen Fensterschächte in Gestalt eines schiefen Kreiskegels B eingeführt werden. Links ist der Aufriß eines solchen Kegels gezeichnet: Seine Spitze S liegt in π_2, sein Leitkreis l symmetrisch zu π_2 in einer Ebene $\sigma \perp \pi_2$. Der rechts gezeichnete Kreuzriß kann zugleich als Aufriß eines zweiten Kegels gedeutet werden, der durch Schwenkung des ersten Kegels um den vertikalen Durchmesser von A entsteht, also zu π_3 symmetrisch liegt.

Eine veränderliche Hilfsebene $\varepsilon \parallel \sigma$ schneidet A in einem Halbkreis k_A, B in einem Kreis k_B. Die Radien werden links im Aufriß abgegriffen. Der Kreuzriß liefert zwei Schnittpunkte von k_A und k_B, die nun in den Aufriß zurückübertragen werden. Im Kreuzriß erscheint k geschlossen und oval, im Aufriß als ein doppelt überdeckter Hyperbelbogen (5.23).

5.42 Kugel und Kegel: Tangentenkonstruktion. In dem vorliegenden einfachen Beispiel kann man nach Konstruktion weniger k-Punkte den Verlauf von k in beiden Rissen gut überblicken. Tangenten sind in solchem Fall für den praktischen Zeichner nicht erforderlich, wohl aber – wie oft betont – bei schwierigeren Aufgaben. Nur deshalb suchen wir auch hier in dem konstruierten k-Punkt P die k-Tangente t als Schnitt der Tangentialebenen α und β von A und B.

Wir bestimmen zunächst den l-Punkt Q der B-Erzeugenden SP und in Q die l-Tangente b. Sie ist die σ-Spur von β, die damit im Kreuzriß zur Verfügung steht. Nun suchen wir die σ-Spur a von α und legen deshalb zur Bestimmung von α zunächst durch P eine Frontlinie $f \parallel \pi_2$: Da $\alpha \perp$ zum Kugelradius MP ist, muß f im Aufriß (links) $\perp MP$ gezeichnet werden, im Kreuzriß (rechts) aber $\parallel$ zur Rißachse, dem vertikalen Kugeldurchmesser. Nun schneidet man f mit σ in F, zunächst im Aufriß, dann im Kreuzriß, und hat damit einen a-Punkt gefunden. Im Kreuzriß ist dann $a \perp MP$ durch F zu zeichnen. a und b treffen sich im σ-Punkt T von t, der zunächst im Kreuzriß, dann im Aufriß ermittelt wird und damit die Risse von t liefert, die der Leser durch Parallelverschieben in die Figur 5.41 übertragen möge.

---

[1] Auf- und Kreuzrisse sämtlicher Punkte und Geraden bezeichnen wir hier wieder mit denselben Buchstaben wie die Urbilder.

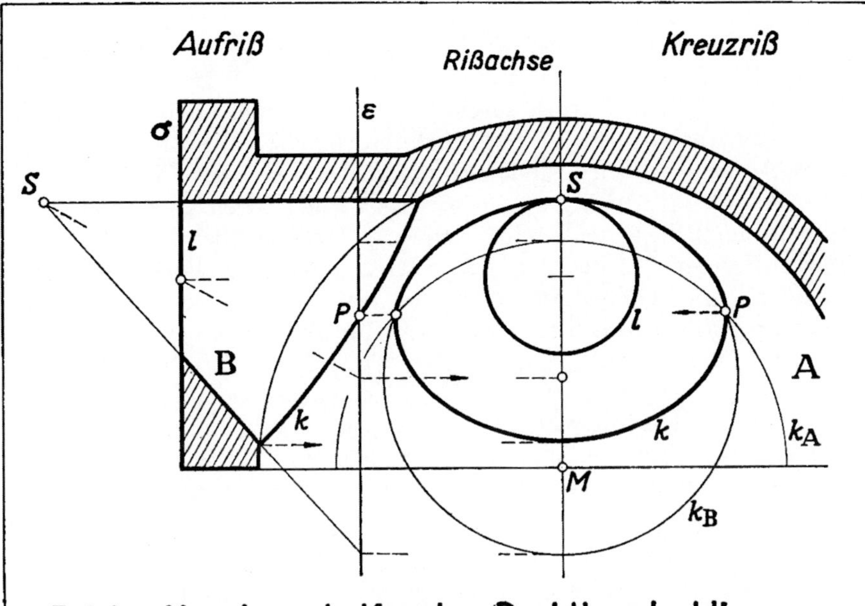

5.41   Kugel und Kegel : Punktkonstruktion

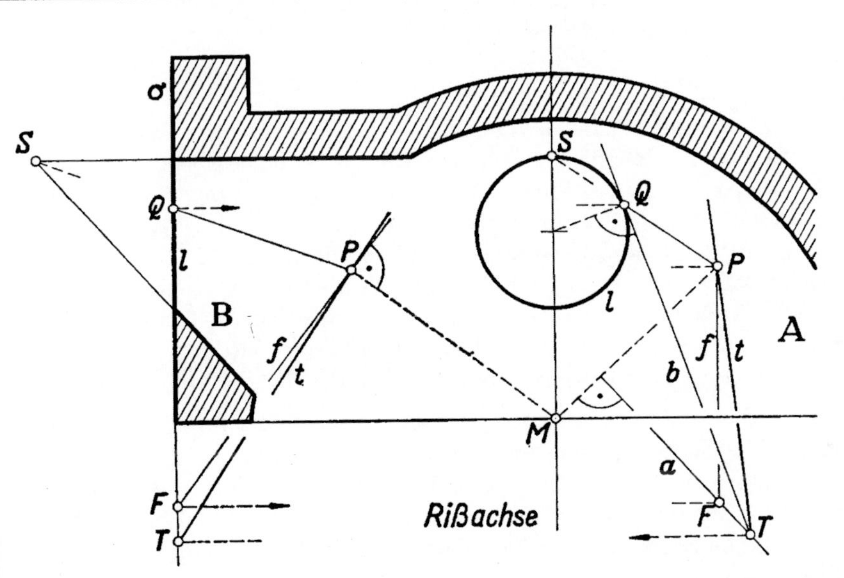

5.42   Kugel und Kegel : Tangentenkonstruktion

5.43 Vivianisches Fenster. Eine Kugel A mit dem Mittelpunkt M soll zylindrisch durchbohrt, also mit einem Drehzylinder B geschnitten werden, der in unserem Beispiel durch M geht und A im Punkte *1* berührt; der Kugelradius ist gleich dem Zylinderdurchmesser $M\,1$. M liege in π_2, die B-Achse $\perp \pi_3$, die Durchdringungskurve k und ihr Aufriß daher symmetrisch zur M-Ebene $\parallel \pi_3$. Wir legen Hilfsebenen $\varepsilon \parallel \pi_2$ zunächst durch *1*, durch die B-Achse und durch M. Jede dieser Ebenen schneidet B in zwei Erzeugenden und A in einem Kreis, dessen Mittelpunkt sich im Aufriß mit M deckt und dessen Radius man dem Kreuzriß entnimmt. So erhält man im Aufriß auf demselben Kugelkreis den Doppelpunkt *1* und den Punkt *2*, auf einem anderen Kreis die Punkte *3* und *4* mit horizontalen Tangenten und auf der Kugelkontur die Punkte *5* und *6*. Berührt ε den Zylinder, so berührt k im Aufriß den von ε ausgeschnittenen Kugelkreis in *7* bzw. *8*. Die so gewonnene Kurve ist von vierter Ordnung und die Lösung einer von *V. Viviani* 1692 gestellten Aufgabe.

In *2* suchen wir die k-Tangenten t: Die Normalen a und b von A und B treffen π_2 in M und in B. Da im Aufriß *1, 2,* M und B die Ecken eines Quadrates sind, besitzt der zu MB senkrechte Aufriß von t die Neigung $1:1$, und zwar unabhängig von der gewählten Neigung von $M\,1$ im Kreuzriß. – Legt man den Zylinder so, daß $M\,1$ horizontal ist, so erkennt man, daß die beiden Zweige von k sich in *1* rechtwinklig schneiden und daß der hier nicht gezeichnete Grundriß von k eine doppelt überdeckte Parabel wird (5.23).

5.44 Kugel und Schraube. Im Grund- und Aufriß ist eine in π_2 liegende vertikale Schraubachse z gegeben, ferner in einer z-Ebene ein gleichschenkliges Dreieck ABC ($BC \parallel z$), das aus seiner Ausgangslage *0* mit der Ganghöhe BC verschraubt werden soll. Nach einem Umlauf kommt also B an die Stelle C. Die Schraubenlinie von A sei s. Die entstehende Fläche wollen wir kugelförmig abdrehen, d. h. mit einer Kugel schneiden, die wir durch die Ecken A und C der Profillage *0* legen. Um den Kugelmittelpunkt M auf z zu bestimmen, klappen wir das Profil ABC um z in π_2 hinein und erhalten M'' auf dem Mittellot der Umlegung $A^\times C^\times$.

Von der Durchdringungskurve k suchen wir nur den im Aufriß sichtbaren Teil. Dazu legt man die verschraubten Profillagen *0* bis *4* und *10* bis *12* um z in π_2 um, schneidet sie hier – wie rechts oben erkenntlich – mit der Kugelkontur, dreht sie zurück und gewinnt so zunächst k'', dann k'. Die Profile *4* und *10* ergeben die Aufrißkonturpunkte von k.

Bei der Verschraubung erhält man eine Profillage, in der AC die Kugel berührt, also k-Tangente wird. In unserem Beispiel liegt dieser Berührungspunkt P speziell in der Profillage *1* zwischen A und C, wie die oben links gezeichnete Umlegung dieses Profiles zeigt.

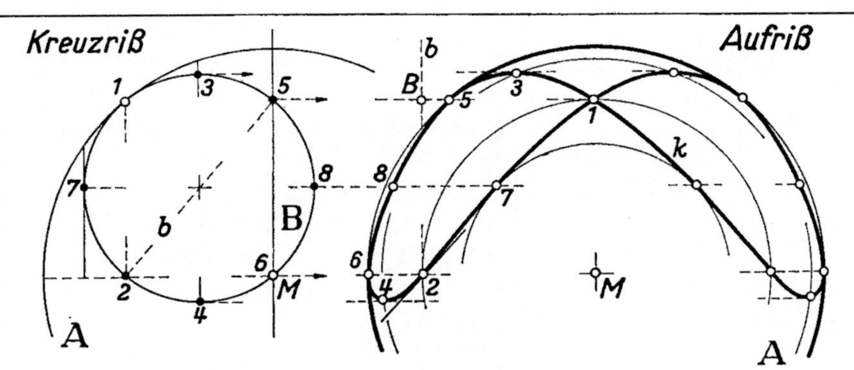

5.43 Vivianisches Fenster

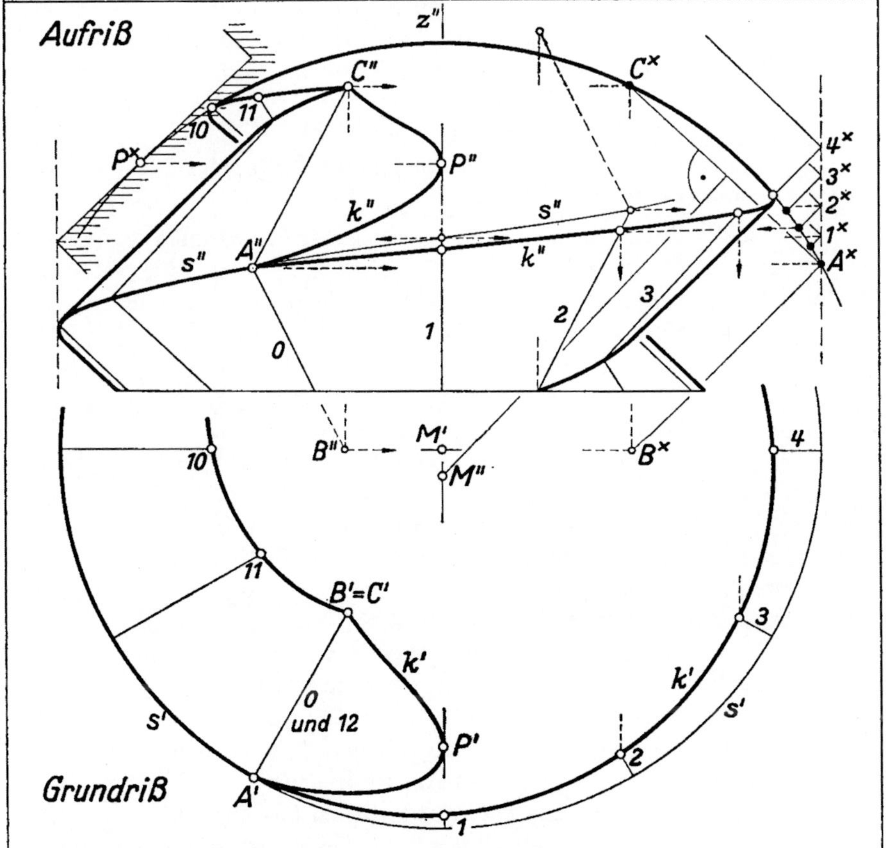

5.44 Kugel und Schraube

5.45 Abwicklung eines schiefen Kreiskegels. Um den Kegel in 5.41 abzuwickeln, wählt man auf seinem Leitkreis l die Teilpunkte so dicht, daß der Bogen zweier Nachbarpunkte nahezu der Sehne gleich wird, und ersetzt die Mantelstreifen durch Dreiecke. Die Seiten $\widehat{01}$, $\widehat{12}$, ... entnimmt man dem Kreuzriß (oder bestimmt sie nach 4.24), die Mantellinien s_0, s_1, ... aus der Hilfsfigur unten links, in der die Katheten $p_1 = 01$, $p_2 = 02$, ... wieder aus dem Kreuzriß stammen. Das Polygon 012... in der Abwicklung glättet man durch die Kurve l_0. So überträgt man auch eine auf dem Kegel liegende Kurve k nebst Tangenten, wobei deren Winkel mit den Erzeugenden erhalten bleiben.

5.46 Abwicklung einer Schraubentorse. Die Erzeugenden einer Torse Φ sind die Tangenten einer Raumkurve s (4.34). Bei der Verebnung wird jede Φ-Kurve k längentreu in eine ebene Kurve k_0 verwandelt. Dabei bleibt auch der Winkel, unter dem sich zwei Φ-Kurven schneiden, erhalten. Die Differentialgeometrie zeigt: In einem k-Punkt P sei τ die Tangentialebene von Φ, σ die *Schmiegebene* von k, γ der Winkel zwischen τ und σ, ϱ und ϱ_0 die Krümmungsradien von k bzw. k_0; dann ist $\varrho = \varrho_0 \cos \gamma$, also i. a. $< \varrho_0$. Diese Formel gilt auch für Kegelflächen (Satz von *Meusnier*, 1776).

In jedem s-Punkt ist $\sigma = \tau$, also $\varrho = \varrho_0$. Ist im k-Punkt P speziell $\tau \perp \sigma$, so wird P_0 ein *Wende-* oder ein *Flachpunkt* von k_0. Ist z. B. k die Schnittellipse eines Drehzylinders, σ also die Schnittebene, so liefern die Nebenscheitel von k Wendepunkte von k_0, weil hier $\sigma \perp \tau$ ist.

Nun seien eine Schraubenlinie s und ihre Torse Φ im Aufriß für eine halbe Ganghöhe zwischen zwei Ebenen α und $\beta \parallel \pi_1$ gegeben (4.43). Φ besteht aus zwei Teilen, die sich längs s berühren und in s eine scharfe Kante haben (links). Die Schmiegebene σ (im Punkte 0 z. B. $\perp \pi_2$) schneidet den Schraubenzylinder in einer Ellipse mit den Achsen a und r, wobei $a^2 = r^2 + p^2$ ist. Ihre Krümmung im Nebenscheitel stimmt mit der von s überein, so daß $\varrho = a^2 : r$ und die Abwicklung s_0 ein Kreis mit dem (links konstruierten) Radius $\varrho_0 = \varrho$ wird (1.32). Auf s_0 (rechts) überträgt man (stückweise!) die Länge l von s, also die halbe Hypotenuse des Schraubenprofils. Der zugehörige Zentriwinkel γ hat das Bogenmaß $l : \varrho = \pi r : a$. Die s-Tangenten gehen in die s_0-Tangenten über. Auf diesen trägt man die von α und β begrenzten Abschnitte ab (im Punkte 1 z. B. $\frac{1}{4} l$ und $\frac{3}{4} l$) und gewinnt so zwei Evolventen von s_0, die den Φ-Spurkurven in α und β längentreu entsprechen. Die beiden Abwicklungen überdecken sich teilweise. Schneidet man sie aus zwei Pappstücken aus und klebt sie längs s_0 mit einem Leinenstreifen zusammen, so erhält man durch Verbiegen ein Modell von Φ.

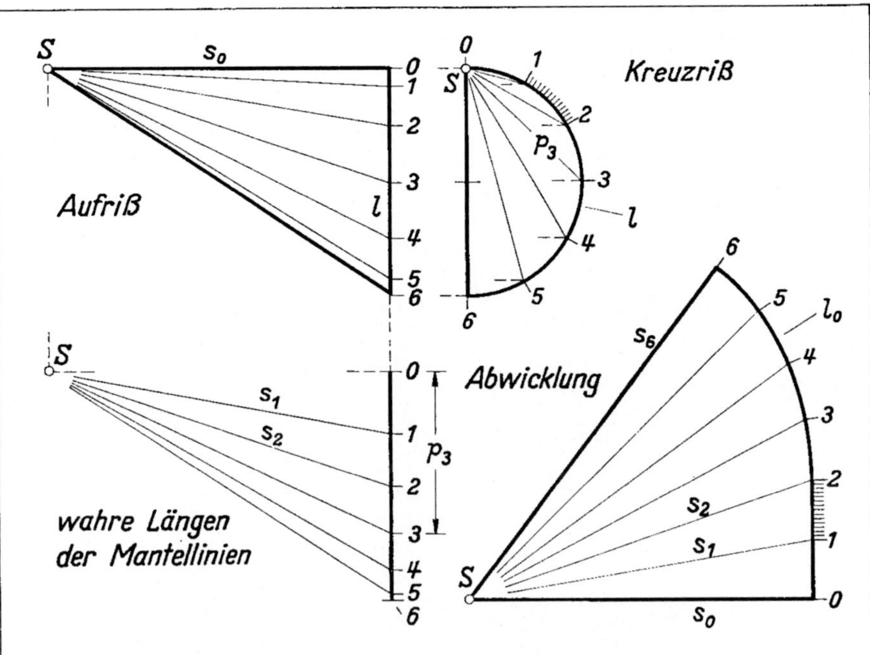

5.45 Abwicklung eines schiefen Kreiskegels

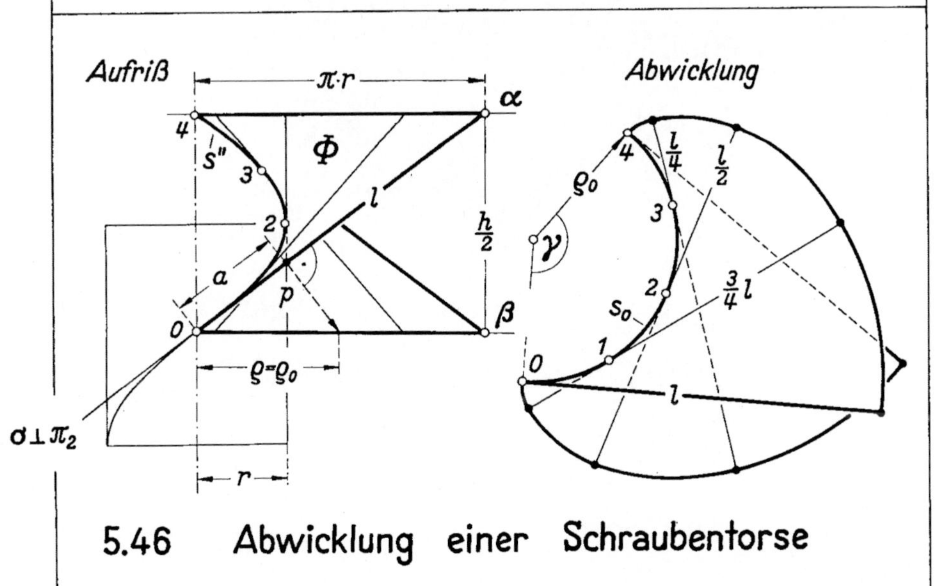

5.46 Abwicklung einer Schraubentorse

JOHANN HEINRICH LAMBERT

Zweiter Teil

Zentralbilder

Der deutsche Mathematiker *Johann Heinrich Lambert* (1728–1777), der zunächst in der Schweiz und später als Oberbaurat und Mitglied der Akademie in Berlin wirkte, zeigte in einem 1759 in Zürich gedruckten Lehrbuch zum ersten Mal systematisch, wie man Zentralbilder ohne Verwendung von Rissen gewinnen kann. Diese berühmt gewordene Schrift führt den Titel: *Die freye Perspektive, oder Anweisung, Jeden Perspektivischen Aufriß von freyen Stücken und ohne Grundriß zu verfertigen.*

6. Distanzpunktperspektive

6.1 Fluchtpunkte

6.11 Fluchtpunkt und Verschwindungspunkt. In den Abschnitten 6 bis 8 behandeln wir nunmehr die Herstellung des Zentralbildes (1.11 und 1.12). Mit Hilfe der Distanzpunkte oder allgemeiner der Meßpunkte entwerfen wir zunächst das Bild eines Gegenstandes allein aus der inneren Vorstellung desselben. Seine Risse, die gelegentlich zur Vorbereitung des Bildes mitgezeichnet sind, dienen nur dazu, die Maße und die Stellung des Gegenstandes im Raum anzugeben. Dieses Verfahren bezeichnet man deshalb oft als malerische oder *freie Perspektive* zum Unterschied von der *gebundenen Perspektive*, bei der man das Bild durch direkte Konstruktion aus gegebenen Rissen gewinnt (Abschnitt 8).

Wieder sei π die Bild- oder Zeichenebene, O der *Augpunkt*, d. h. das Projektionszentrum (links). Die Ebene $\pi_v \parallel \pi$ durch O heißt die *Verschwindungsebene*, weil der Sehstrahl eines π_v-Punktes $\parallel \pi$ ist, also kein im Endlichen liegendes Bild liefert. Das Zentralbild einer Geraden g, die π im Endlichen trifft und nicht durch O geht, ist eine Gerade g' durch den Spurpunkt G von g. Der *Fluchtpunkt* G_0 von g ist das Bild ihres Fernpunktes, wird also von dem zu g parallelen Sehstrahl, dem *Fluchtstrahl* g_0 von g, in π ausgeschnitten. Der *Verschwindungspunkt* G_v aber ist der π_v-Punkt von g. Sein Sehstrahl ist $\parallel g'$, sein Bild also der Fernpunkt von g'. Das unendlich lange Geradenstück hinter π (1.12) erscheint im Bilde auf die Strecke GG_0 zusammengedrückt, die Strecke GG_v dagegen unendlich lang auseinandergezerrt; das Verhältnis zweier g-Strecken wird im Bilde zerstört. Ist aber g eine *Hauptlinie*, also $\parallel \pi$ (rechts), so ist ihr Bild $g' \parallel g$. Daher bleibt für jede Hauptlinie das Streckenverhältnis im Bilde erhalten.

Das Bild einer O-Geraden ist ein Punkt, das Bild einer π_v-Geraden ist die Ferngerade von π.

6.12 Parallele Geraden, die keine Hauptlinien sind, erscheinen im Bilde als Geraden durch den gemeinsamen Fluchtpunkt (links). Parallele Hauptlinien haben parallele Bilder (rechts). Da der Fluchtpunkt einer Hauptlinie der Fernpunkt ihres Bildes ist, gilt also allgemein: *Die Bilder paralleler Geraden treffen sich in ihrem Fluchtpunkt.*

Wir fragen nun, ob auch Geraden, die keine Hauptlinien, also nicht $\parallel \pi$ sind, parallele Bilder besitzen können. Das ist offensichtlich der Fall, wenn die Geraden denselben Verschwindungspunkt haben, ihre Bilder also $\parallel$ zu dem Sehstrahl durch diesen Punkt sind; d. h.: *Geraden, die sich in der Verschwindungsebene treffen, (und nur solche Geraden) haben parallele Bilder* (unten).

Deshalb erscheinen z. B. horizontale Kanten, deren Verlängerungen durch den *Standpunkt*, d. h. den Fußpunkt des Zeichners gehen, in einer vertikal aufgestellten Bildebene parallel, und zwar vertikal.

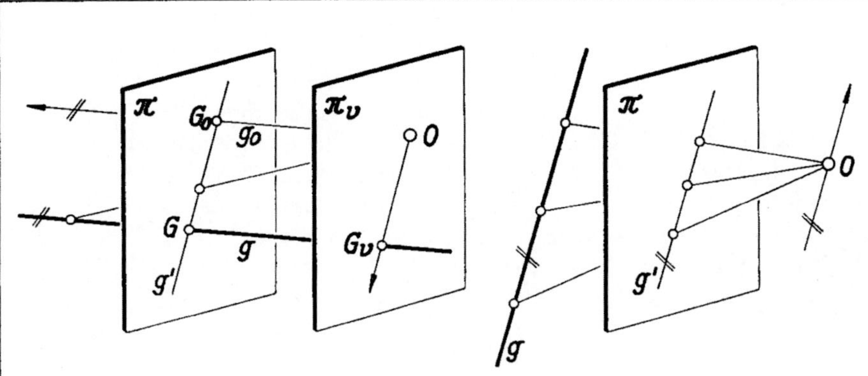

6.11   Fluchtpunkt und Verschwindungspunkt

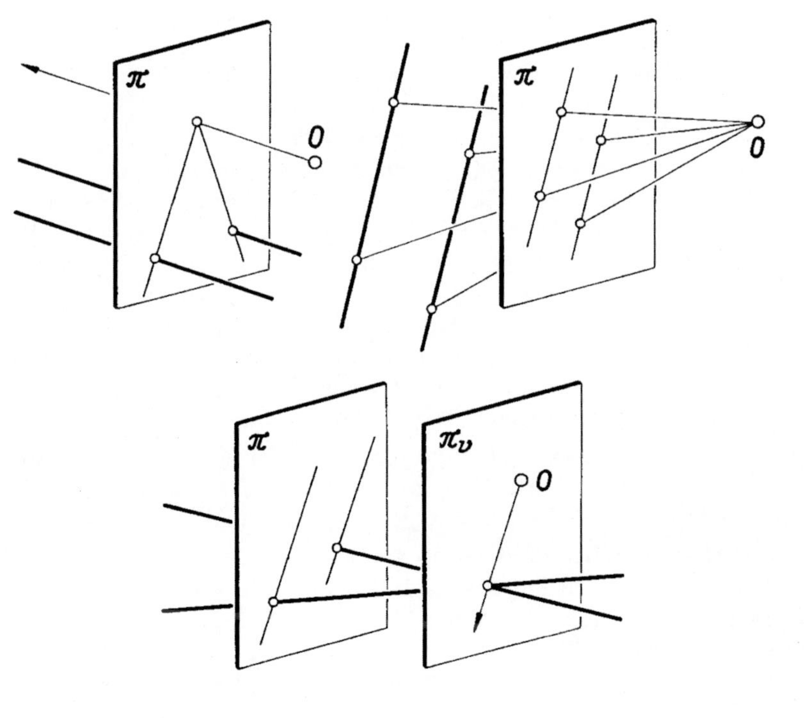

6.12   Parallele Geraden

6.13 Fluchtlinien- und Winkelsatz. Wir betrachten nun alle Geraden in einer Ebene ε mit der Bildspur e. Die zu ihnen parallelen Sehstrahlen erfüllen eine Sehebene $\parallel \varepsilon$, die *Fluchtebene ε_0* von ε, die π in $e_0 \parallel e$ schneidet. Auf dieser *Fluchtlinie e_0* liegen daher die Fluchtpunkte aller ε-Geraden und aller Geraden $\parallel \varepsilon$. e_0 kann als Bild der gemeinsamen Ferngeraden e_∞ aller Ebenen $\parallel \varepsilon$ gedeutet werden. Die Bilder der in ε liegenden Hauptlinien, zu denen auch e gehört, sind $\parallel$ zur Fluchtlinie e_0. So ergeben sich *zwei Hauptsätze der Perspektive:*

I. Fluchtliniensatz. *Die Fluchtpunkte aller Geraden, die in einer Ebene liegen oder zu ihr $\parallel$ sind, liegen auf einer Fluchtlinie $\parallel$ zur Spur der Ebene.*

II. Winkelsatz. *Die Fluchtpunkte zweier Geraden werden vom Auge aus unter dem (spitzen oder stumpfen) Winkel gesehen, den die Geraden bilden.*

Der Winkelsatz gilt auch dann, wenn eine der Geraden $\parallel \pi$, ihr Fluchtpunkt also ein Fernpunkt ist. – Man beachte: *Fluchtstrahlen* und *Fluchtebenen* gehen stets durch O, *Fluchtpunkte* und *Fluchtlinien* liegen stets in π.

6.14 Hauptpunkt und Distanz. Die zu π senkrechten Geraden t heißen *Tiefenlinien.* Ihr Fluchtpunkt – der Fußpunkt des Lotes von O auf π – heißt der *Hauptpunkt H.* Bei vertikaler Bildebene π ist die Fluchtlinie aller horizontalen Ebenen der *Horizont u,* d. h. die Horizontale durch H. Die Fluchtlinie aller Vertikalebenen (kurz: *Wände*), die außerdem $\perp \pi$ sind, ist die *Vertikale v* durch H. Die Fluchtlinie einer Dachebene, deren Höhenlinien $\parallel \pi$ sind, ist $\parallel u$. Die Fluchtlinie einer beliebigen vertikalen Wand ist $\parallel v$. Die Spur c der horizontalen Bodenebene γ heißt die *Standlinie,* der Grundriß $\dot{O}$ von O in γ der *Standpunkt.* Der Abstand von c und u ist gleich der *Aughöhe $O\dot{O}$.* Die Entfernung $OH = d$ heißt die *Distanz,* der π-Kreis um H mit d als Radius der *Distanzkreis Δ,* der π-Kreis um H mit $\frac{1}{2}d$ als Radius der *Sehkreis Σ.*

Ein in O befindliches ruhendes Auge mit der Blickrichtung OH nimmt die Dinge wahr, die in dem *Sehkegel* mit dem π-Kreis Σ liegen. Darf es sich ohne Drehung des Kopfes bewegen, so tritt Δ an die Stelle von Σ.

Um also ein Zentralbild von O aus überblicken zu können und um *Verzerrungen* in der Nähe des Bildrandes zu vermeiden, soll das Bild nach Möglichkeit ganz im Sehkreis liegen. Liegt H ungefähr in der Mitte eines rechteckigen Bildes, so wähle man nach einer alten Malervorschrift für d die 1,5fache große Rechteckseite; dann liegt in der Tat das Bild nahezu ganz in Σ. Bei kleinem Bildformat soll d aber niemals kleiner als die sogenannte *deutliche Sehweite* (25 cm) sein. Deshalb benutze man beim Nachzeichnen der Zentralbilder dieses Buches möglichst die im Text angegebene Zeichendistanz d, nicht die tatsächliche Distanz d' der durch Verkleinern entstandenen Buchfigur.

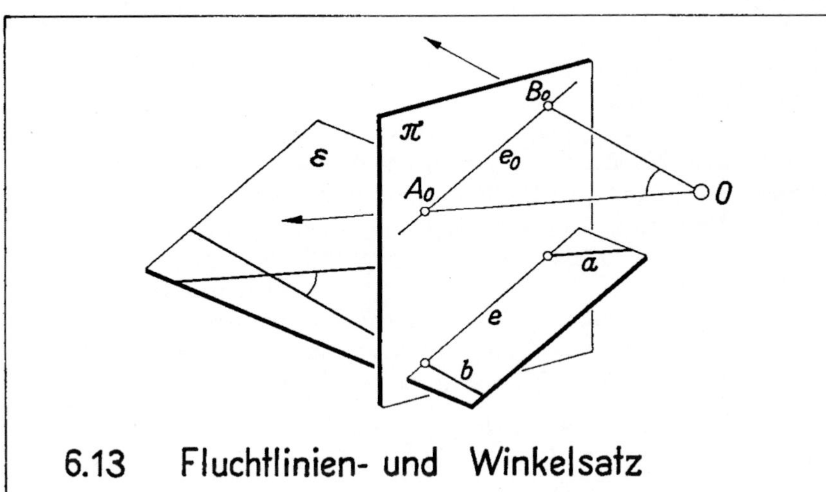

6.13 Fluchtlinien- und Winkelsatz

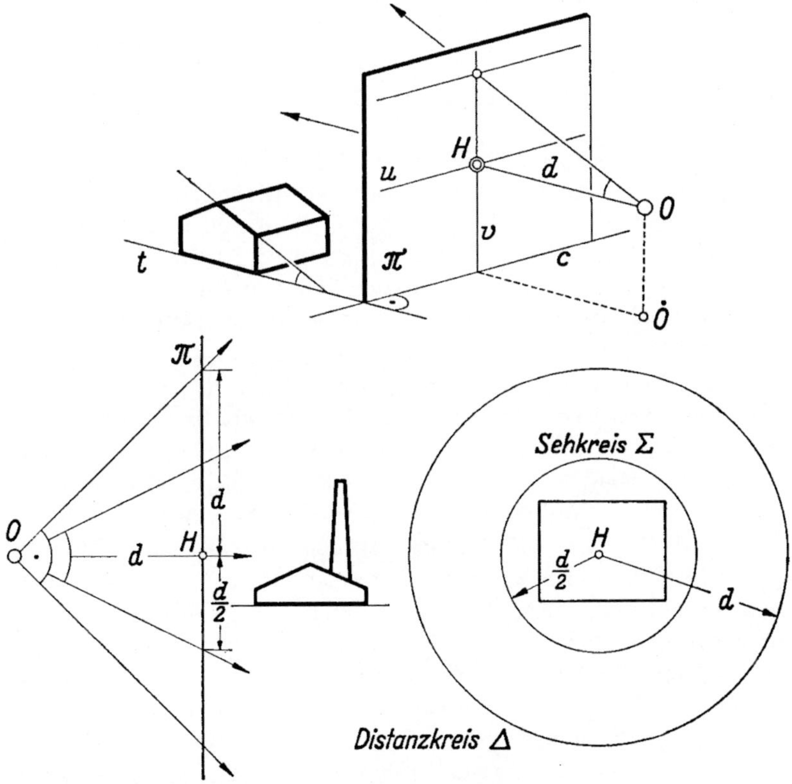

6.14 Hauptpunkt und Distanz

6.15 Perspektive Teilung. Das Teilverhältnis auf einer Geraden, die keine Hauptlinie ist, wird im Zentralbild zerstört (1.12). Bekannt sei nun in der Zeichenebene (oben) die Fluchtlinie e_0 einer Ebene ε, das Bild a' einer ε-Geraden a, ihr Fluchtpunkt A_0 auf e_0 und das Bild einer auf a liegenden Strecke *01*. Diese soll geteilt oder vervielfacht werden. Da auf Hauptlinien das Verhältnis zweier Strecken erhalten bleibt, zeichnet man durch den Punkt Null das Bild $g' \parallel e_0$ einer ε-Hauptlinie g und auf g' einen Maßstab *0, 1, 2*, . . . mit beliebiger Einheit, aber so, daß die Verbindungslinie der Punkte *1* von a' und g' einen bequem erreichbaren Fluchtpunkt B_0 auf e_0 liefert. Die Teilung überträgt man von g auf a durch Linien $\parallel$ *1 1*, im Bilde also von g' auf a' durch Strahlen mit dem Fluchtpunkt B_0. Der a'-Punkt $\dfrac{1}{2}$ ist das Bild der Streckenmitte. Sind nur a' und A_0 bekannt, so kann man eine beliebige A_0-Gerade als ein solches e_0 deuten.

Die untere Figur zeigt, wie man kongruente Parallelogramme im Bilde so aneinandersetzt, daß sie eine Seite gemeinsam haben: Dazu benutzt man die Parallelität der Diagonalen, also deren Fluchtpunkt C_0. Auch auf diese Weise kann man einen *perspektiven Maßstab* mit den Marken *0, 1, 2*, . . . auf dem Bilde einer Geraden gewinnen.

6.16 Unzugängliche Fluchtpunkte. 1. Soll der unzugängliche Fluchtpunkt A_0 zweier schon gezeichnet vorliegender Bildgeraden a' und b' mit nur einem Bildpunkt P' verbunden werden, so macht man P' zur Ecke eines Dreiecks, dessen andere Ecken auf a' und b' liegen. Dann zeichnet man ein zweites, zum ersten in bezug auf das Zentrum A_0 ähnlich liegendes Dreieck, dessen Seiten also $\parallel$ zu denen des ersten sind. Ist Q' die P' entsprechende Ecke, so geht $P'Q'$ durch A_0 (Satz von *Desargues*).

2. Sind mehrere Bildpunkte mit A_0 zu verbinden, so benutzt man *Proportionalmaßstäbe:* Man schneidet a' und b' mit zwei Parallelen, die man nach Möglichkeit an den Rändern der Zeichnung wählt, teilt die erhaltenen Strecken durch fortgesetztes Halbieren z. B. in acht Teile und legt die gesuchte P'-Gerade mit Hilfe eines durchsichtigen Lineals so, daß sie auf beiden Maßstäben nahezu Punkte mit gleicher Marke ausschneidet.

3. Ein bequemes und genaues Hilfsmittel ist die *Fluchtpunktschiene.* Sie besteht aus drei Linealen mit den Kanten x, y, z, die in einem Punkte N zusammentreffen. Man legt zunächst z auf a' und zieht zwei Geraden x_1 und y_1 entlang x und y (Lage *1*). Dann legt man z auf b', und zwar so, daß x die Gerade x_1 und y die Gerade y_1 noch auf dem Zeichenbrett schneiden (Lage *2*). Steckt man in diese Schnittpunkte Nadeln und läßt x und y an ihnen entlang gleiten, so hat z immer die Richtung auf A_0. Denn nach dem Peripheriewinkelsatz beschreibt N dabei einen Kreisbogen, und die starr mit x und y verbundene N-Gerade z geht durch einen festen Punkt dieses Kreises, also durch $a'b' = A_0$.

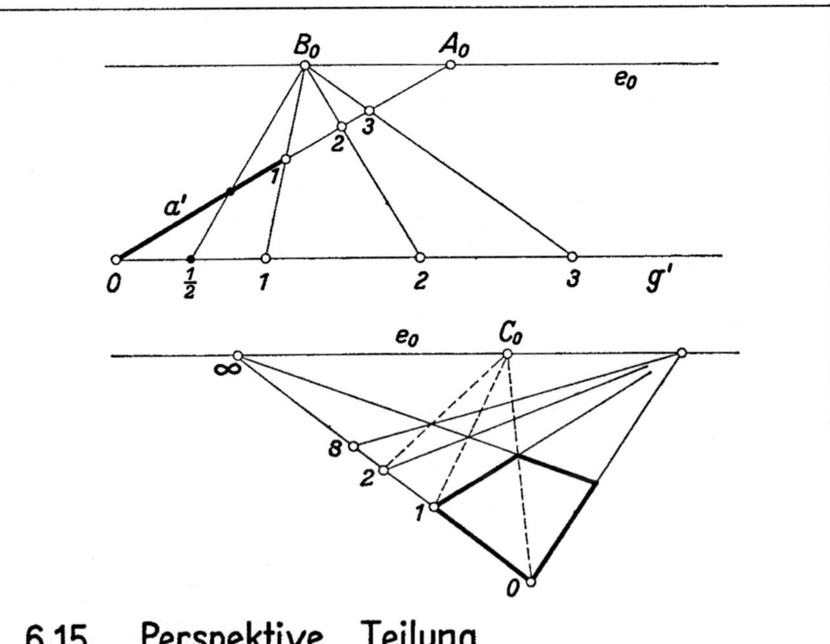

6.15 Perspektive Teilung

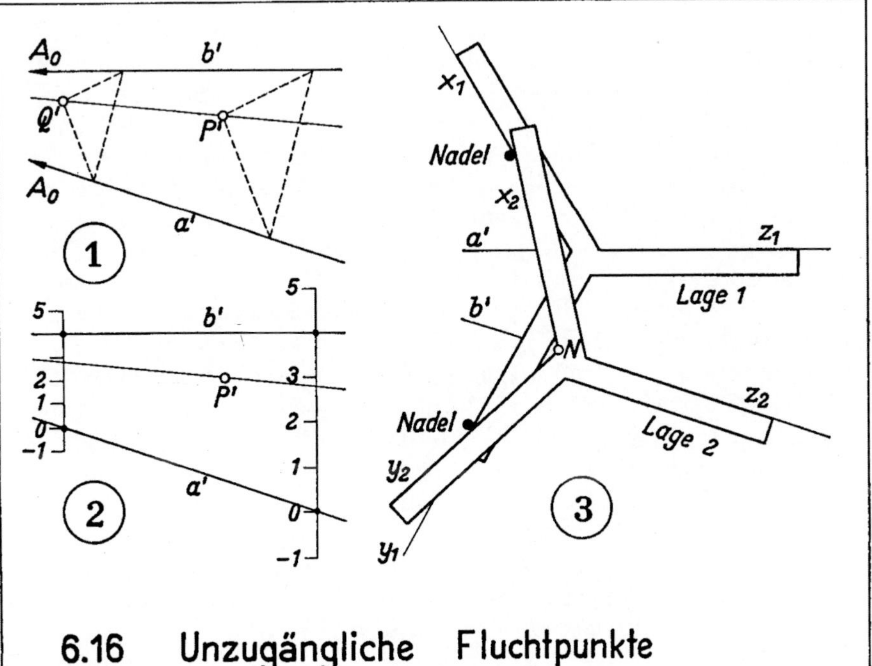

6.16 Unzugängliche Fluchtpunkte

6.2 Fluchtlinien

6.21 Frontansicht. Wir wollen zunächst nur zeigen, wie man parallele Geraden und Ebenen im Bilde darstellt, also ohne Berücksichtigung der Größenverhältnisse des abzubildenden Objektes. Das Bild eines Quaders heißt eine *Frontansicht*, wenn zwei seiner Kantenrichtungen $\parallel \pi$ sind, die dritte also $\perp \pi$ ist: Zwei Kantenfluchtpunkte fallen ins Unendliche, der dritte ist der Hauptpunkt H; die Quaderflächen $\parallel \pi$ erscheinen als Rechtecke. Wie in 6.14 sei z. B. π vertikal und überdies $\parallel$ zu einer rechteckigen Wand und dem First eines symmetrischen Satteldaches. Dann erscheint die Wand als Reckteck, First und Fluchtlinien der Dachebenen $\parallel u$, jede Vertikalkante $\perp u$. Auf der Fluchtlinie v der Giebelwände liegen die Fluchtpunkte der Dachfallinien nach dem Winkelsatz im gleichen Abstande von H. Nun setzen wir ein Haus von gleicher Gestalt und Größe so hinter das vordere, daß zwei Traufkanten zusammenfallen. Dazu zeichnen wir in einer Giebelwand die Tiefenlinien durch die First- und Traufenpunkte, zwischen ihnen die Stücke der Dachfallinien – zunächst zum oberen, dann zum unteren Fluchtpunkt – und schließlich die hintere Vertikalkante und den First.

Das Bild eines *Kellergrundrisses*, d. h. des Grundrisses in einer tiefer liegenden Horizontalschicht, zeigt die Anordnung auch für die nicht sichtbaren Gebäudeteile.

6.22 Eckansicht. Das Bild eines Quaders heißt eine *Eckansicht*, wenn nur eine Kantenrichtung $\parallel \pi$ ist: Ein Kantenfluchtpunkt fällt ins Unendliche, die beiden anderen liegen auf einer H-Geraden. Für die abgebildete Häusergruppe wurde z. B. π vertikal, aber nicht $\parallel$ zu den Firstlinien der Dächer aufgestellt. Die Vertikalkanten erscheinen wieder $\perp u$, die Fluchtpunkte X_0, Y_0 der Horizontalkanten liegen auf u; dabei lassen wir vorerst außer acht, in welcher Beziehung X_0 und Y_0 zum Hauptpunkt stehen, der deshalb auch nicht eingezeichnet wurde. Die Fluchtlinien der Wände α ($\perp$ zur x-Richtung) und β ($\perp$ zur y-Richtung) und der zu ihnen parallelen Wände sind a_0 durch Y_0 und b_0 durch X_0, beide $\perp u$. Die Fluchtpunkte der Dachfallinien sind N_0 und M_0 auf a_0, P_0 und Q_0 auf b_0, wobei nach dem Winkelsatz wieder $Y_0N_0 = Y_0M_0$ und $X_0P_0 = X_0Q_0$. Jede Dachebene ϱ oder σ wird durch eine Traufkante und eine Fallinie festgelegt; ihre Fluchtlinie ist also die Verbindungsgerade der zugehörigen Fluchtpunkte, d. h.: $r_0 = X_0N_0$, $s_0 = Y_0P_0$. Sucht man die Schnittgerade t von ϱ und σ, so legt man ihr Bild durch den Traufkantenschnittpunkt und den Fluchtpunkt $T_0 = r_0s_0$ von t, benutzt also einen dritten Hauptsatz:

III. Fluchtpunktsatz. *Der Fluchtpunkt der Schnittgeraden zweier Ebenen ist der Schnittpunkt ihrer Fluchtlinien.*

Wieder setze man ein Haus von gleicher Größe und Gestalt hinter das vordere wie in 6.21.

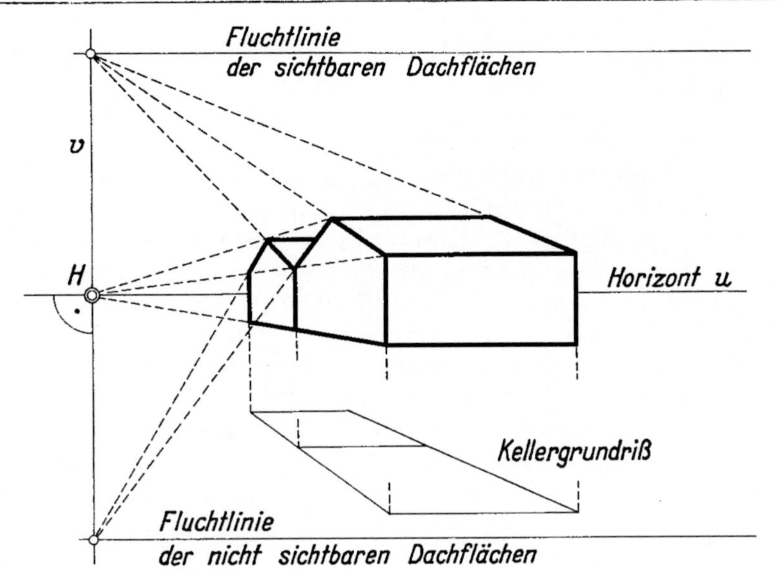

6.21   Frontansicht

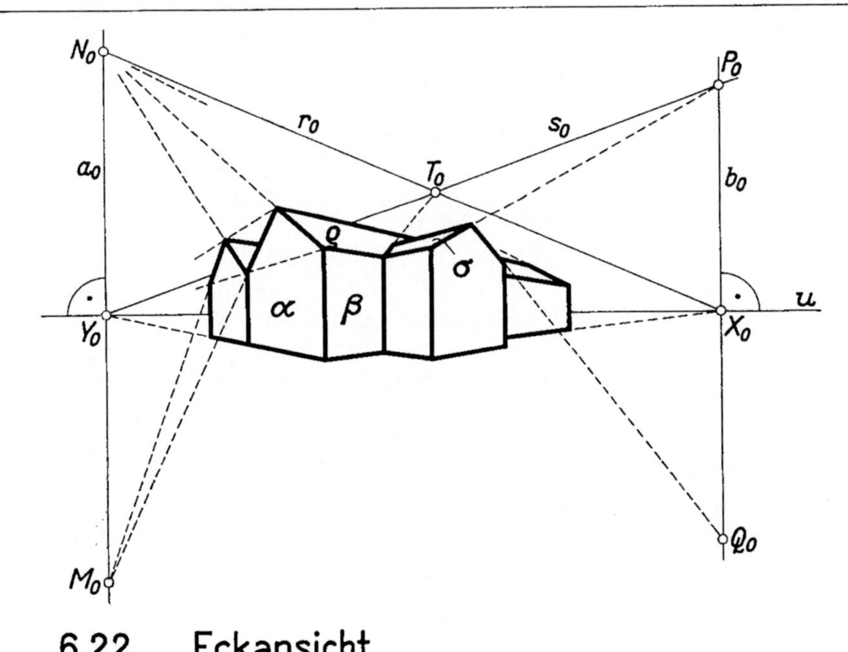

6.22   Eckansicht

6.23 Kippansicht. Das Bild eines Quaders heißt eine *Kippansicht*, wenn keine Kantenrichtung $\parallel \pi$ ist: Die Fluchtpunkte X_0, Y_0, Z_0 der Quaderkanten bilden – als Spurpunkte von drei paarweise senkrechten Sehstrahlen – ein spitzwinkliges Dreieck (3.12). Eine Kippansicht entsteht z. B.,wenn man eine Häusergruppe von einem hochgelegenen Augpunkt aus auf eine geneigte Zeichenebene projiziert (siehe auch Figur 7.31): Die Fluchtlinien der Längswand α, der Giebelwand β, der Bodenebene γ, der Dachebene ϱ und der zu ihnen parallelen Ebenen sind a_0, b_0, c_0 und r_0. Die sichtbaren Kanten des linken Hauses skizziert man – zunächst wieder ohne Rücksicht auf Maßverhältnisse – in dieser Reihenfolge: Man zeichnet (von der beliebig gewählten vorderen unteren Ecke ausgehend) die γ-Kanten durch X_0 und Y_0, die lotrechten Kanten durch Z_0, die Traufkanten in α und $\parallel \alpha$ durch Y_0 (wobei die Höhen aus α in die Parallelebene durch X_0-Strahlen übertragen werden), den Firstpunkt in β auf dem Z_0-Strahl, der durch den Diagonalenschnittpunkt des β-Rechtecks geht, die Dachfallinien in β, ihre Fluchtpunkte P_0 und Q_0 auf b_0, schließlich die noch fehlenden ϱ-Kanten durch Y_0 und P_0. Dann gewinnt man aus der erhaltenen Skizze das rechts angrenzende Haus von gleicher Gestalt und Größe nach der Methode von 6.21; $r_0 = Y_0P_0$ ist die Fluchtlinie der sichtbaren, $s_0 = Y_0Q_0$ der unsichtbaren Dachebenen. Man beachte, daß jetzt nicht etwa $X_0P_0 = X_0Q_0$ ist. In 6.22 war das der Fall, weil in der Fluchtebene Ob_0 die Dreiecke OP_0X_0 und OQ_0X_0 kongruent waren, wie eine Skizze zeigt; bei einer Kippansicht sind sie es nicht mehr.

6.24 Schatten auf horizontale Ebenen. Der Fluchtpunkt der parallelen Sonnenstrahlen heißt der *Sonnenpunkt S_0*. Er wird bei vertikaler Bildtafel über oder unter dem Horizont gewählt, je nachdem die Sonne vor oder hinter dem Zeichner oder Betrachter stehen soll. Die Lichtstrahlen durch eine Kante oder einen Stab bilden eine *Lichtebene λ*. Ist der Stab vertikal, so ist auch λ vertikal, die Fluchtlinie l_0 von λ also die S_0-Linie $\perp u$. Der Fluchtpunkt des Schattens, den ein Vertikalstab auf eine Horizontalebene, z. B. die Bodenebene wirft, heißt der *Sonnenfußpunkt T_0*. Er ist nach Satz III der Schnittpunkt der Fluchtlinien u und l_0. Für zwei gleichlange Vertikalstäbe sind die Verbindungslinien der Bodenpunkte, der oberen Endpunkte und der Schattenpunkte parallel; sie treffen sich daher im Bild auf u. Sind die Sonnenstrahlen, also auch die Lichtebenen vertikaler Stäbe, $\parallel \pi$, so sind die Bodenschattenlinien dieser Stäbe $\parallel$ zur Standlinie, ihre Bilder also $\parallel u$ (unten rechts). l_0 ist dann die Ferngerade von π, T_0 der Fernpunkt von u. Für die drei angegebenen Fälle zeichne man den Bodenschatten eines einfachen Gebäudes, z. B. eines Turmes mit Pyramidendach.

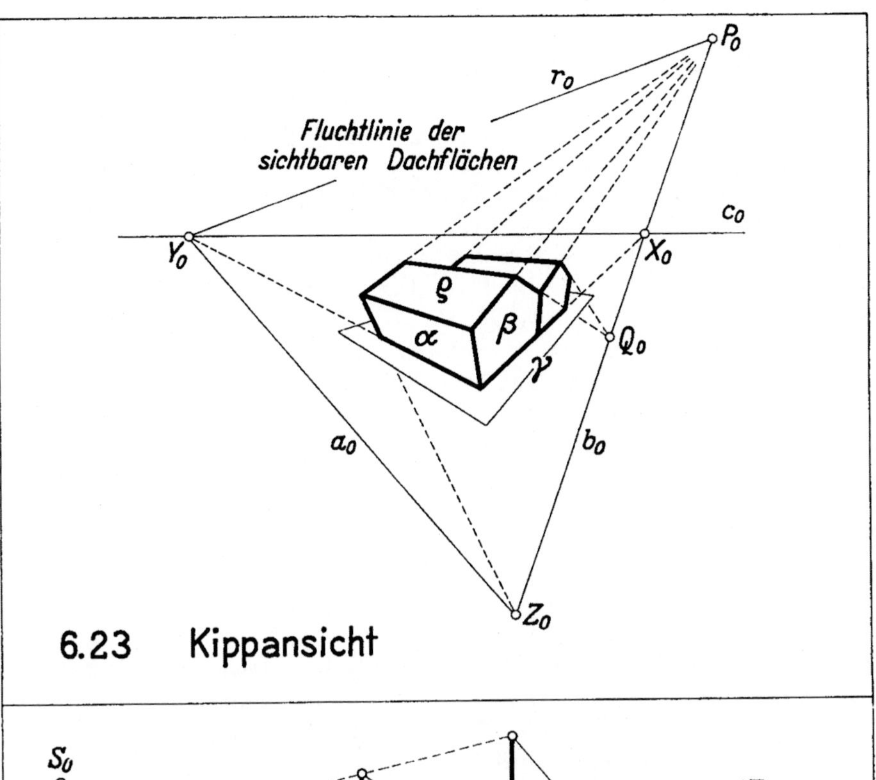

6.23   Kippansicht

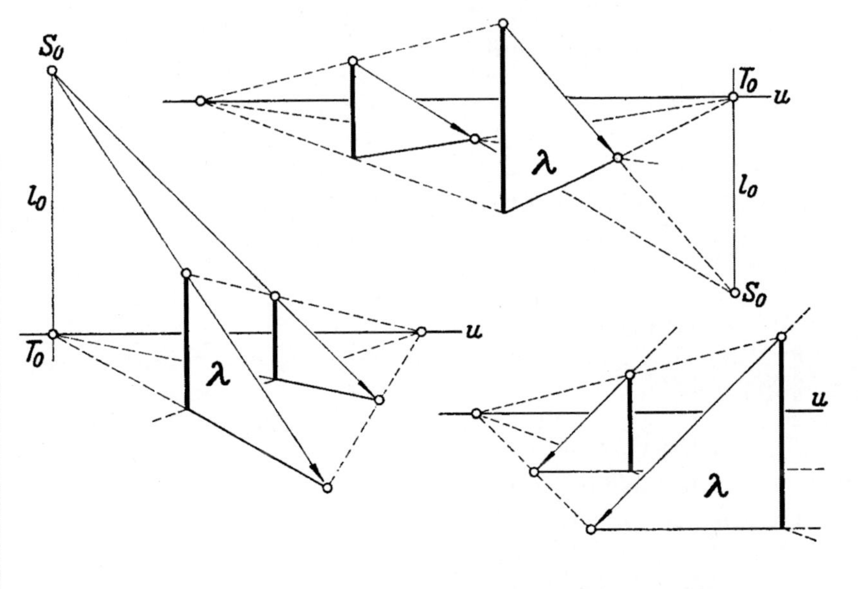

6.24   Schatten auf horizontale Ebenen

6.25 Schatten auf geneigte Ebenen. Wir suchen nun den Schatten eines vertikalen Stabes auf eine geneigte Dachebene ε (vgl. 2.21). Die ε-Fallinien gehen im Bild durch den Fluchtpunkt N_0 auf der Fluchtlinie b_0 der Giebelwand β, die horizontalen ε-Kanten durch den Fluchtpunkt Y_0 auf u. Die Fluchtlinie von ε ist also $N_0Y_0 = e_0$. Der Schatten f ist der Schnitt der vertikalen Lichtebene λ mit der schattenfangenden Ebene ε, der Fluchtpunkt F_0 von f also nach Satz III der Schnittpunkt der Fluchtlinien l_0 und e_0. Daher besteht der Stabschatten aus dem Bodenschatten durch den Sonnenfußpunkt T_0 zwischen dem Fußpunkt des Stabes und der Hauswand, dem Wandschatten $\perp u$ und dem Dachschatten f durch F_0. Der S_0-Strahl durch den Stabkopf P trifft f im Schatten $\overline{P}$ von P. Der Schatten f geht also nicht etwa durch N_0, ist also i. a. nicht $\parallel$ zu den ε-Fallinien.

6.26 Schatten auf Wände. Senkrecht zur Wand α ist ein Stab mit dem Endpunkt A gezeichnet. Die Fluchtlinie l_0 seiner Lichtebene λ ist die Verbindungsgerade des Sonnenpunktes S_0 und des Stabfluchtpunktes X_0. Gesucht wird der Fluchtpunkt F_0 des von α aufgefangenen Stabschattens f. Nach Satz III ist F_0 der Schnittpunkt der Fluchtlinien a_0 und l_0. Der Stabschatten in α ist also das f-Stück zwischen dem α-Punkt des Stabes und dem Lichtstrahl AS_0. Ebenso bestimmt man den Schatten g eines $\perp$ zur Wand β stehenden Stabes mit dem Endpunkt B und der Lichtebene μ, also die Fluchtlinie $m_0 = S_0Y_0$ von μ, den Fluchtpunkt $G_0 = m_0b_0$ von g und dann das g-Stück zwischen dem β-Punkt des Stabes und dem Lichtstrahl BS_0. Ist die schattenwerfende Kante $BC \parallel$ zur Bodenkante von β, so geht ihr β-Schatten durch X_0. – In der Figur wurden die Lichtebenen λ und μ der Deutlichkeit wegen als undurchsichtige Dreiecke dargestellt; bei der Konstruktion eines größeren Schattens werden natürlich nur die Durchstoßpunkte der Lichtstrahlen mit den schattenfangenden Ebenen markiert.

Die Skizzieraufgaben des Abschnittes 6.2 dienten lediglich zum Einüben des Fluchtlinienbegriffes. Zum Einzeichnen von Strecken und Winkeln gegebener Größe in ein perspektives Bild reichen die bisherigen Hilfsmittel nicht aus. Wir behandeln jetzt diese Aufgabe für die Frontansicht, also den einfachsten Spezialfall, den schon *Dürer* um 1500 (vgl. 8.43) kannte und bei seinen perspektiven Darstellungen verwendete und bei dem man nur die Punkte des Distanzkreises auf u oder v benutzt. Wir bezeichnen diese Methode – einen Spezialfall von Abschnitt 7 – als *Distanzpunktperspektive. – Alle Überlegungen, die im Hinblick auf die Anwendungen (in den Abschnitten 6 bis 8) für horizontale und vertikale Ebenen ausgesprochen werden, gelten ebenso für jede Schar paralleler Ebenen $\perp \pi$ und die zu ihnen normalen Ebenen.*

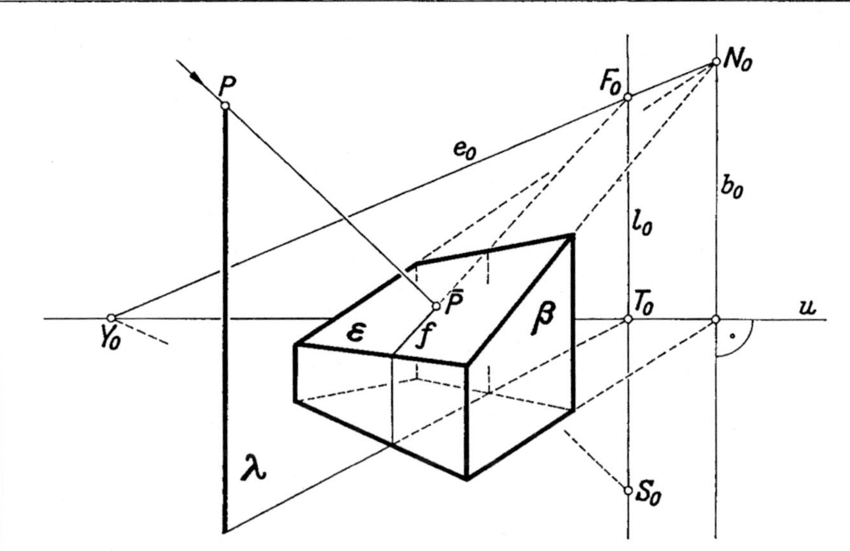

6.25 Schatten auf geneigte Ebenen

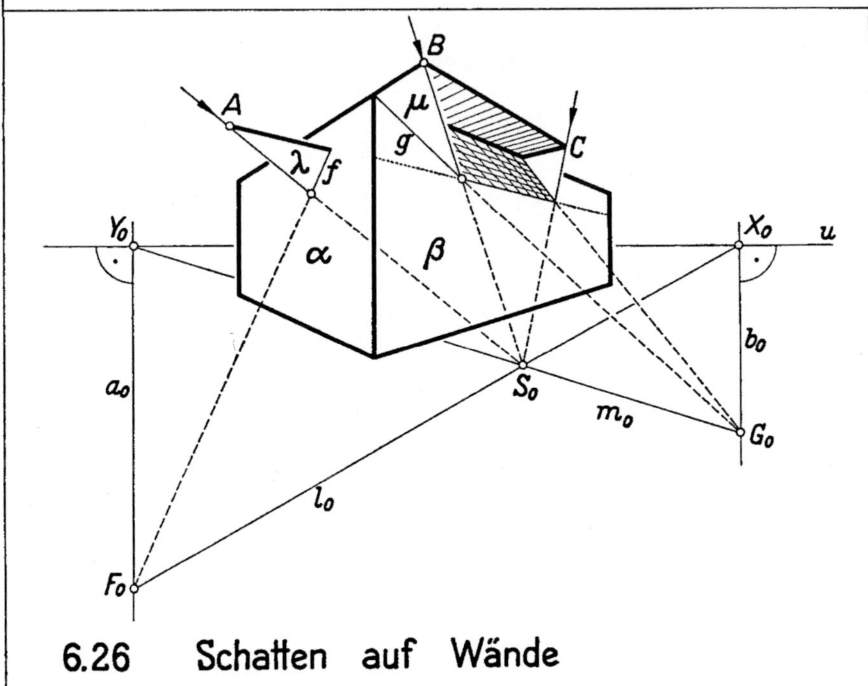

6.26 Schatten auf Wände

6.3 Distanzpunkte und Frontansicht

6.31 Horizontale Quadrate. In der horizontalen Grundrißebene (oben) liegen ein Quadrat und ein Rechteck, z. B. *hinter* π (1.12). In jedem sind zwei Seiten *Breitenlinien*, d. h. horizontale Hauptlinien. Im Rechteck verhält sich die Breite zur Tiefe wie 1 : 2. Die Fluchtpunkte der *Gehrungslinien*, d. h. der Quadratdiagonalen, heißen die *Distanzpunkte* D_1, die Fluchtpunkte der Rechteckdiagonalen die *Teildistanzpunkte* D_2. Die Grundrisse sind hier mit $\dot{O}$, $\dot{H}$, $\dot{D}_1$ und $\dot{D}_2$ bezeichnet. Da $OH = d$, ist $HD_1 = \pm\, d$, $HD_2 = \pm\, \frac{1}{2}d$. Mit Hilfe von D_1 und D_2 gewinnt man in π ein Zentralbild beider Figuren (unten): Auf einer Breitenlinie sind die Bilder der Strecken r und $\frac{1}{2}r$ gegeben. Durch ihre Endpunkte legt man die Tiefenlinien, also die H-Strahlen, durch je einen Endpunkt eine Diagonale, also links einen D_1-, rechts einen D_2-Strahl; er schneidet auf der Tiefenlinie des anderen Endpunktes die Strecke r ab. Nun zeichnet man die hinteren Seiten $\parallel u$. Nur zur Verdeutlichung sind beide Diagonalen eingezeichnet. Die Tiefenlinien des Quadrates schneiden auf jeder Breitenlinie eine Strecke der Länge r aus. So zeigt also die Figur:

1. Das Übertragen einer Strecke r von einer Breitenlinie auf eine andere mit Hilfe von Tiefenlinien, 2. das Abtragen einer Strecke r auf einer Tiefenlinie mit Hilfe von D_1, 3. dasselbe mit Hilfe von D_2 für den Fall, daß D_1 nicht auf dem Zeichenbrett liegt.

6.32 Horizontaler Kreis. Als Anwendung von 6.31 zeichnen wir das Bild eines horizontalen Kreises, der π_v nicht trifft. Gegeben seien im Bilde der Kreismittelpunkt M und der Radius auf der Breitenlinie b durch M, also die Kreispunkte auf b.[1] Gesucht sind die Kreispunkte auf der Tiefenlinie t und den Gehrungslinien durch M sowie die Tangenten in den acht Kreispunkten, also das *Bild eines Tangentenachtecks*. Dabei sei nur D_2, nicht aber D_1 erreichbar. Durch die Mitten der b-Radien legt man die durch Pfeile bezeichneten D_2-Strahlen; sie schneiden auf t die Kreispunkte aus. Nun zeichnet man das Bild des Tangentenquadrates und seiner Diagonalen. Um die Punkte auf den Diagonalen zu finden, suchen wir die Tiefenlinien durch diese Punkte. Bezeichnen wir den Radius auf der vorderen Seite des Tangentenquadrates mit r, so schneiden die gesuchten Tiefenlinien diese Seite in Punkten, die von t die Entfernung $x = \frac{1}{2}\sqrt{2}\,r \approx 0{,}7\,r$ haben; sie wird beim Skizzieren am besten nur geschätzt oder beim genauen Zeichnen aus einer Nebenfigur wie in 1.33 abgegriffen. Die Tangenten der Diagonalpunkte sind D_1-Strahlen; sie schneiden auf b die Strecke $MA = MB = 2MC$ ab, wobei C der b-Punkt der Tiefenlinie durch einen jener Diagonalpunkte ist. – Diese „klassische Konstruktion" werden wir in 6.44 durch zwei i. a. einfachere ergänzen.

---

[1] Auch die Zentralbilder bezeichnen wir – um die Figuren leichter lesbar zu machen – i. a. mit denselben Buchstaben wie die Urbilder.

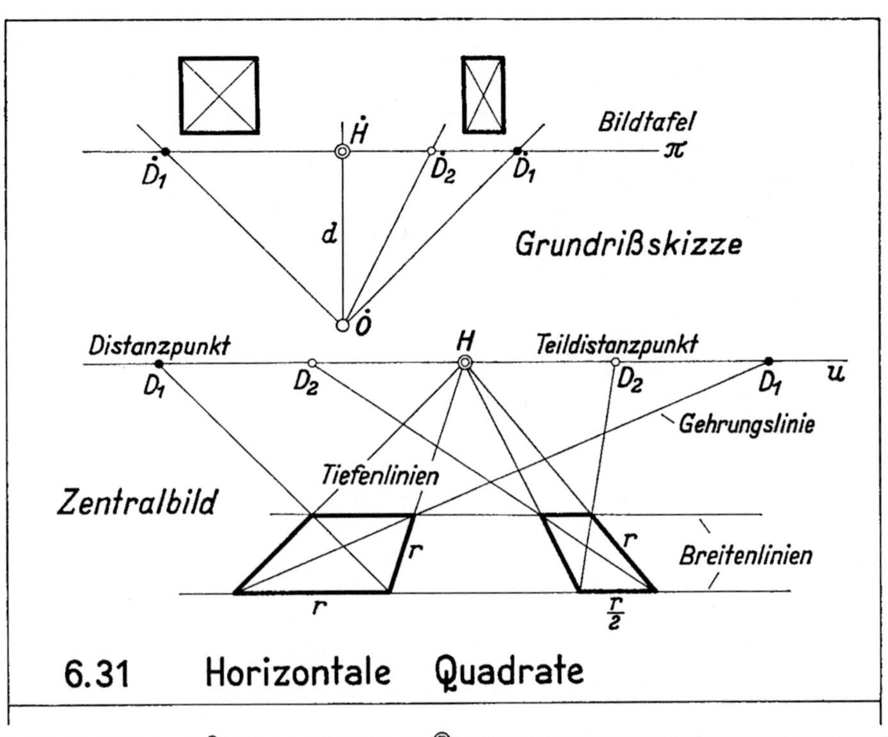

6.31   Horizontale   Quadrate

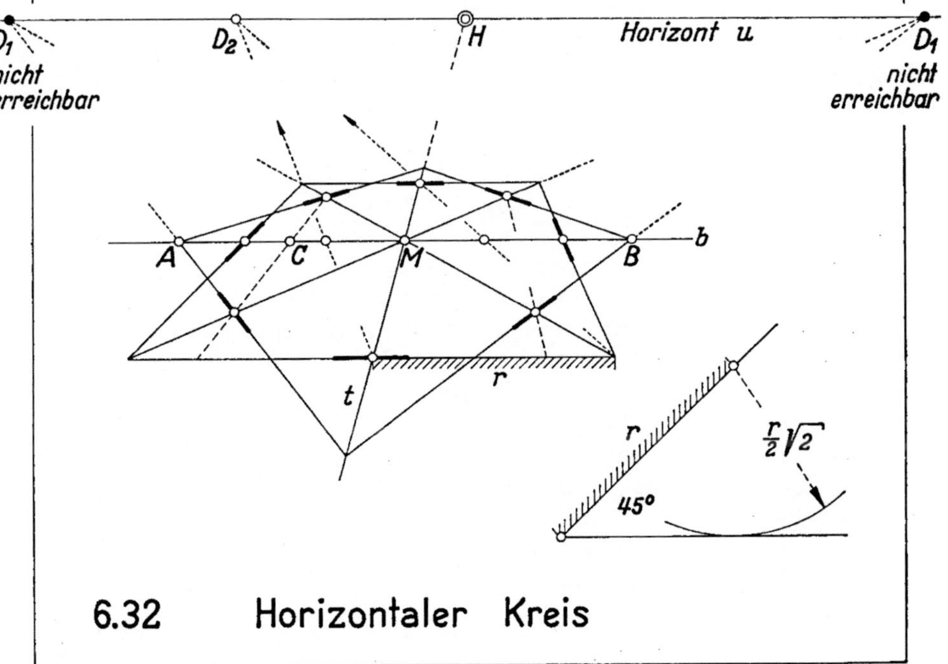

6.32   Horizontaler   Kreis

6.33 Axonometrische Perspektive. Wie in der üblichen Axonometrie (1.23) läßt sich auch ein Zentralbild durch Einmessen des Gegenstandes in das Bild eines Koordinatenkreuzes gewinnen. Am einfachsten wählt man die vertikale xz-Ebene als Bildtafel π und die x-Achse als Standlinie. Eine Skizze (oben) liefert die Distanz $d = OH = \dot{O}\dot{H}$ (3 m) und die x-Koordinate von H (2,5 m); die z-Koordinate von H sei als Aughöhe $O\dot{O}$ (2 m) gegeben. Denkt man sich den Gesamtraum – z. B. bei festem O – ähnlich im Maßstab $1 : n$ verkleinert, so wird aus dem Gegenstand dessen *Modell*, aus dem Bild in π ein ähnliches Bild von handlichem Format in einer näher an O stehenden Tafel, aus der abgelesenen Distanz die *Zeichendistanz*. Wir bezeichnen diese ebenfalls mit d, geben sie in cm an und fügen gegebenenfalls in eckigen Klammern die Meterlänge der ursprünglichen Distanz hinzu, die sie (in der Skizze und im Modell) darstellt. Dabei stimme man diese beiden Zahlen so ab, daß ihr Verhältnis, der *Modellmaßstab* $1 : n$, eine einfache Zahl wird. – Zum Beispiel zeichnet man mit der Zeichendistanz $d = 27$ cm [3 m][1], also für $1 : n = 9 : 100$, im Bilde die x- und die z-Achse mit Breiten- und Höhenmaßstab, trägt H ein, dann $u \parallel x$, D_1, die y-Achse durch H, auf y den Tiefenmaßstab mit Hilfe von D_1-Strahlen und endlich jeden durch Koordinaten gegebenen Punkt, z. B. den Stabkopf. Die Figur zeigt ferner noch einmal das Abtragen einer Strecke r auf einer Breitenlinie b und einer Tiefenlinie t.

6.34 Frontansicht mit Tiefenmaßen. Nach dieser Methode wurde ein Bild für eine Zeichendistanz $d = 32$ cm [32 m] gezeichnet (links)[1]. An zwei Kanten der Umrandung sind Maßstäbe zum Ablesen der Breiten und Höhen angebracht. Ist z. B. D_2 im Bilde angegeben, so kann man auch die Tiefen ablesen, indem man sie mit D_2-Strahlen auf den Breitenmaßstab überträgt und das erhaltene Maß verdoppelt.

Wie wirkt ein Bild, wenn man es – in Unkenntnis der Zeichendistanz d – von einem Punkt O_1 des Hauptstrahles, aber aus zu großer Distanz, betrachtet? Eine Kreuzrißskizze (rechts), in der die Ebenen π, $\beta \parallel \pi$ und $\gamma \perp \pi$ als Geraden, die Standlinie c, die Breitenlinie $b = \beta\gamma$ und ihr Bild b' als Punkte erscheinen, zeigt: Der O_1-Betrachter deutet b' entweder als weiter hinten liegende Breitenlinie b_1 in der horizontal gesehenen Bodenebene γ: Der Raum erscheint ihm also tiefer, die Rückwand β liegt anscheinend in $\beta_1 \parallel \beta$. Oder aber: Er läßt sich über die Tiefe nicht täuschen, weil z. B. eine quadratische Bodentäfelung das nicht zuläßt. Dann deutet er b' als höher gelegene Breitenlinie b_2 in der Rückwand β: Die Bodenebene γ_2 scheint von c nach b_2 anzusteigen. Ebenso erscheint ein Raum bei Betrachtung aus zu kleiner Distanz verkürzt oder mit nach hinten abfallender Bodenebene.

---

[1] Die Figur ist für 6.33 im Verhältnis $1 : 6$, für 6.34 im Verhältnis $1 : 4$ wiedergegeben. Die Distanzen sind also $d' = 4,5$ und $d' = 8$ cm.

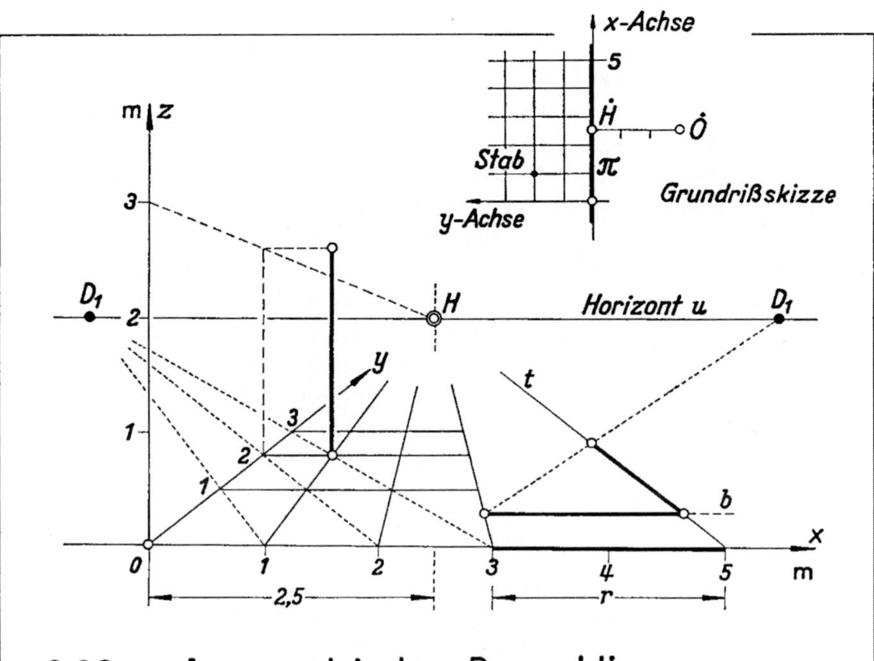

6.33   Axonometrische   Perspektive

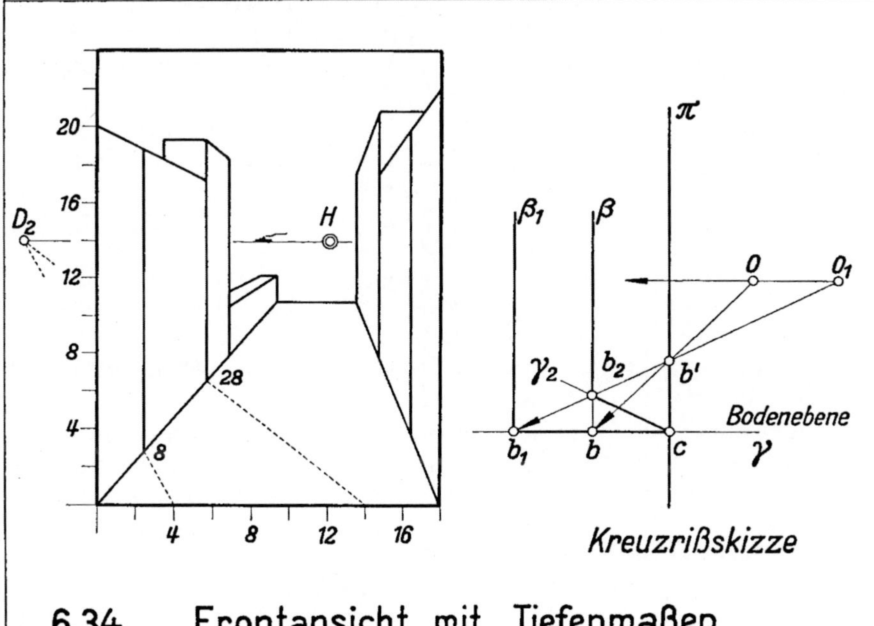

6.34   Frontansicht   mit   Tiefenmaßen

6.35 Winkel in Horizontalebenen. Nachdem wir in den letzten Nummern die auf dem Horizont u liegenden Distanzpunkte dazu benutzten, um Strecken auf Tiefenlinien zu messen oder einzutragen, wollen wir nun zeigen, wie man die auf der Vertikalen v liegenden Distanzpunkte zum Messen horizontaler Winkel verwenden kann. Wieder sei die Bildtafel π vertikal. Um den Winkel φ zweier horizontaler Geraden mit den Fluchtpunkten X_0 und Y_0 zu messen oder einzuzeichnen, schwenkt man die Fluchtebene aller horizontalen Geraden, also die Ebene Ou, um u in π hinein. Dabei fällt O in den *oberen* oder *unteren Distanzpunkt* D_1 auf v, für den $HD_1 = \pm\, d$ ist. Dann ist nach 6.13 $\varphi = \sphericalangle X_0 D_1 Y_0$. Die beiden Distanzpunkte auf v heißen deshalb die *Meßpunkte der Horizontalebenen*. Führt man in π Koordinaten mit dem Ursprung H und den Achsen u und v ein, setzt also z. B. die gerichteten Strecken $HX_0 = x_0$ und $HY_0 = y_0$, so wird speziell für zwei zueinander senkrechte Horizontalgeraden

$$x_0 \cdot y_0 = -\, d^2.$$

Wählt man z. B. $x_0 = \dfrac{1}{n}\, d$, so wird $y_0 = -\, nd$: *Die Abszissen der Fluchtpunkte X_0 und Y_0 sind – gemessen in der Distanz als Einheit – negativ reziprok.*

Um das Bild eines horizontalen Quadrates zu zeichnen (oben), bestimmt man X_0, Y_0 und den Fluchtpunkt G_0 einer Diagonalen, macht also $\sphericalangle G_0 D_1 X_0 = \sphericalangle G_0 D_1 Y_0 = 45°$, und legt durch zwei Punkte einer G_0-Geraden die Quadratseiten durch X_0 und Y_0. — Für ein gleichseitiges Sechseck (unten) wählt man zunächst die drei Seitenfluchtpunkte A_0, B_0 und C_0 auf u so, daß $\sphericalangle A_0 D_1 B_0 = \sphericalangle B_0 D_1 C_0 = 60°$ ist, zeichnet das Bild eines gleichseitigen Dreiecks *1* mit diesen Fluchtpunkten, dann das Dreieck *2*, das eine Seite mit *1* gemeinsam hat, und so fort. Die Linien zum unerreichbaren Fluchtpunkt A_0 werden nach 6.16 gezeichnet.

6.36 Winkel in Tiefenwänden. Um bei vertikaler Bildebene einen Winkel φ in einer Tiefenwand zu messen oder einzuzeichnen, wird die Fluchtebene aller Tiefenwände, also die Ebene Ov, um v in π hineingeklappt: O fällt in den *rechten* oder *linken Distanzpunkt* D_1 auf u; diese beiden u-Punkte heißen die *Meßpunkte der Tiefenwände*.

Durch eine Breitenlinie b sind z. B. rechteckige Platten mit den Neigungen 1 : 3 und 2 : 3 zu legen. Die Fluchtpunkte A_0 und B_0 ihrer Fallinien liegen nach dem Winkelsatz so auf v, daß $HA_0 = \tfrac{1}{3}\, d$, $HB_0 = \tfrac{2}{3}\, d$ ist. $\varphi = \sphericalangle B_0 D_1 H$ ist der Neigungswinkel der B_0-Platte, $\sphericalangle B_0 D_1 A_0$ der Winkel zwischen beiden Platten. Sind zwei durch b gehende Platten $\perp$ zueinander, so schneiden ihre Neigungslinien auf v wieder zwei Strecken ab, die – in der Einheit d gemessen – negativ reziprok sind. Soll z. B. ein zur B_0-Platte senkrechter Stift skizziert werden, so hat man die Lage seines Fluchtpunktes C_0 auf v so zu bestimmen, daß $HC_0 = -\, \tfrac{3}{2}\, d$ wird, weil $HB_0 = \tfrac{2}{3}\, d$ war.

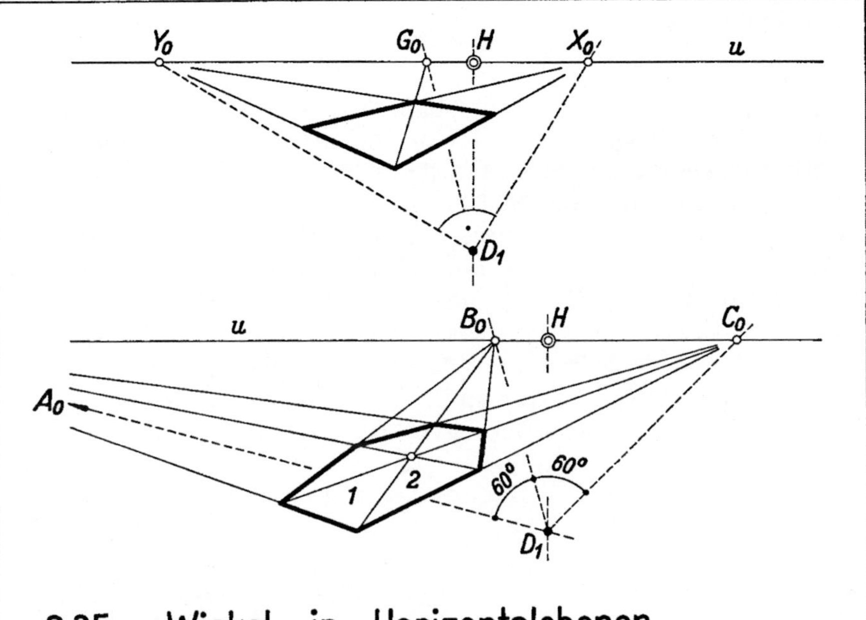
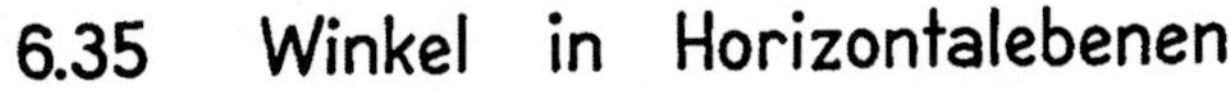

6.35 Winkel in Horizontalebenen

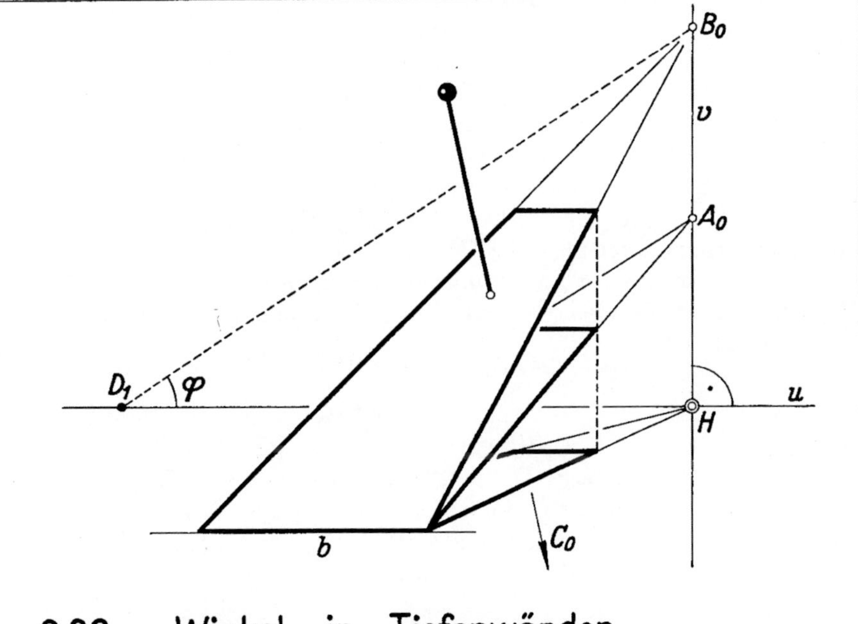

6.36 Winkel in Tiefenwänden

6.4 Zylinder und Kugel

6.41 Drehzylinder. Nachdem in 6.32 das Bild eines Kreises gezeichnet wurde, wollen wir jetzt Körper abbilden, die ebene Kreisschnitte enthalten, nämlich Drehzylinder und Kugel. In einem xyz-Koordinatenkreuz (Skizze) sei ein Zylinder mit vertikaler Achse $\|\,z$, dem Radius 4 m und der Höhe 3 m gegeben. Der Mittelpunkt seines Basiskreises liege auf der y-Achse bei $y = 7$ m. Das Bild des Koordinatenkreuzes und der Distanzpunkte liege bereits nach 6.33 mit einer Zeichendistanz von $d = 10$ cm [15 m] gezeichnet vor. Dann gewinnt man ebenfalls nach 6.33 im Bilde die Mittelpunkte der beiden Basiskreise und ihre Durchmesser $\|$ und $\perp \pi$. Dabei habe das Bild eines Halbmessers $\|\,\pi$ die Länge r'.

Nun ermitteln wir – bevor die Kreisbilder gezeichnet werden – die Konturmantellinien. Sie werden, wie die Skizze zeigt, von den Tangentialebenen durch O in π ausgeschnitten. Deutet man das gesuchte Bild als Bild eines (kleineren!) Zylinders, dessen Achse in π liegt, so schneidet dieser in der Fluchtebene $Ou = \gamma_0$ aller Horizontalebenen einen Kreis vom Radius r' und dem Mittelpunkt $M^\times$ auf u aus. Durch Umlegen von γ_0 fällt O in den v-Punkt D_1. Durch diesen legt man also die Tangenten an den umgelegten Kreis, bestimmt ihre schwarz markierten u-Punkte und zeichnet durch sie die gesuchten Konturlinien $\|\,v$.

Den Berührungspunkten der Konturlinien entsprechen in der Umlegung von γ_0 die Berührungspunkte der D_1-Tangenten. Durch diese Punkte legt man Tiefenlinien, z. B. $t^\times$ durch $A^\times$, überträgt deren Abstände von $M^\times$ durch „Herunterloten" in die Bilder beider Basiskreise, in der Figur z. B. des unteren Kreises, und gewinnt so in diesen die Tiefenlinien, die die Konturpunkte, z. B. A, ausschneiden. Durch Spiegelung von A am Tiefendurchmesser y erhält man einen weiteren Basiskreispunkt B. Die B-Tangente trifft die A-Tangente, also die Verlängerung der Konturlinie durch A, auf y. Damit kann man die Bilder der Basiskreise ohne Angabe weiterer Punkte einzeichnen. Dreht man die Figur um 90°, so erhält man das Bild eines Zylinders, dessen Achse eine Breitenlinie ist.

6.42 Zylinderachse senkrecht zur Bildtafel. Sind die Mantellinien eines Drehzylinders $\perp \pi$, also die Breitenkreise $\|\,\pi$, so erscheinen diese auch im Bilde als Kreise. Die Konturlinien sind die H-Tangenten an jene Kreise. Links ist das Bild eines „liegenden" Zylinders bei vertikaler Bildtafel, rechts eines „stehenden" Zylinders bei horizontaler Bildtafel, also in „*Ballon-Perspektive*", gezeichnet.

Bilder von Drehflächen in solchen Stellungen finden sich z. B. in der „*Malerischen Perspektive*" von *K. Bartel* (B. G. Teubner, 1934), die eine Fülle lehrreicher Anwendungen enthält.

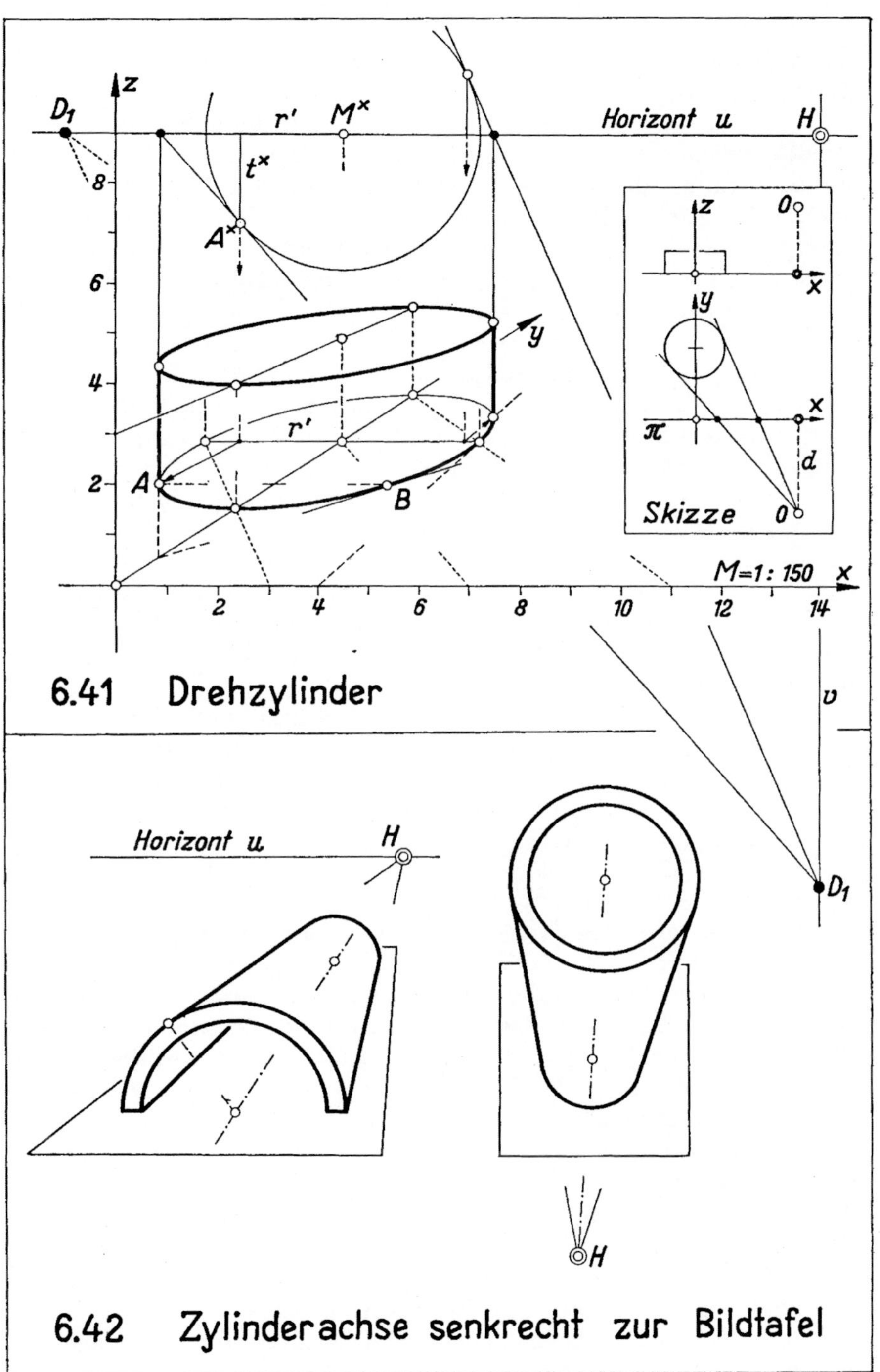

6.41 Drehzylinder

6.42 Zylinderachse senkrecht zur Bildtafel

6.43 Kugel mit Großkreisen. Wir wollen nun das Bild einer Kugel entwerfen, die die Verschwindungsebene weder schneiden noch berühren soll und deren Mittelpunkt M im Bilde gegeben sei. Durch M legen wir eine Breitenlinie, eine Lotlinie und eine Tiefenlinie und zeichnen dann die drei Großkreise mit diesen Achsen, nämlich den Nullmeridian $\parallel \pi$, der auch im Bilde als Kreis (mit dem Radius der Kugel, im Maßstab der Breitenlinie gemessen) erscheint, den horizontalen Äquator, den wir nach 6.32 konstruieren, und den Meridian $\perp \pi$, für den wir ebenfalls – als Kreis in einer Tiefenwand – die Überlegungen von 6.32 verwenden.

Nun suchen wir die Kontur, also den Schnitt des die Kugel berührenden Sehkegels mit der Bildtafel π. Da die Kugel die Verschwindungsebene nicht schneidet, ist diese Kontur eine Ellipse e, die die Bilder jener Großkreise berührend umschließt. Nach dem *Satz von Dandelin* (4.25) sind die Brennpunkte von e die Bilder der Endpunkte des Kugeldurchmessers, der $\perp \pi$ steht. Diese Brennpunkte sind also im Bilde bereits vorhanden als die Endpunkte des Tiefendurchmessers. Der Mittelpunkt der von den Brennpunkten begrenzten Strecke – in der Figur schwarz markiert – liefert den Mittelpunkt von e, der also nicht etwa M ist. Um e mit Hilfe der Brennpunkte zeichnen zu können, braucht man die Länge $2a$ der großen Achse, also noch wenigstens einen e-Punkt. Deshalb wollen wir zunächst die Konturpunkte der drei Großkreise ermitteln.

Denkt man sich einen Zylinder, der die Kugel längs eines dieser Kreise berührt, so berührt e die Konturlinien dieses Zylinders in zwei Punkten, durch die das Bild jenes Kreises berührend geht (3.42). Wählt man speziell den Zylinder $\perp \pi$, der also die Kugel längs des Nullmeridians berührt, so sind die Konturlinien dieses Zylinders die H-Tangenten an das Bild des Nullmeridians, also an einen Kreis. Sie liefern die Berührungspunkte *1* als e-Punkte.

Wählt man aber den vertikalen Zylinder, der die Kugel längs des Äquators berührt, oder den horizontalen Zylinder, der längs des Meridians $\perp \pi$ berührt, so kann man die zugehörigen Zylinderkonturlinien wie in 6.41 bestimmen und erhält damit deren Berührungspunkte als weitere e-Punkte, die in der Figur durch die Ziffern *2* und *3* bezeichnet sind.

Um die obere Figur nicht zu überlasten, wurde sie nach Konstruktion der sechs Konturpunkte parallel nach unten geschoben; dabei sind Horizont und Hauptpunkt fortgelassen. Nun gewinnt man z. B. aus dem Punkte *1* mit Hilfe der bekannten Fadenkonstruktion einer Ellipse die Hauptachse $2a$, die Hauptscheitel, die ja auch auf dem Bilde des Tiefendurchmessers liegen, und daraus endlich die Nebenscheitel. Von den Großkreisen sind nur die sichtbaren Abschnitte gezeichnet, die von den oben konstruierten Konturpunkten begrenzt werden.

Dieses Verfahren zur Bestimmung der Kugelkontur kann bei Kavalierprojektion übernommen werden (vgl. 3.11).

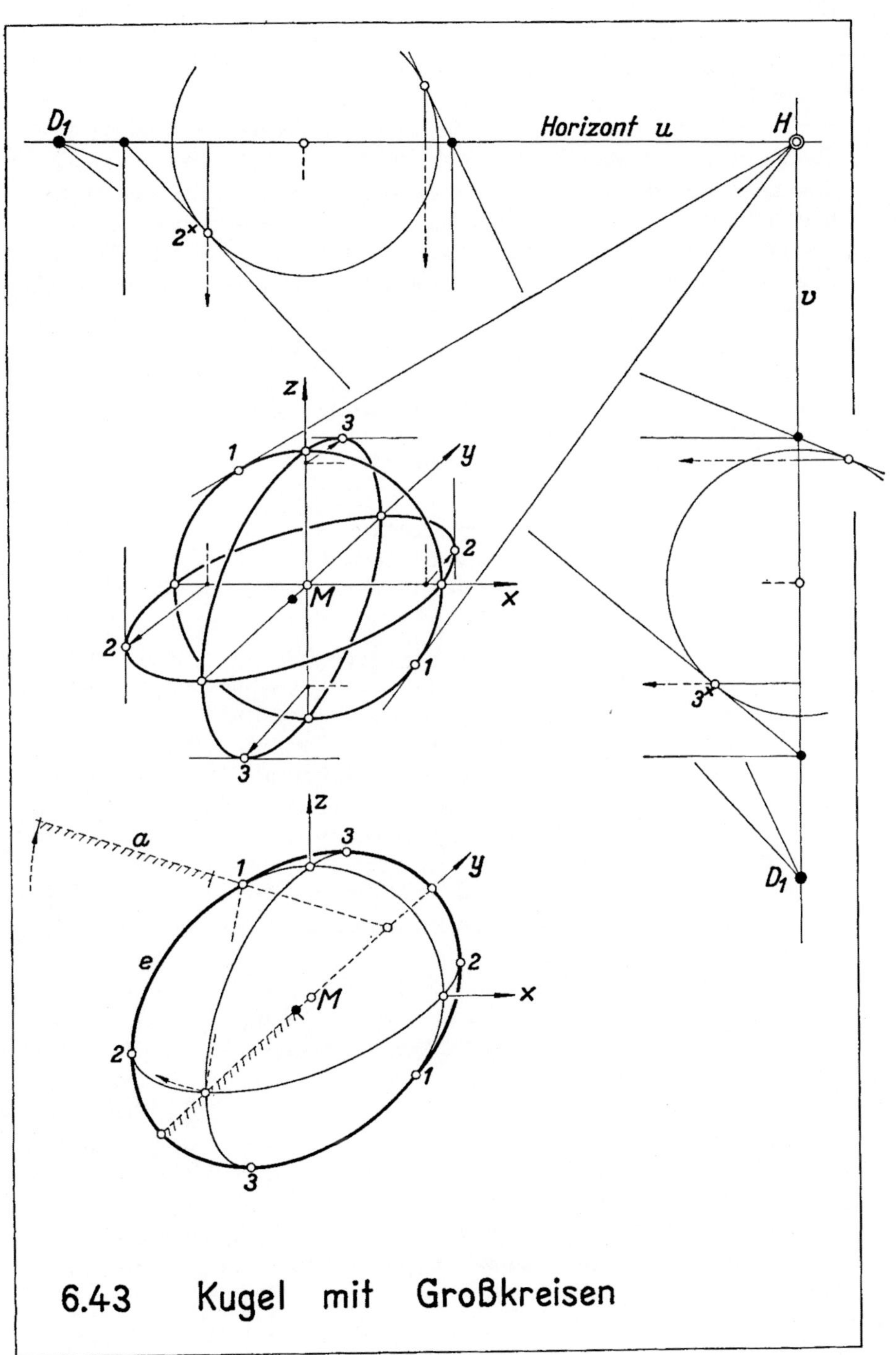

6.43   Kugel mit Großkreisen

6.44 Ellipsen und Kreise in Wänden und Horizontalebenen. Bei der
Darstellung von Brücken und Gewölben (z. B. in 6.46) oder des Grundrisses eines Kirchenraumes ist oft das Bild einer Halbellipse, speziell eines
Halbkreises, in ein gegebenes Wand- oder Bodenrechteck einzuzeichnen,
das ganz „vor" dem Zeichner liegt, also π_v nicht trifft; dabei soll im Urbild die Rechteckseite AB eine Achse dieser Ellipse und die gegenüberliegende Seite Tangente, die Seitenmitte also Berührungspunkt sein.
„Perspektivisch" übertragbar ist dann 1.33, besser aber die nur wenige
Hilfslinien erfordernde zweite oder dritte Konstruktion in 1.34, mit der
man beliebig viele Kurvenpunkte erhalten kann. Denkt man sich nämlich die Tangentenrechtecke der in 1.34 gezeichneten Urbilder durch eine
Affinität in Richtung der Rechteckseite AB gestaucht oder gedehnt, so
bleibt jede Höhe unverändert, die dort angegebene Konstruktion also
auch für die entstehende Halbellipse gültig.

So ergibt sich zunächst die folgende *Höhensatz-Konstruktion*: Man
bestimmt das Bild der Mitte C der Gegenseite von AB, verdoppelt also
z. B. für den Fall eines Wandrechtecks (oben) die B-Seite nach oben bis D
und schneidet AD mit der oberen Seite in C. Nun wählt man eine beliebige Parallele zur A- und B-Tangente, die im Fall der Wand vertikal
ist, schneidet sie mit den festen Geraden AC und BC in U und V und mit
der C-Seite in W. Dann treffen sich AV und BU im Bilde eines Ellipsen-
bzw. Kreispunktes. Seine Tangente ist durch W zu zeichnen.

Diese Konstruktion läßt sich mit den gleichen Bezeichnungen auch
für ein beliebiges horizontales Rechteck durchführen (Figur in der
Mitte): Zunächst bestimmt man wieder auf der AB gegenüberliegenden
Seite das Bild der Mitte C (6.15). Dann ist UV im Bilde durch den Fluchtpunkt der A- und der B-Tangente zu wählen.

Die *Tangentensatz-Konstruktion* schildern wir ebenfalls für den Fall
eines Wandrechtecks (unten). Man verdoppelt die vertikalen Rechteck-
seiten über die oberen Eckpunkte hinaus und halbiert sie: Durch kreuz-
weises Verbinden der schwarz markierten Teilpunkte erhält man zwei
Tangenten. Ihre Berührungspunkte werden von den Diagonalen des
Rechtecks ausgeschnitten. Die Parallele zur A- und B-Tangente durch
den Schnittpunkt dieser Diagonalen schneidet den noch fehlenden
Ellipsenpunkt C auf der Gegenseite von AB aus. Diese Konstruktion
läßt sich ebenso für ein Rechteck in beliebiger Ebene, z. B. der Bodenebene, durchführen, da ja nur das Verdoppeln und Halbieren oder allgemeiner das Teilen einer Strecke (6.15) dazu erforderlich ist.

*Durch beide Konstruktionen ist es also möglich, die Bilder von Kreisen
zu zeichnen, die hinter π in beliebigen Ebenen liegen und die Verschwindungsebene nicht treffen* (vgl. 7.26).

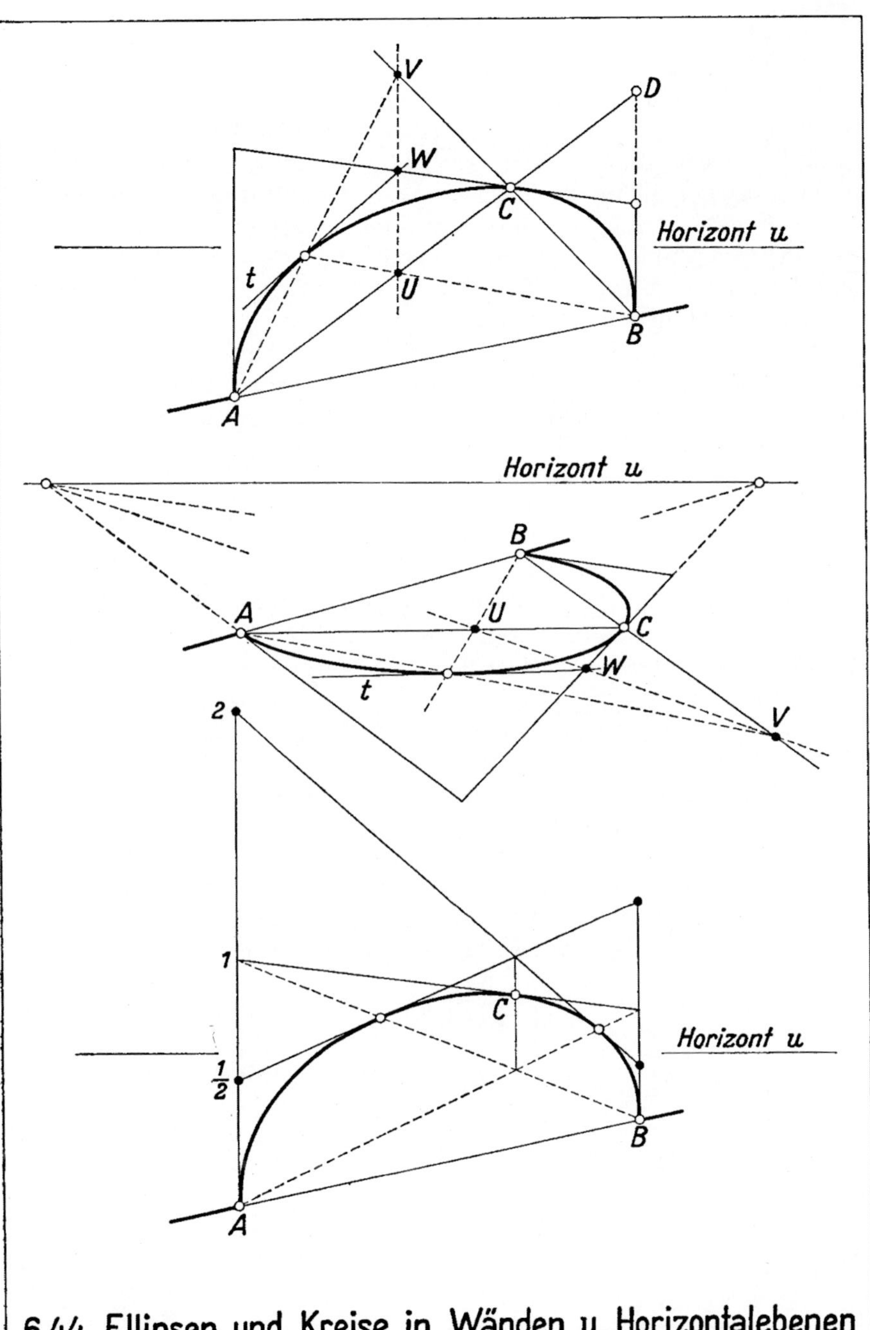

6.44 Ellipsen und Kreise in Wänden u. Horizontalebenen

6.45 Frontansicht eines Kreuzgewölbes. Als Anwendung der vorigen Abschnitte wollen wir nun von den beiden in einer Grund- und Aufrißskizze gegebenen Gängen und dem sie verbindenden Kreuzgewölbe eine frontale Innenansicht zeichnen. Als Bildbegrenzung ist der Schnitt des Ganges mit der Bildtafel gewählt. Aus dem Grundriß entnehmen wir als geeignete Distanz 6,5 m. Für eine Zeichendistanz von $d = 26$ cm [6,5 m] wird also nach 6.33 der Modellmaßstab und damit der Maßstab auf der Standlinie $1 : n = 26 : 650 = 1 : 25$. In diesem Maßstab werden die Bildbegrenzung, der Horizont und der Hauptpunkt in das Bild eingetragen. (Die Buchfigur ist allerdings auf die Hälfte verkleinert, ihre Distanz also $d' = 13$ cm.) Mit Hilfe des Teildistanzpunktes D_2 entwirft man nun zunächst das Bild der Bodenebene, zeichnet dann die Höhen der Wände und schließlich in die über den Diagonalen des Bodenquadrats stehenden Rechtecke die Gratellipsen, z. B. nach der dritten Konstruktion in 6.44, ein. Die Konstruktion ist oben herausgezeichnet:

Das Quadrat $AA^\times BB^\times$ liegt über der Horizontebene, wird also von unten gesehen. Man ergänzt es zunächst nach oben zu einem Quader, dessen Höhe die halbe Quaderseite ist. Die vordere Quaderwand ist fortgenommen, so daß man in das Innere hineinblickt. Der DiagonalenSchnittpunkt im oberen Quadrat sei C. Nun zeichnet man in die von den Vertikalkanten und den Quadratdiagonalen aufgespannten Rechtecke die Bilder der Halbellipsen ACB und $A^\times CB^\times$ ein, halbiert und verdoppelt also z. B. die Vertikalkanten und verbindet innerhalb jeder Rechteckebene die schwarz markierten Teilpunkte kreuzweise. In der Zeichnung ist das der Deutlichkeit wegen nur für eines dieser Rechtecke durchgeführt. Auf den so erhaltenen Ellipsentangenten, die in der Figur wie stützende Balken wirken, schneiden die punktierten Diagonalen der Vertikalrechtecke die Berührungspunkte aus. In der unteren Figur sind diese Punkte durch Nullenkreise kenntlich gemacht, ihre Tangenten aber fortgelassen.

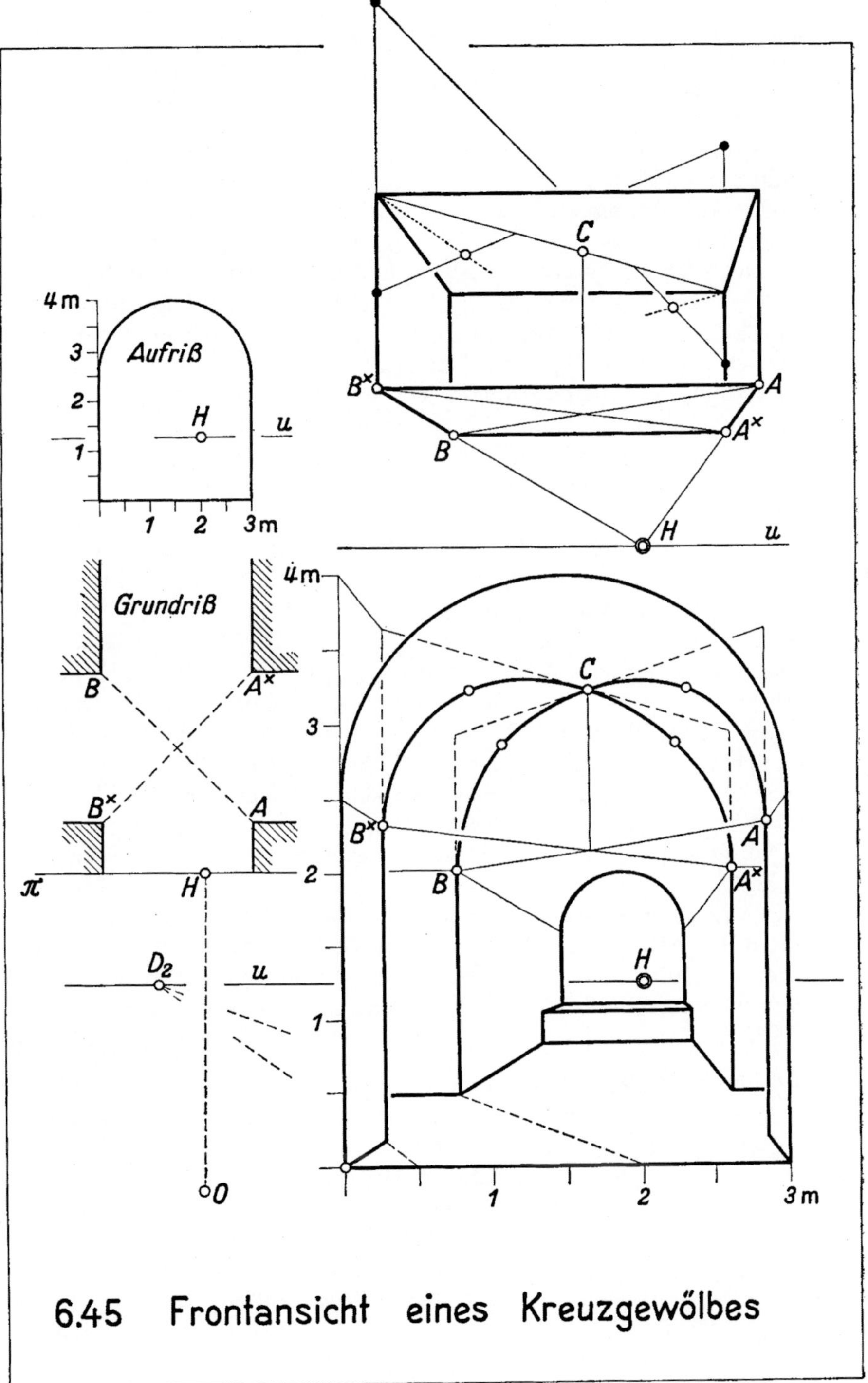

6.45 Frontansicht eines Kreuzgewölbes

6.46 Schatten auf Zylinder. Nachdem wir in 6.41 und 6.42 einen Drehzylinder in den einfachsten Stellungen perspektivisch dargestellt haben, wollen wir nun den Schlagschatten bestimmen, den einer seiner Randkreise ins Innere wirft, z. B. für den Fall eines Torbogens (unten). Um diese Aufgabe, die wir im Zweitafelverfahren bereits behandelt haben (5.36), zunächst möglichst allgemein zu lösen, nehmen wir an, daß im Bilde (oben) der Randkreis k, die Fluchtlinie b_0 seiner Ebene β, der Fluchtpunkt M_0 der Zylindermantellinien und der Sonnenpunkt, also der Fluchtpunkt S_0 der Sonnenstrahlen, gegeben seien. Durch einen schattenwerfenden k-Punkt P legen wir den Lichtstrahl PS_0 und suchen seinen Schnittpunkt $\overline{P}$ mit dem Zylinder. Um ihn zu finden, denkt man sich durch alle Punkte der durch P gehenden Mantellinie Lichtstrahlen gelegt. Sie spannen die *Lichtebene* λ dieser Mantellinie auf; die Fluchtlinie von λ ist $l_0 = M_0 S_0$. Die Ebenen λ und β schneiden sich in einer Geraden v, die durch P und ihren Fluchtpunkt $V_0 = l_0 b_0$ geht. Durch den von P verschiedenen k-Punkt Q auf v legen wir die Mantellinie, auf der der P-Lichtstrahl den gesuchten Schattenpunkt $\overline{P}$ ausschneidet. Das läßt sich genauso durchführen, wenn der Zylinderrand k eine beliebige konvexe Kurve ist.

Die Konstruktion ist gleichbedeutend mit dem Pendelebenenverfahren (5.2): Die Lichtstrahlen durch die k-Punkte bilden einen Strahlenzylinder, der mit dem gegebenen außer k einen Ellipsenbogen $\overline{k}$ – den Schlagschatten von k – gemeinsam hat. Das Bild der Pendelachse ist die Fluchtlinie l_0, die Pendelebenen sind die Lichtebenen λ. Dreht man λ um die Pendelachse, so dreht sich v um V_0. Die k-Tangenten durch V_0 berühren k in den schwarz markierten Punkten, die k und $\overline{k}$ gemeinsam haben.

Die Bilder von k und $\overline{k}$ entsprechen sich nach 5.36 in zwei Perspektivitäten: Die eine hat das Zentrum M_0, die andere das Zentrum S_0; beide besitzen als Achse die Verbindungsgerade jener schwarz markierten Punkte (oben). Beim Zeichnen von $\overline{k}$ sorgt man also wieder dafür, daß sich die k-Tangente in P und die $\overline{k}$-Tangente in $\overline{P}$ auf dieser Achse treffen.

In unserem Beispiel (unten) ist der Mantellinienfluchtpunkt M_0 der Hauptpunkt H, der Randkreis $k \parallel \pi$, die Fluchtlinie b_0 also die Ferngerade von π und damit V_0 der Fernpunkt von HS_0. Die Spuren v der Lichtebenen in der Randkreisebene sind also diesmal auch im Bilde parallel. Für den „*Springpunkt*" A springt der Schlagschatten von der vorderen Vertikalkante auf die Bodenfläche. Schlag- und Eigenschatten sind in unserer Figur nicht unterschieden; die Eigenschattengrenze ist hier die Verbindungsgerade der beiden schwarz markierten Punkte.

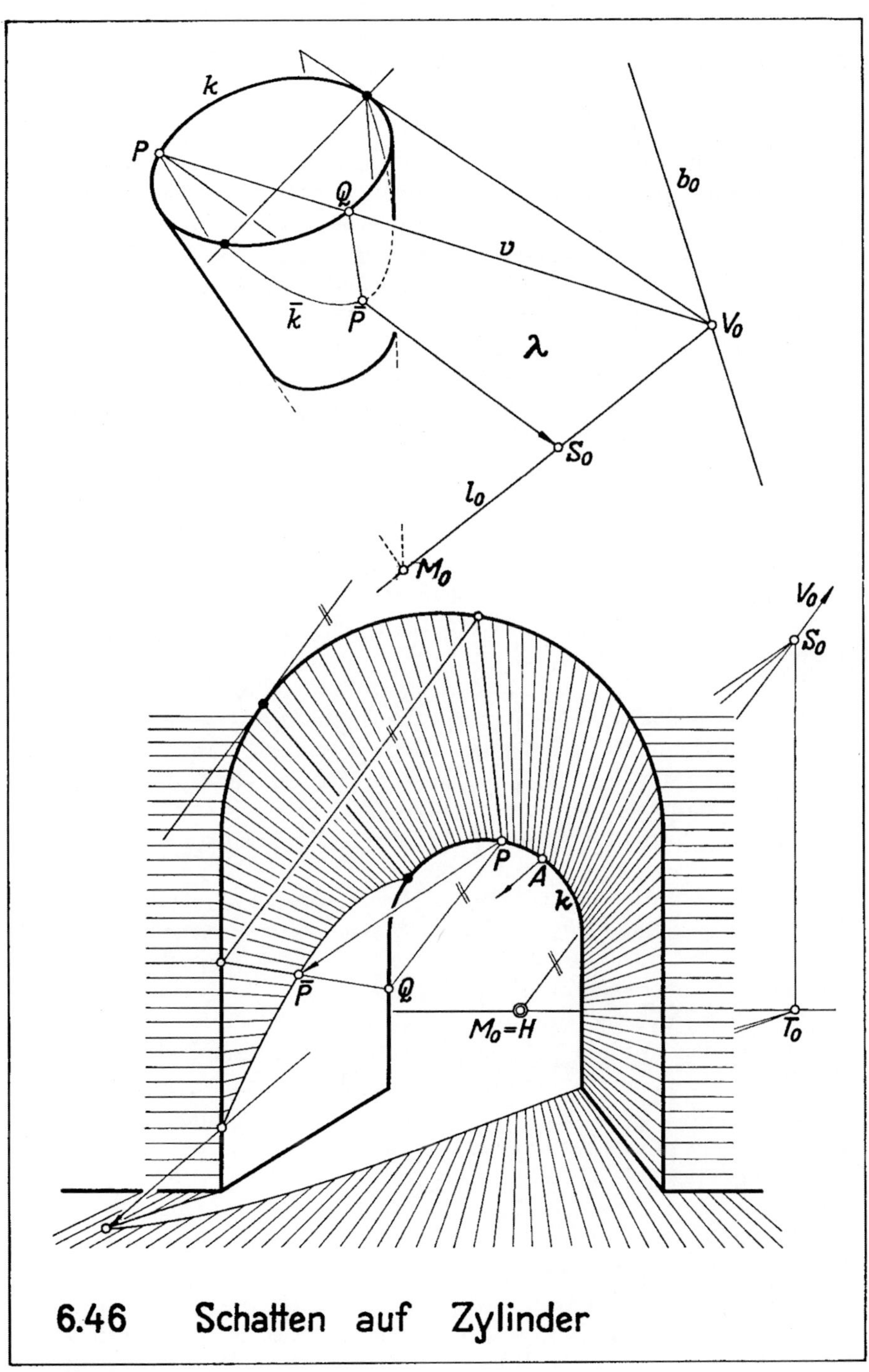

6.46 Schatten auf Zylinder

7. Meßpunktperspektive

7.1 Meßpunkte

7.11 Meßpunkte einer Ebene. Mit Hilfe der Distanzpunkte auf v oder u konnten wir bisher Winkel nur in Horizontalebenen und Tiefenwänden, Strecken nur auf Tiefenlinien messen oder einzeichnen; darauf beruhte das Herstellen und Ausmessen einer Frontansicht. Nun erstreben wir dasselbe für beliebige Ebenen und beliebige Geraden. Damit verallgemeinern wir die geschilderte Distanzpunktperspektive der Renaissance zur *Meßpunktperspektive* des 18. Jahrhunderts: Hier sind jeder Ebene und jeder Geraden in der Zeichenebene „Meßpunkte" zugeordnet, die nur von der Fluchtlinie der Ebene oder dem Fluchtpunkt der Geraden (also auch von H und d) abhängen. Dreht man nämlich eine Ebene ε, in der Figuren zu messen oder zu zeichnen sind, wie in 2.34 um eine Hauptlinie in eine Lage $\parallel \pi$ oder speziell um ihre Spur in π hinein, so beschreibt jeder ε-Punkt einen Kreisbogen. Die in diese Bögen eingespannten Drehsehnen sind parallel. Ihr Fluchtpunkt heißt ein *Meßpunkt E_1 der Ebene ε*: denn mit seiner Hilfe kann man die Drehsehnen zwischen einer ε-Figur und ihrer Umlegung im Bilde zeichnen und damit – wie wir später zeigen werden – diese Figur in das Bild „einmessen". In der linken Figur ist ε eine Wand, in der rechten eine Dachebene.

Um E_1 zu finden, dreht man die Fluchtebene $Oe_0 = \varepsilon_0$ im gleichen Drehsinn wie ε um e_0 in π hinein. Dadurch gelangt O an die Stelle E_1, denn OE_1 ist $\parallel$ zu den Drehsehnen der ε-Punkte. Zu jeder Ebene gehören zwei Drehrichtungen, also zwei Meßpunkte. Ist ε horizontal oder eine Tiefenwand, so erhält man die Distanzpunkte D_1 auf v oder auf u.

7.12 Konstruktion eines Ebenen-Meßpunktes. Aus 7.11 folgt die Regel: *Ein Meßpunkt E_1 einer Ebene ε liegt auf der zu ihrer Fluchtlinie e_0 senkrechten H-Geraden. Sein Abstand von der Fluchtlinie ist gleich dem Abstand des Augpunktes von der Fluchtlinie.*

Ist N_0 der Fußpunkt des Lotes von O (und also auch von H) auf e_0, so findet man den Abstand $E_1N_0 = ON_0$ durch Umlegen des Stützdreiecks ON_0H von ε_0, wobei O in einen Punkt $O^\times$ des Distanzkreises fällt. Da dieser aber im allgemeinen nicht gezeichnet vorliegt, greift man ON_0 besser aus einem „Rechtwinkelhaken" ab, den man an den Rand der Zeichnung setzt: Sein fester Schenkel hat die Länge $HO = d$; den anderen macht man gleich HN_0.

Der e_0-Punkt N_0 ist der Fluchtpunkt aller ε-Geraden, die $\perp$ zur Spur e von ε sind, kurz: der *Spurnormalen* von ε.

Um den Winkel φ zweier ε-Geraden zu messen, bestimmt man ihre Fluchtpunkte F_0 und G_0 auf e_0 und einen der beiden Meßpunkte E_1; dann ist $\varphi = \sphericalangle\, F_0E_1G_0$ (Hauptsatz II).

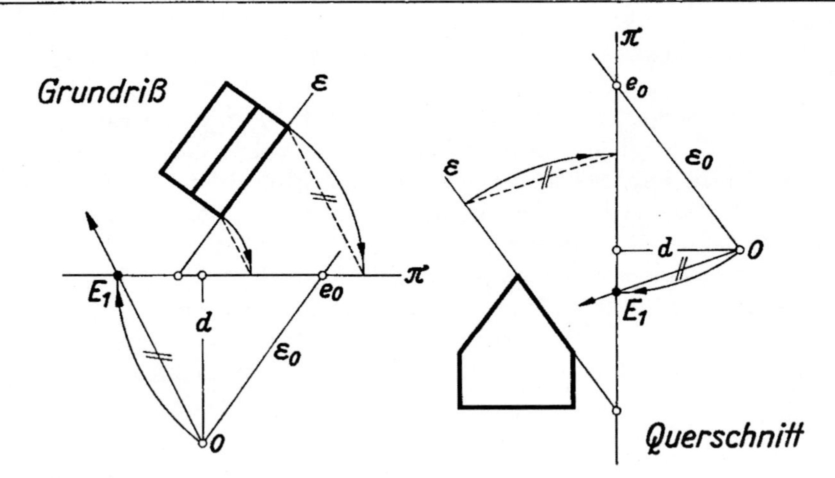

7.11 Meßpunkte einer Ebene

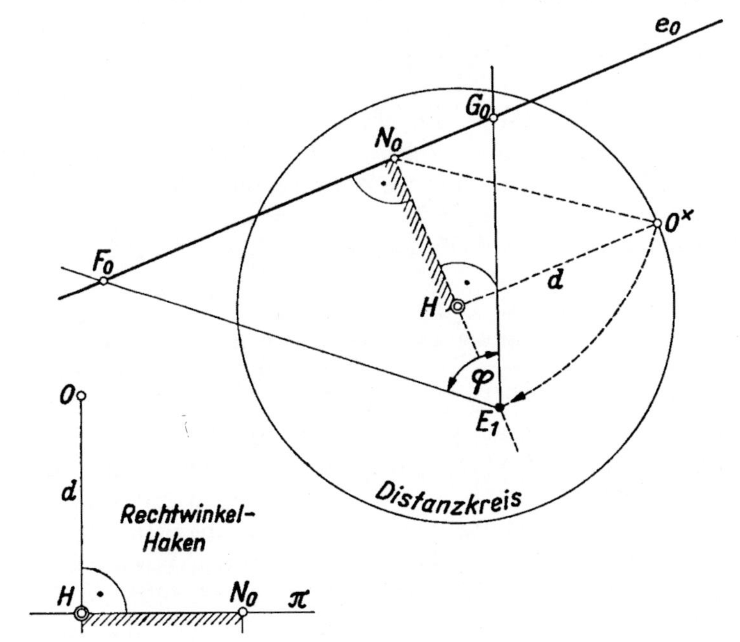

7.12 Konstruktion eines Ebenen – Meßpunktes

7.13 Meßpunkte einer Geraden. Dreht man eine Gerade g in einer Ebene γ in eine Lage $\parallel \pi$ oder speziell um ihren Spurpunkt G in π hinein, also auf die γ-Spur c, so heißt der Fluchtpunkt G_1 der Drehsehnen ein *Meßpunkt G_1 der Geraden g*. Um G_1 zu finden, dreht man den zu g parallelen Fluchtstrahl OG_0 im gleichen Drehsinn wie g auf die Fluchtlinie c_0 der Drehungsebene γ. Dadurch gelangt O an die Stelle G_1, denn wieder ist $OG_1 \parallel$ zu den Drehsehnen der g-Punkte.

Bei festgehaltener Drehungsebene γ gehören zu g zwei Drehrichtungen, also zwei Meßpunkte auf c_0. Nimmt man aber die g-Drehung in einer anderen g-Ebene vor, so ändert sich die Lage von c_0: Zu g gehören also unendlich viele Meßpunkte. Läßt man γ um die festgehaltene Gerade g rotieren, so beschreibt G_1 in π einen Kreis um G_0, den *Meßkreis von g*; stets hängt also G_1 von der gewählten Drehungsebene ab.

Dreht man z. B. eine Tiefenlinie t in der Bodenebene auf die Standlinie, so sind die Drehsehnen die Gehrungslinien, die Meßpunkte von t für die beiden Drehrichtungen also die u-Punkte D_1. Dreht man t aber in einer Tiefenwand auf eine Lotlinie, so sind die beiden v-Punkte D_1 die Meßpunkte. *Der Meßkreis der Tiefenlinien ist der Distanzkreis.*

7.14 Konstruktion eines Geraden-Meßpunktes. Aus 7.13 folgt die Regel: *Ein Meßpunkt G_1 der Geraden g liegt auf der Fluchtlinie c_0 der gewählten Drehungsebene γ. Sein Abstand vom Fluchtpunkt G_0 der Geraden ist gleich dem Abstand des Auges von diesem Fluchtpunkt.* Diesen Abstand $G_1G_0 = OG_0$ erhält man durch Umlegen des Dreieckes OHG_0, wobei O in einen Punkt $O^\times$ des Distanzkreises fällt (links), oder besser wieder durch Abgreifen aus einem Rechtwinkelhaken mit den Schenkeln $OH = d$ und HG_0 (unten).

Sind nun in einem Zentralbild die Spur c einer Ebene γ, eine γ-Gerade g mit dem Fluchtpunkt G_0 und auf g eine Strecke gegeben, deren wahre Länge man sucht, so denkt man sich g auf die Spur c gedreht, wo ja dann die Strecke in wahrer Größe erscheint (rechts): Man zeichnet also die Fluchtlinie $c_0 \parallel c$ durch G_0, einen Meßpunkt G_1 von g auf c_0, die Bilder der Drehsehnen, also die G_1-Strahlen, und schließlich die von ihnen auf c ausgeschnittene Streckenlänge. Umgekehrt werden so mit Hilfe der G_1-Strahlen gegebene Längen von c auf g übertragen; die Spur c der Drehungsebene heißt deshalb eine *Meßlinie* für g. Das Abtragen von Strecken auf einer Tiefenlinie mit Hilfe der Gehrungslinien ist ein Spezialfall.

Dreht man eine Ebene ε und damit also jede ε-Gerade g in π hinein, so wird der zugehörige Meßpunkt E_1 von ε zugleich der zu dieser Drehung von g gehörende Meßpunkt G_1 von g; d. h.: Jeder Meßpunkt E_1 einer Ebene ε ist auch Meßpunkt für jede ε-Gerade g, wobei die Spur der Drehungsebene von $g \parallel$ zu ihrer Fluchtlinie E_1G_0 ist. Die Meßkreise aller ε-Geraden gehen daher durch die beiden Meßpunkte von ε.

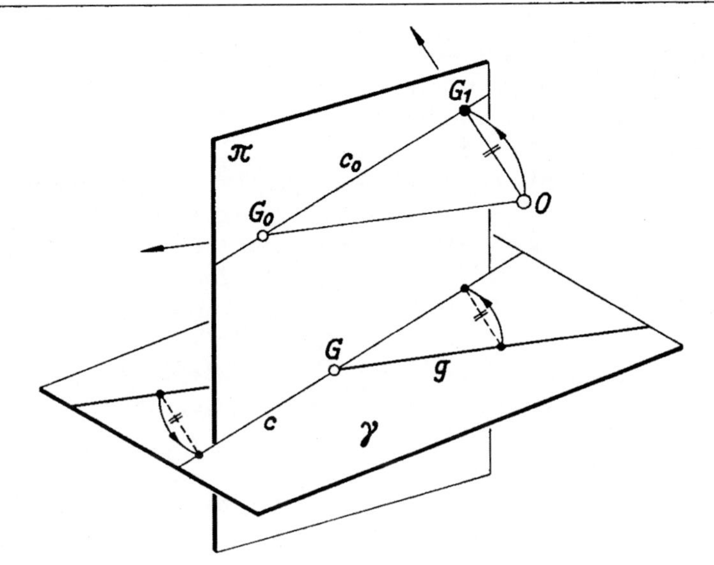

7.13   Meßpunkte   einer   Geraden

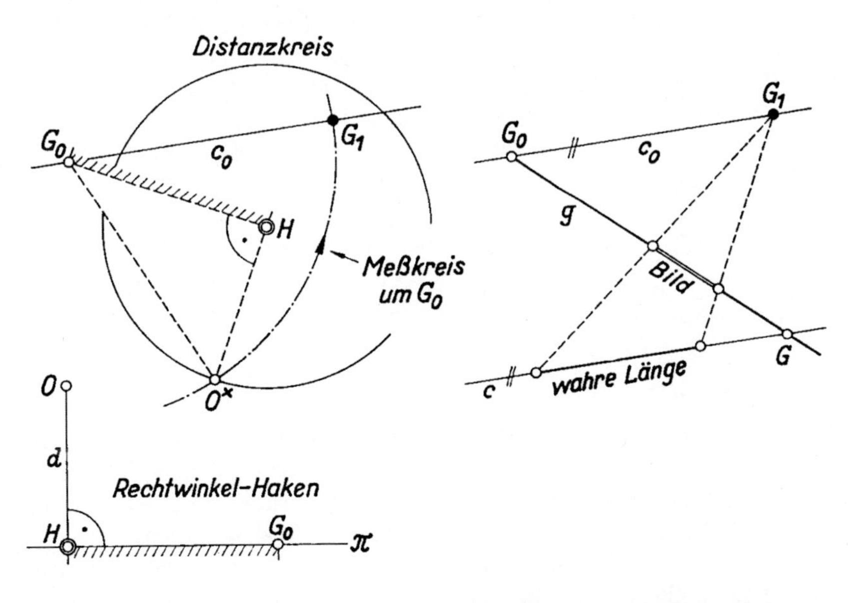

7.14 Konstruktion eines Geraden-Meßpunktes

7.15 Messen und Gestalten ebener Figuren. Mit Hilfe der Meßpunkte wollen wir jetzt eine einfache Eckansicht untersuchen. Wir wählen den Horizont u, den Hauptpunkt H und den oberen Distanzpunkt D_1, bringen in D_1 einen rechten Winkel an, der nach 6.35 auf u die Fluchtpunkte X_0 und Y_0 zweier Horizontalrichtungen x und $y \perp x$ ausschneidet, und zeichnen das Bild eines Hauses mit zunächst beliebigen Kanten $\| x$ und $\| y$. Will man dieses Bild nachträglich „ausmessen", d. h. Wandlängen und Dachneigung des dargestellten Originals ermitteln, so dreht man die Wände auf kürzestem Wege um die vorderste Vertikalkante, so daß die Bodenkanten x von β und y von α auf die Breitenlinie c fallen, auf der ein Maßstab – zugleich der Maßstab jener Vertikalkante – gegeben sei. Um diese Drehung im Bilde ausführen zu können, braucht man die Meß-punkte A_1 und B_1 von α und β, die nach 7.14 zugleich Meßpunkte von y und x sind, nämlich $Y_1 = A_1$ und $X_1 = B_1$. Sie liegen auf u; ihre Ab-stände von X_0 und Y_0 sind nach 7.12 gleich den Längen der Strecken D_1X_0 und D_1Y_0, die man daher auf u überträgt. Nun liefern die Bilder der Drehsehnen durch X_1 und Y_1 auf der „Meßlinie" c die Kantenlängen und in der c-Wand $\| \pi$ z. B. die Gestalt $\alpha^\times$ der Wand α. Ist N_0 der Fluchtpunkt einer Dachfallinie auf der Fluchtlinie b_0 von β, so ist nach 7.12 der Dach-neigungswinkel $\varphi = \sphericalangle N_0X_1X_0$. Umgekehrt kann man so Strecken und Winkel in das Bild „einmessen".

An Hand der Figur beweist man ferner: Die Strahlen D_1X_1 und D_1Y_1 halbieren die $\sphericalangle HD_1Y_0$ und $\sphericalangle HD_1X_0$. Das benutzt man, wenn z. B. D_1 und Y_0 auf dem Zeichenblatt liegen, nicht aber X_0. Dann findet man X_1 auf der Halbierungslinie des Winkels HD_1Y_0.

Aber auch rechnerisch kann man die Meßpunkte bestimmen (vgl. auch 6.35). Wählt man $HX_0 = x_0 > 0$, $HY_0 = y_0 < 0$, so wird

$$\boxed{\; HX_1 = x_1 = x_0 - \sqrt{d^2 + x_0^2} \qquad HY_1 = y_1 = y_0 + \sqrt{d^2 + y_0^2} \;}.$$

Sehr einfach und für schnelles Skizzieren geeignet sind z. B. die Werte:

$$x_0 = \tfrac{4}{8}\,d, \quad y_0 = -\tfrac{3}{4}\,d, \quad x_1 = -\tfrac{1}{3}\,d, \quad y_1 = \tfrac{1}{2}\,d$$
$$\text{und}\quad x_0 = \tfrac{12}{5}\,d, \quad y_0 = -\tfrac{5}{12}\,d, \quad x_1 = -\tfrac{1}{5}\,d, \quad y_1 = \tfrac{2}{3}\,d.$$

7.16 Messen und Abtragen von Strecken. Jetzt sei g die Schnittgerade einer Wand β und der Dachebene ε. Will man eine g-Kante PQ messen oder einzeichnen, so dreht man g um P z. B. auf die Lotlinie b, die Brei-tenlinie c oder die nicht gezeichnete ε-Hauptlinie e. Zu diesen Drehungen gehören Meßpunkte G_1 auf den Fluchtlinien $b_0 \| b$, $c_0 \| c$ oder $e_0 \| e$ durch den Fluchtpunkt G_0 von g. Sie liegen auf dem Meßkreis um G_0 mit dem Ra-dius $OG_0 = O^\times G_0$, wobei $O^\times$ durch Umlegen des Dreiecks OHG_0 entsteht, al-so auf dem Distanzkreis liegt. Die Kantenlänge $PQ^\times$ wird durch die Dreh-sehnenbilder G_1Q auf den zugehörigen Meßlinien b, c oder e ausgeschnitten.

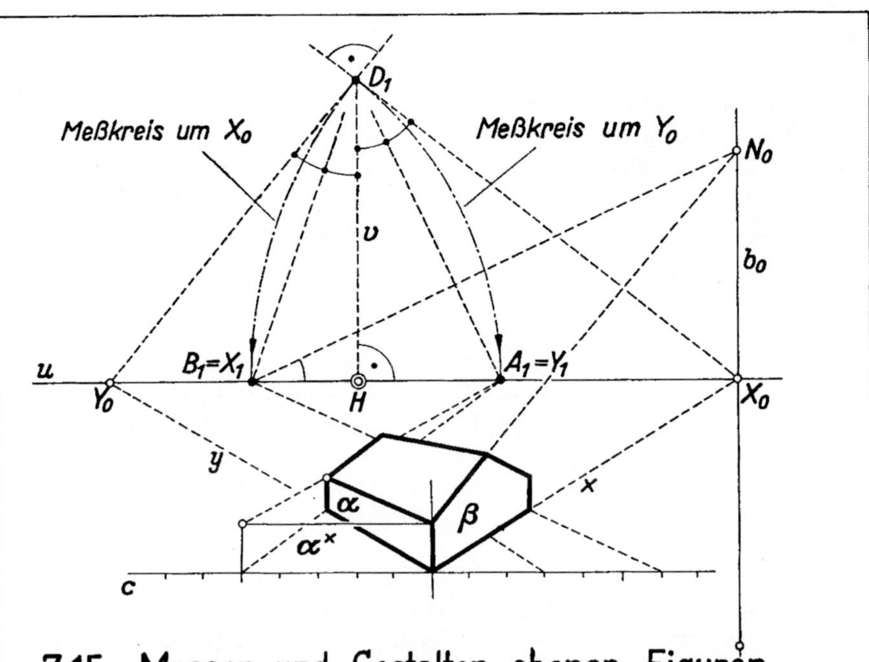

7.15 Messen und Gestalten ebener Figuren

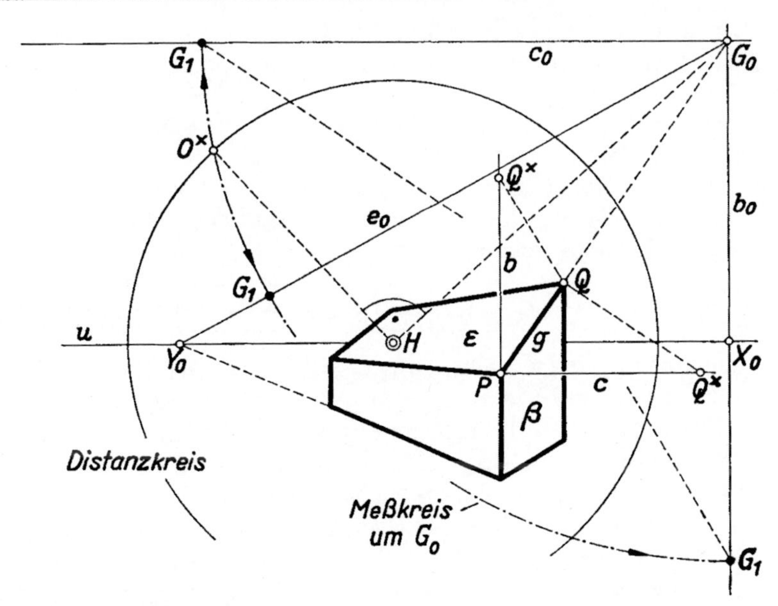

7.16 Messen und Abtragen von Strecken

7.2 Eckansicht

7.21 Meßpunkt bei unzugänglichem Fluchtpunkt. In diesem Abschnitt schildern wir eingehender die Herstellung von Eckansichten mit Hilfe der Meßpunkte. Bildtafel und Augpunkt wählt man wieder in einer Skizze und liest darin die Distanz d und die Abszissen der Horizontfluchtpunkte i. a. in Metern ab. Dann denkt man sich wie in 6.33 Objekt und Zentralbild verkleinert und trägt die in π liegenden Strecken – beispielsweise auf der Standlinie oder dem Horizont – im Modellmaßstab $1 : n$ ein. Dabei kann ein Fluchtpunkt X_0, dessen Abszisse x_0 bekannt ist, unzugänglich werden. Will man dann X_0 mit einem im Bilde gegebenen Punkt A verbinden, so verkleinert man die Figur bei festgehaltenem H z. B. auf die Hälfte, trägt also $HX_0^\times = \frac{1}{2} x_0$ auf u und $HA^\times = \frac{1}{2} HA$ auf HA ab, und zeichnet durch A die gesuchte Gerade $x \parallel A^\times X_0^\times$. Die Abszisse x_1 des Meßpunktes X_1 von x berechnet man in diesem Fall nach 7.15; $x_0 = \frac{4}{3} d$ liefert z. B. $x_1 = - \frac{1}{3} d$, also in der Figur einen erreichbaren Meßpunkt.

Kennt man das Bild einer Geraden x mit unzugänglichem Fluchtpunkt, nicht aber dessen Abszisse, so läßt sich x_1 nicht berechnen. Nach Wahl eines x-Punktes A zeichnet man dann wieder die z. B. auf die Hälfte verkleinerte Figur, verschiebt also jetzt $x \parallel$ durch $A^\times$, erhält $X_0^\times$, trägt $HD_1^\times = \frac{1}{2} d$ auf v ab, konstruiert nach 7.15 den Meßpunkt $X_1^\times$ dieser verkleinerten Figur und macht schließlich $x_1 = 2 HX_1^\times$. In beiden Fällen möge der ermittelte Meßpunkt X_1 erreichbar sein.

7.22 Unzugänglicher Meßpunkt. Jetzt sei der Meßpunkt Y_1 einer horizontalen Geraden y unzugänglich. Auf y soll eine Strecke AB von gegebener Länge r abgetragen werden. Dann benutzt man den *Teilmeßpunkt* Y_2, der die Strecke $Y_0 Y_1$ halbiert. Ebenso gehört zu x ein Teilmeßpunkt X_2. Die Abszissen sind:

$$\boxed{HX_2 = x_2 = \tfrac{1}{2} (x_0 + x_1) \qquad HY_2 = y_2 = \tfrac{1}{2} (y_0 + y_1)} \; .$$

Speziell wird für $x_0 = \frac{4}{3} d$ nach 7.15 $x_2 = \frac{1}{2} d$ und $y_2 = - \frac{1}{8} d$, für $d = 24$ m daher z. B. $y_1 = 12$ m, $y_2 = - 3$ m, Y_1 also unzugänglich, Y_2 aber erreichbar. Da der Strahl $Y_2 B$ die Strecke $AB^\times$ halbiert, die durch Drehung von AB auf die A-Breitenlinie c entsteht, so trägt man auf c die Strecke $AM = \frac{1}{2} r$ – gemessen im Maßstab von c – ab und überträgt M mit dem Y_2-Strahl auf y. So verfährt man auch dann, wenn zwar Y_1, nicht aber $B^\times$ auf dem Zeichenblatt liegt. Für die Tiefenlinien wird $y_0 = 0$, $y_1 = \pm d$, $y_2 = \pm \frac{1}{2} d$, also Y_2 der schon in 6.31 eingeführte und benutzte Teildistanzpunkt D_2.

Ist die Abszisse y_0 des Fluchtpunktes Y_0 nicht bekannt, so gewinnt man Y_2 durch eine verkleinerte Zeichnung wie in 7.21.

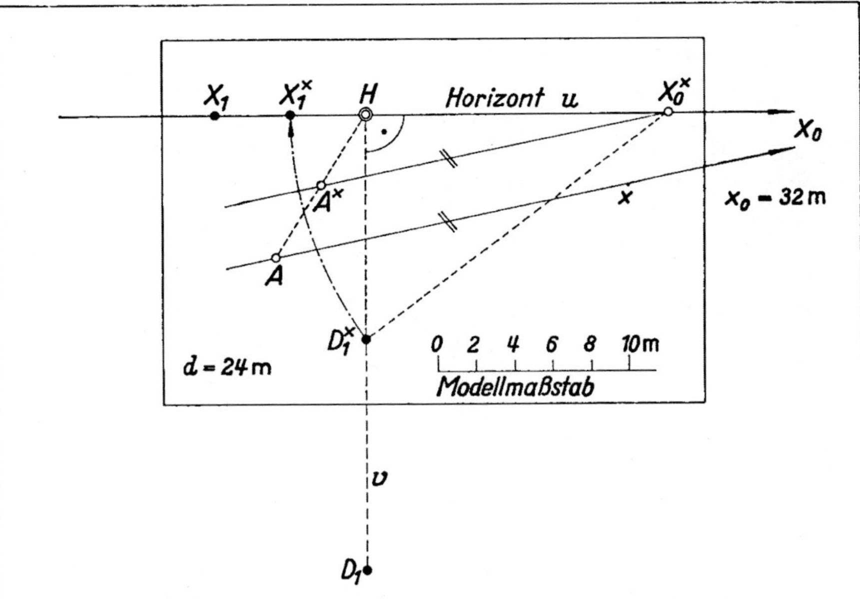

7.21 Meßpunkt bei unzugänglichem Fluchtpunkt

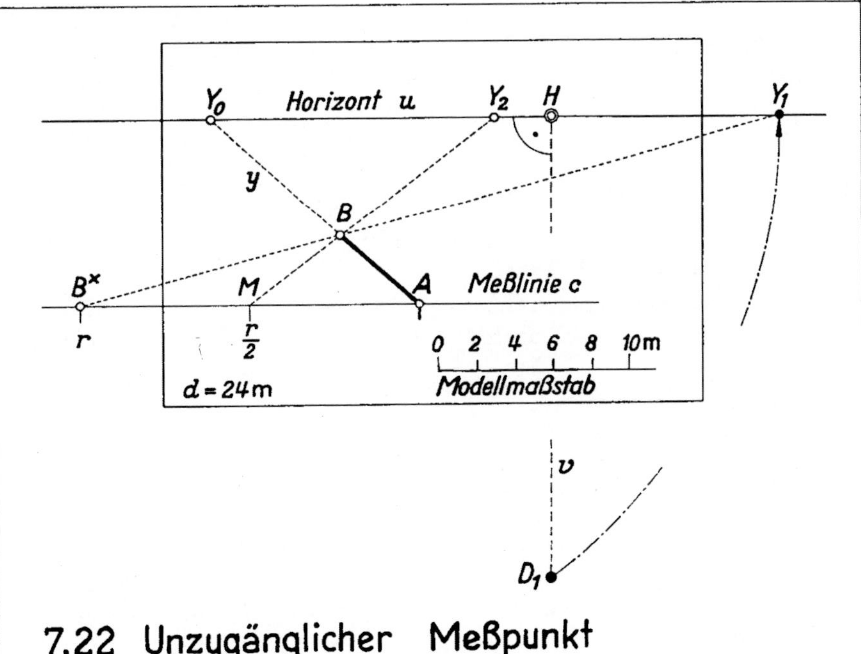

7.22 Unzugänglicher Meßpunkt

7.23 Grundrißraster. Um für eine Eckansicht eine geeignete Lage von Augpunkt und Bildtafel zu ermitteln, benutzt man ein auf transparentes Papier zu zeichnendes Raster, das einen Grundriß in der Horizontebene Ou darstellt: O bedeutet darin den Augpunkt, jede horizontale Linie eine mögliche Standlinie, also Bildebene. Die Zahlen an den O-Strahlen sind die Abszissen, die diese Strahlen auf dem Horizont einer Bildebene mit der Distanz $d = 1$ m abschneiden: der mit $\frac{3}{2}$ bezifferte Strahl schneidet also z. B. in der Bildebene mit der Distanz d den Fluchtpunkt X_0 mit der Abszisse $x_0 = \frac{3}{2} d$ aus. Zwei Strahlen mit negativ reziproken Marken stehen senkrecht aufeinander. Die Strahlen $\pm \frac{1}{2}$ sind die Spuren des *Sehkegels*, der π im Sehkreis Σ schneidet.

In diesen Kegel denkt man sich ein Gebäudemodell möglichst weit hineingeschoben, so daß also sein Bild ganz in Σ liegt und Σ gut ausfüllt. Das läßt sich annähernd (aber natürlich nicht mit Sicherheit) erreichen, wenn man statt dessen eine Grundrißskizze hineinschiebt. Die Hauptfront der Gebäudegruppe legt man so, daß sie vom Hauptstrahl getroffen wird und $\parallel$ zu einem O-Strahl mit einer Marke > 1 oder < -1 ist, z. B. dem Strahl $\frac{4}{3}$; die Bildtafel π legt man am besten durch die vorderste Kante, deren untere Ecke B sei. Man erreicht damit, daß diese Kante im Bilde in natürlicher Größe, d. h. im Maßstab des Modells erscheint. Denkt man sich am Hauptstrahl und an den horizontalen O-Geraden Maßstäbe entsprechend dem des eingeschobenen Grundrisses angebracht, so liest man ab:

1. die Distanz,
2. die Abszissen x_0 und y_0 der Kantenfluchtpunkte X_0 und Y_0,
3. die Abszisse u_B der Gebäudeecke B.

Aus einer Aufrißskizze entnimmt man dann

4. die Ordinate v_B der Gebäudeecke B.

Ist B – wie hier angenommen – ein Punkt der Bodenebene und h die Aughöhe, so ist $v_B = - h$. In unserem Beispiel (obere Figur) ergibt sich:

$$d = 24 \text{ m}, \qquad x_0 = \tfrac{4}{3} d = 32 \text{ m}, \qquad y_0 = - \tfrac{3}{4} d = - 18 \text{ m},$$

$$u_B = - 5 \text{ m}, \qquad\qquad v_B = - 3 \text{ m}.$$

Sind die Höhen des Gebäudes groß im Vergleich zu dessen Horizontalausdehnung, z. B. bei Hochhäusern oder Türmen, so empfiehlt es sich (vor der Ablesung im Grundrißraster), auch eine flüchtige Aufrißskizze in den Sehkegel hineinzupassen und dadurch nötigenfalls den Standpunkt zu korrigieren, die Distanz also zu vergrößern. Das veranschaulicht die untere Figur.

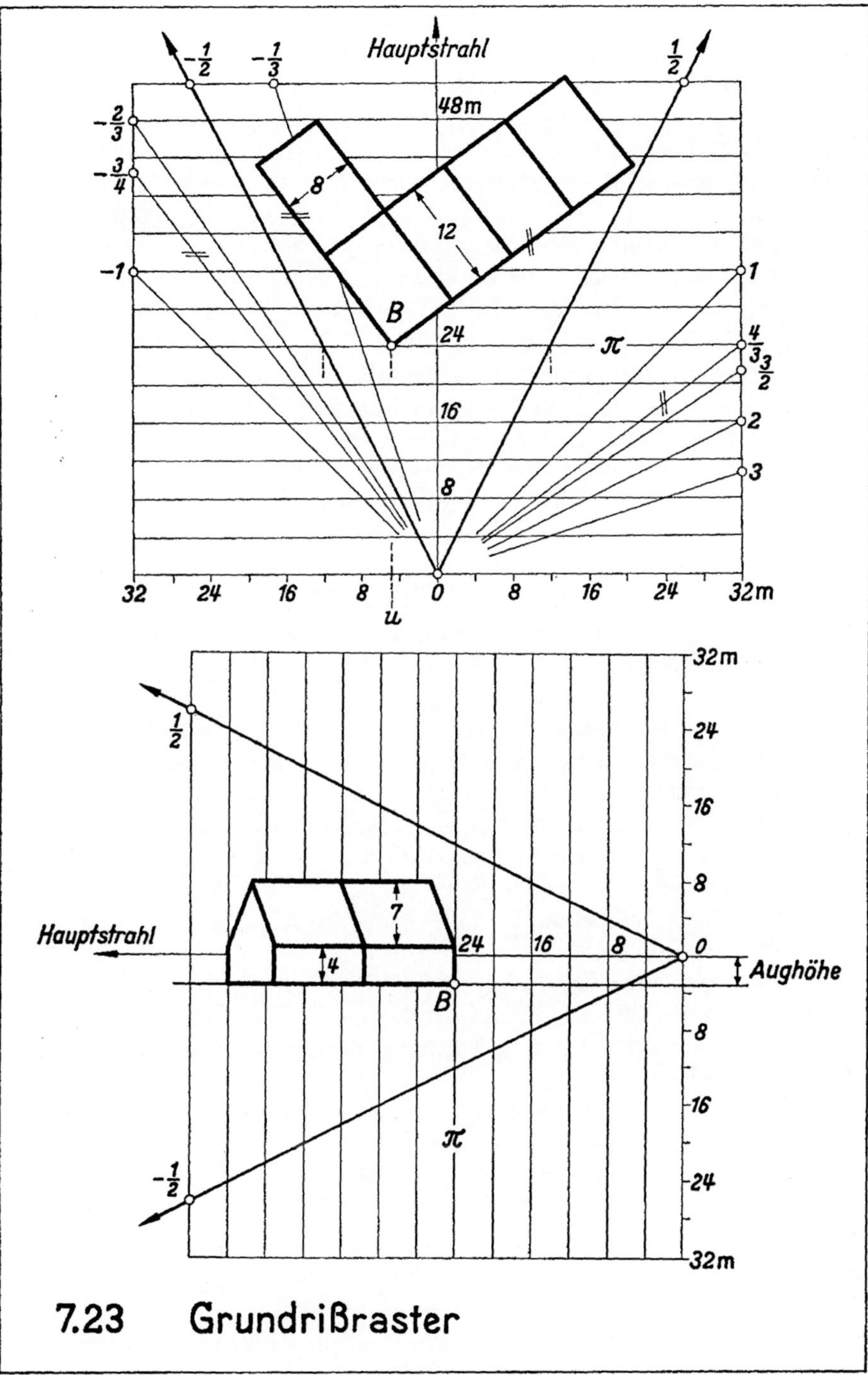

7.23   Grundrißraster

7.24 Eckansicht mit berechneten Meßpunkten. Mit den im Beispiel 7.23 abgelesenen Annahmen wollen wir nun ein Bild des vordersten Hauses jener Gebäudegruppe zeichnen, dessen Abmessungen wir den Rissen entnehmen. Die Zeichendistanz sei $d = 24$ cm [24 m], der Modellmaßstab und damit der Maßstab auf der Standlinie und der vertikalen B-Kante nach 6.33 also $1 : n = 1 : 100$. (Die Buchfigur ist allerdings auf die Hälfte verkleinert, ihre Distanz also $d' = 12$ cm.) Wir wählen u und H und zeichnen zunächst das Bild eines mit dem Gebäude verbundenen Achsenkreuzes in folgenden Schritten (oben):

1. Im Maßstab $1 : n$ trägt man das Bild der Bodenecke B mit den Koordinaten u_B und v_B ein und zeichnet durch B die z-Achse $\perp u$.

Die Standlinie wäre nun $\parallel u$ durch B zu zeichnen; aber dann würden die hinter der Tafel liegenden Bodenfiguren im Bild auf den im allgemeinen sehr schmalen Streifen zwischen Standlinie und Horizont zusammengedrängt. Deshalb verlegen wir den Gebäudegrundriß in eine tiefer gelegene Kellergrundrißebene:

2. Auf der z-Achse wählt man unterhalb der Ecke B deren Kellergrundriß A als Ursprung des Koordinatenkreuzes, z. B. 6 m unter u.

3. Durch A zeichnet man die Spur c der Kellergrundrißebene $\parallel u$ als Meßlinie und trägt auf c und z Maßstäbe $1 : n$ mit dem Ursprung A an, bei uns also $1 : 100$.

4. A verbindet man nach 7.21 mit den nicht erreichbaren Fluchtpunkten X_0 und Y_0, deren Abszissen bekannt sind, und gewinnt so im Bilde die x- und die y-Achse.

5. Nun berechnet man die Abszissen x_1 und y_1 der Meßpunkte X_1 und Y_1 nach 7.15. In unserem Beispiel wird $x_1 = -\frac{1}{3} d = -8$ m, $y_1 = \frac{1}{2} d = 12$ m. Y_1 ist nicht erreichbar; daher braucht man den Teilmeßpunkt Y_2.

6. Für einen Teilmeßpunkt findet man die Abszisse nach 7.22, bei uns z. B. $y_2 = -3$ m.

7. Nun kann man im Kellergrundriß den Maßstab von c durch X_1- bzw. Y_2-Strahlen auf die x- und die y-Achse übertragen und mit den Hilfsmitteln von 6.16 etwa eine Täfelung oder einen beliebig gestalteten Gebäudegrundriß zeichnen.

Will man einen Meßpunkt nicht berechnen, so kann man ihn auch aus einer z. B. auf ein Viertel verkleinerten Zeichnung konstruktiv gewinnen. Das zeigt für den Punkt X_1 der durch Pfeile bezeichnete Linienzug. – Jetzt wird das Bild des Gebäudes eingetragen (unten):

8. Durch B zeichnet man die Kanten x und y, überträgt ihre Längen von der Meßlinie c zunächst auf x und y (mittels eines X_1-Strahles bzw. eines Y_2-Strahles) und von dort auf die Kanten.

9. Die Höhen werden von der z-Achse aus mit Hilfe von Proportionalmaßstäben auf die Vertikalkanten übertragen.

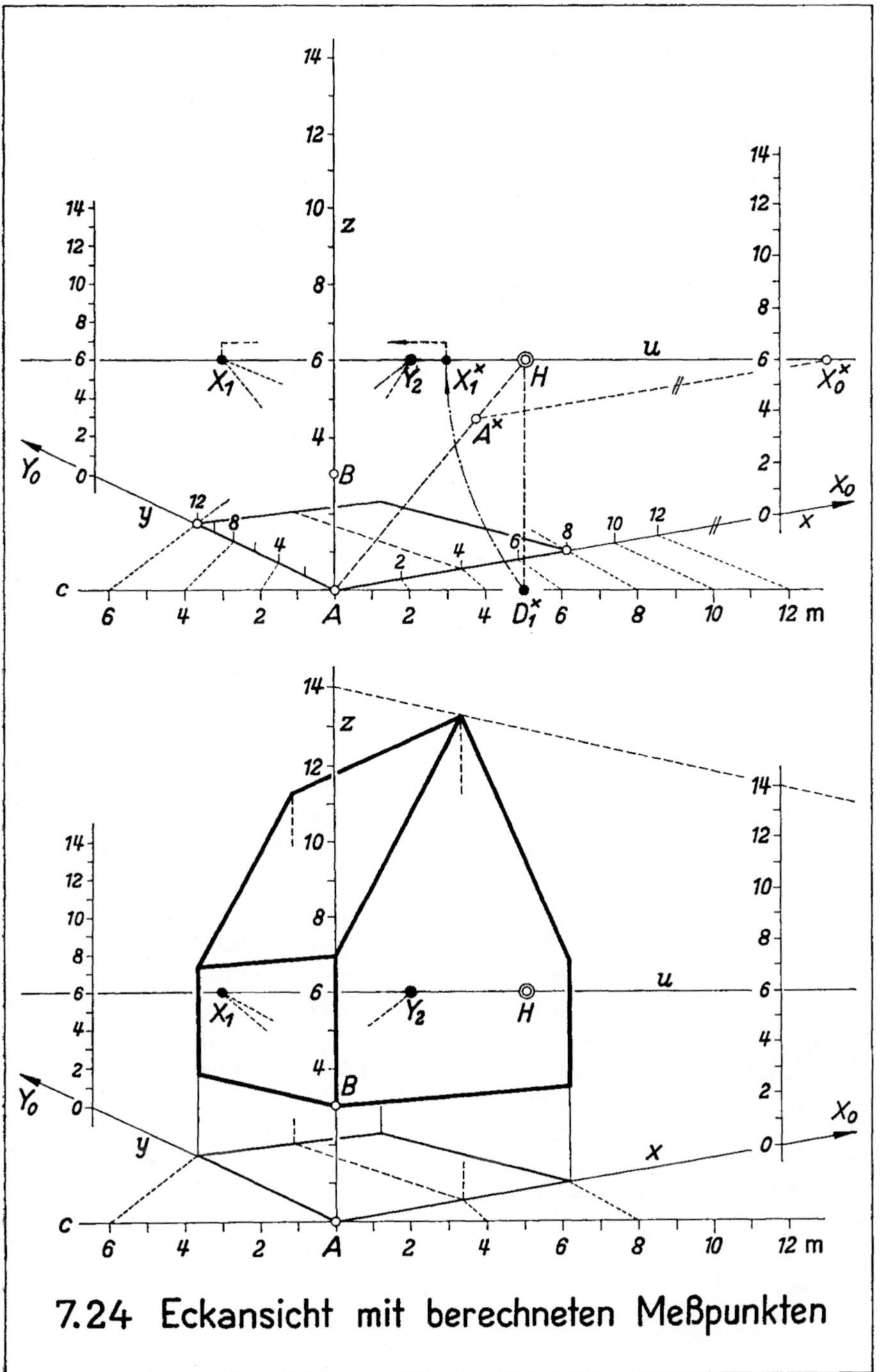

7.24 Eckansicht mit berechneten Meßpunkten

7.25 Bild und Umlegung einer Ebene. Will man in eine Wand einer Eckansicht eine gegebene Figur perspektivisch einzeichnen, z. B. ein Fenster, ein Fachwerk oder ein Wandgemälde, so dreht man die Wand um eine Vertikalkante in die Frontlage, in der sie dann in wahrer Gestalt, also unverzerrt, erscheint. Eine solche Wandumlegung ist bereits in der Figur 7.15 gezeichnet. Dabei bleiben die Punkte auf der Drehachse fest, so daß sich also zwei zusammengehörende Geraden des Bildes und der Umlegung der Wand auf dieser Achse treffen. Außerdem laufen die Bilder der parallelen Drehsehnen, die zusammengehörende Punkte beider Figuren verbinden, durch den zugehörigen Fluchtpunkt, also den auf dem Horizont liegenden Wandmeßpunkt, in unserer Figur X_1. *Daher besteht zwischen dem Bilde der Wand und dem Bilde der in die Frontlage gedrehten Wand eine Perspektivität; ihr Zentrum ist der zu jener Umlegung gehörende Meßpunkt der Wand, ihre Achse die Kante, um die gedreht wurde.* Zeichnet man in diese Umlegung nun die Wandfigur in wahrer Gestalt ein, so erhält man ihr Bild punktweise mit Hilfe dieser Perspektivität. Dabei legt man durch die zu übertragenden Punkte am zweckmäßigsten horizontale Hilfsgeraden, deren Bilder also durch den entsprechenden Kantenfluchtpunkt, in der Figur den Punkt X_0, gehen.

Dieselben Überlegungen lassen sich für eine beliebige Ebene ε durchführen, z. B. eine rechteckige Dachplatte, deren Bild ε' gegeben sei. Durch eine ihrer Ecken legen wir eine Hauptlinie $e \parallel$ zu ihrer Fluchtlinie e_0 und drehen ε um e in die Frontlage $\varepsilon^\times$. Der zugehörige Drehsehnenfluchtpunkt, also der Meßpunkt E_1, liegt auf dem H-Strahl $\perp e_0$ und hat von e_0 die Entfernung $O e_0$, die man sich wieder mit einem Rechtwinkelhaken verschafft. In unserem Beispiel kann man diesen Punkt E_1 allerdings auch anders finden; denn da die ε-Platte rechteckig umrandet ist, liegt E_1 auf dem Thaleskreis über der Verbindungsstrecke der Dachkantenfluchtpunkte. *Nun besteht zwischen dem Bilde der Dachebene und dem Bilde der um e in die Frontlage gedrehten Ebene eine Perspektivität; ihr Zentrum ist der Meßpunkt E_1, ihre Achse die Hauptlinie e.* Wieder kann man mit Hilfe dieser Perspektivität Punkte der Umlegung in das Bild übertragen, wobei man am besten Hilfslinien $\parallel$ zu den horizontalen Dachkanten benutzt, außerdem wie immer die (in den Figuren dünn punktierten) Bilder der Drehsehnen, die zusammengehörige Punkte der *Felder $\varepsilon^\times$* und ε' verbinden. *So läßt sich z. B. das Bild eines in der Umlegung gegebenen Kreises zeichnen.* Mit dieser Aufgabe wollen wir uns jetzt genauer beschäftigen (7.26).

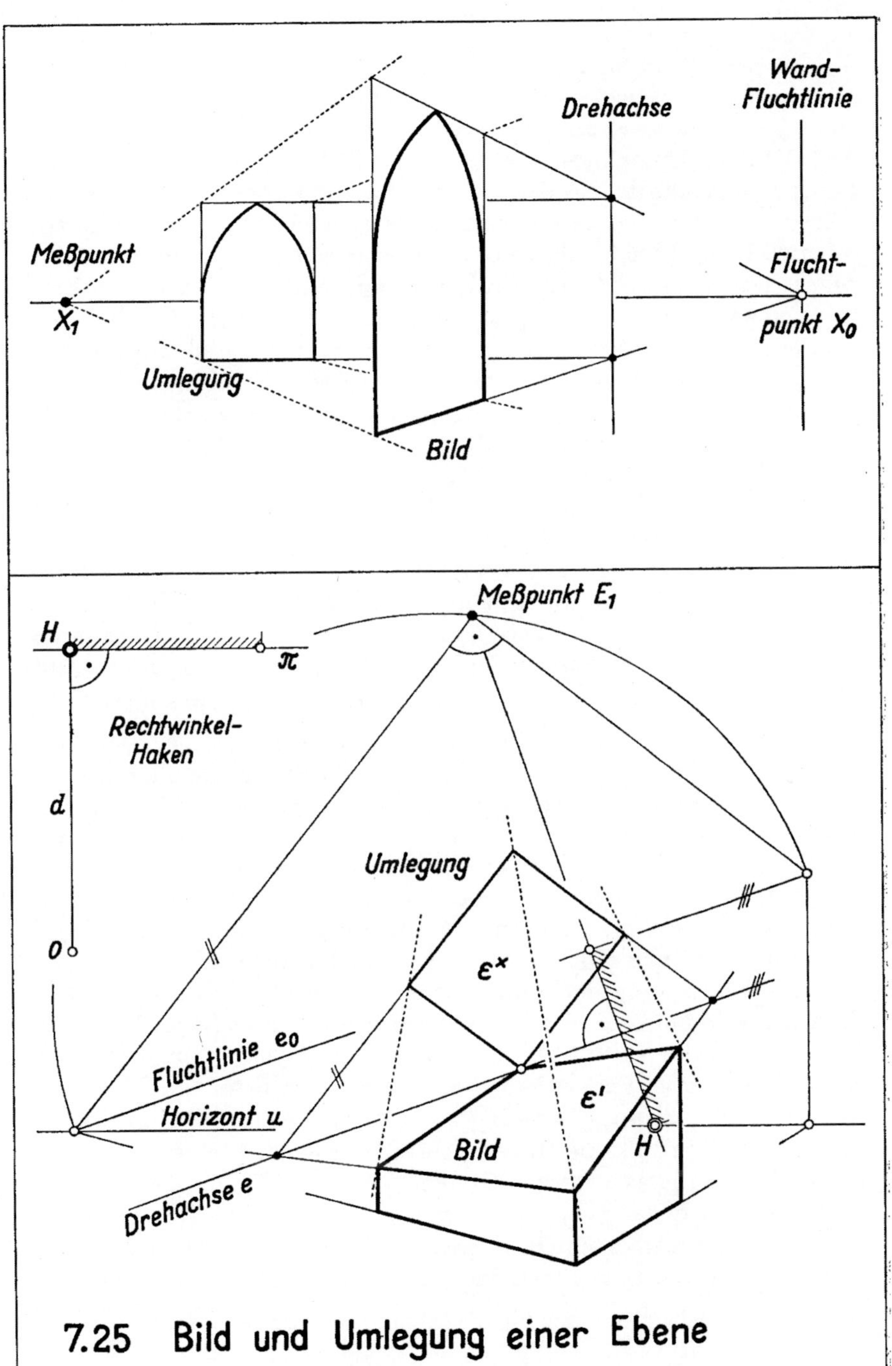

7.25 Bild und Umlegung einer Ebene

7.26 Zentralbild eines Kreises. Die Schnittgerade einer Ebene ε mit der Verschwindungsebene $\pi_v \parallel \pi$ (6.11) heißt die *Verschwindungsgerade* e_v von ε (oben). Sie ist $\parallel$ zur Spur e und zur Fluchtlinie e_0 von ε und enthält die ε-Punkte, deren Bilder Fernpunkte sind. Das Bild e_v von e_v ist die Ferngerade w von π. Wir denken uns in ε einen Kreis k gegeben und suchen das Bild k', d. h. den Schnitt eines Kreiskegels mit π. Die zugehörige Probeebene $\parallel \pi$ durch die Kegelspitze O ist π_v. Aus 4.21 folgt daher: *Das Zentralbild eines Kreises ist eine Ellipse, wenn er die Verschwindungsgerade seiner Ebene nicht trifft, eine Parabel oder Hyperbel, wenn er sie berührt bzw. schneidet.* Die mittleren Figuren zeigen schematisch diese drei Typen, dargestellt durch Risse in einer Rißtafel $\perp e$.

Oft liegt k in einer Wand oder Horizontalebene ganz „vor" dem Zeichner, trifft daher die Verschwindungsebene nicht und erscheint also als Ellipse k' (vgl. Abschnitt 6.4). Dann verwendet man am besten die Konstruktionen in 6.44, die auch für freihändiges Skizzieren bequem sind. Will man aber die Perspektivität 7.25 zwischen den Feldern ε' und $\varepsilon^\times$ benutzen, also k' aus der Umlegung $k^\times$ gewinnen und deshalb zunächst entscheiden, welche Gestalt k' hat, so dreht man ε und die Fluchtebene ε_0 um e bzw. e_0 im gleichen Drehsinn in π hinein und erhält dadurch die Umlegung $e_v^\times$ von e_v und einen Meßpunkt E_1 von ε, also das Zentrum jener Perspektivität. Da $\varepsilon_0 \parallel \varepsilon$ und $\pi_v \parallel \pi$, also Abstand $\overline{e\,e_v}$ = Abstand $\overline{e_0 O}$, folgt: *Der Abstandsvektor $\overrightarrow{e\,e_v^\times}$ ist gleich dem Abstandsvektor $\overrightarrow{e_0 E_1}$*. Das zeigt (unten) auch der umgelegte Profilschnitt $\perp e$ durch den Hauptstrahl $O H$. In der Bildebene π kann man also E_1 wie früher mit einem Rechtwinkelhaken bestimmen, dann $e_v^\times \parallel e$ direkt (d. h. ohne jenen Profilschnitt) einzeichnen und feststellen, ob $k^\times$ und $e_v^\times$ sich treffen. Für den gegebenen Kreis $k^\times$ konstruiere man z. B. die Bildparabel k'. Horizontale Kreise werden auf diese Weise ausführlich in 8.22 und 8.23 behandelt.

Jeder Punkt und jede Gerade in π kann als Element des Feldes $\varepsilon^\times$ oder des Feldes ε' gedeutet und dementsprechend beschriftet werden. Zu einem Fernpunkt $P^\times$ in $\varepsilon^\times$ gehört in ε' der e_0-Punkt P' auf $E_1 P^\times$, zur Ferngeraden $f^\times = w$ von $\varepsilon^\times$ also $f' = e_0$ in ε'. Zu einem Fernpunkt Q' in ε' gehört in $\varepsilon^\times$ der $e_v^\times$-Punkt $Q^\times$ auf $E_1 Q'$, zur Ferngeraden $e_v' = w$ von ε' also $e_v^\times$ in $\varepsilon^\times$. Ebenso entsprechen sich die Geraden $g^\times = P^\times Q^\times \parallel E_1 P'$ und $g' = P'Q' \parallel E_1 Q^\times$: Sie treffen sich auf e. Ist daher eine ebene Perspektivität durch das Zentrum E_1, die Achse e und eine der Geraden $f' = e_0$ oder $e_v^\times$ mit der eben geschilderten Bedeutung gegeben, so kann man die andere Gerade mit Hilfe zweier sich entsprechender Geraden $g^\times$ und g' bestimmen. Unabhängig von der räumlichen Überlegung folgt so aus dem Parallelogramm der Figur noch einmal, daß $\overrightarrow{e\,e_v^\times} = \overrightarrow{e_0 E_1}$.

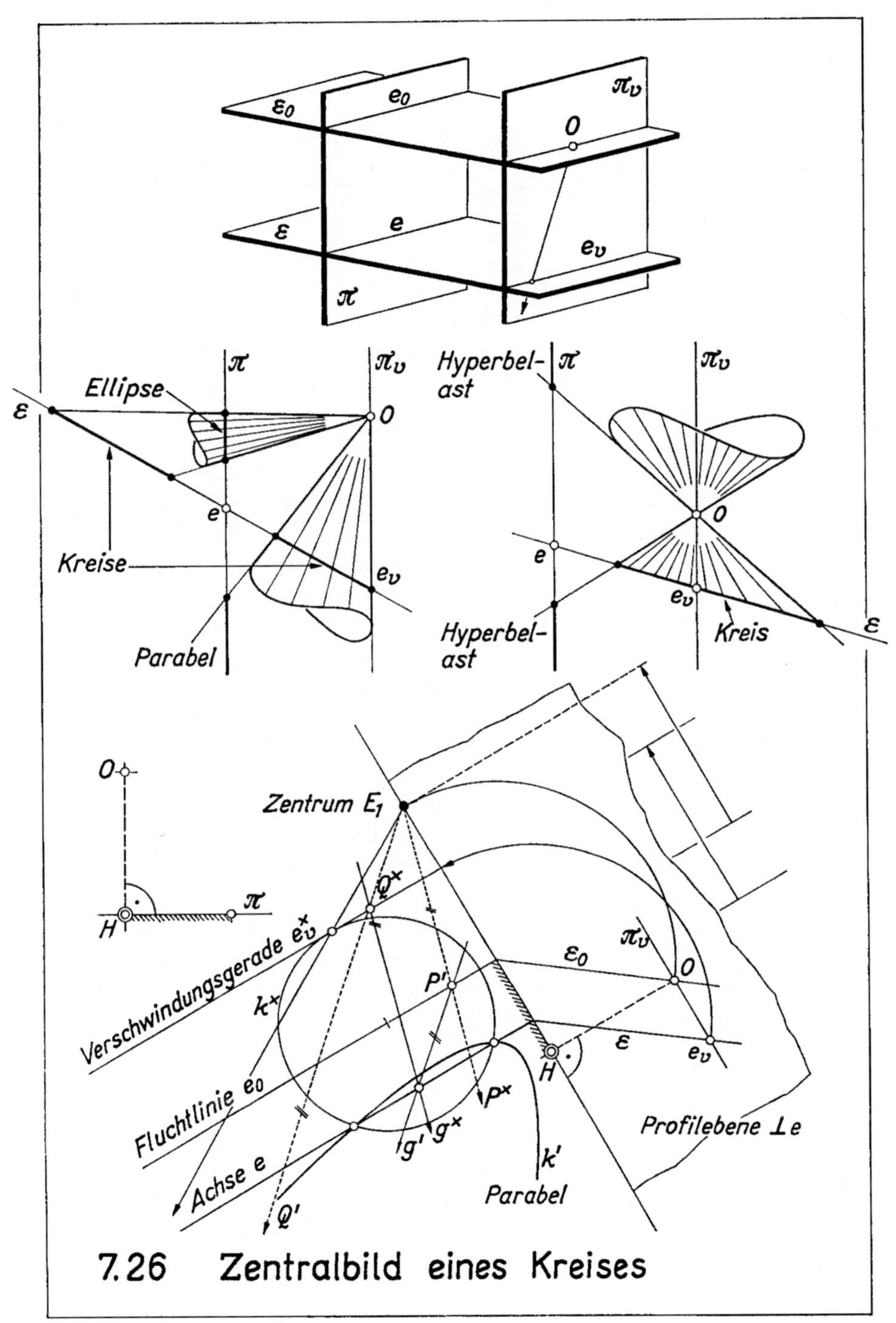

7.26   Zentralbild eines Kreises

7.3 Lotfluchtpunkt und Kippansicht

7.31 Lotfluchtpunkt und Lotfluchtlinie. Nun untersuchen wir die in 6.23 eingeführte Kippansicht. Dazu lösen wir folgende Aufgabe: Bekannt sei die Fluchtlinie c_0 einer Ebene γ, gesucht der Fluchtpunkt Z_0 der Richtung $z \perp \gamma$ (unten). T_0 sei der Fußpunkt der Lote von O und H auf c_0, also der Fluchtpunkt der Spurnormalen in γ (7.12). Dreht man das Stützdreieck OHT_0 der Fluchtebene Oc_0 in π hinein, so fällt O in den Distanzkreispunkt $O^\times$. Dann erhält man nach dem Winkelsatz (6.13) den *Lotfluchtpunkt* Z_0 auf HT_0, wenn man $O^\times Z_0 \perp O^\times T_0$ macht. Ist $t_0 = HT_0$ und $z_0 = HZ_0$, so ist $t_0 \cdot z_0 = -d^2$; t_0 und z_0 sind also – falls sie in der Einheit d gemessen werden – negativ reziprok.

Die Umkehrung der Konstruktion liefert zu jedem Z_0 die *Lotfluchtlinie* c_0 der zur z-Richtung senkrechten Ebenen. *Auf c_0 liegen die Fluchtpunkte aller Geraden, die eine Gerade z mit dem Fluchtpunkt Z_0 senkrecht schneiden oder kreuzen. Durch Z_0 gehen die Fluchtlinien aller Ebenen, die auf einer Ebene γ mit der Fluchtlinie c_0 senkrecht stehen.* Für $Z_0 = H$ wird c_0 die Ferngerade w von π. – Die durch den Kreis Δ festgelegte Zuordnung $Z_0 \leftrightarrow c_0$ zwischen den Punkten und Geraden der Zeichenebene heißt eine *Antipolarität*, Z_0 der *Antipol* von c_0, c_0 die *Antipolare* von Z_0.

In 7.15 sind X_0 und Y_0 die Lotfluchtpunkte der Wandfluchtlinien a_0 und b_0. In der *Fliegeransicht* oder Vogelperspektive (1) liegt der Horizont c_0, also die Fluchtlinie der horizontalen Ebenen, in π über H; die Vertikalen laufen im Bilde durch den unter H gelegenen Lotfluchtpunkt Z_0 (6.23). Bei der *Froschperspektive* (2) laufen sie in π nach oben zusammen; der Horizont liegt diesmal in π unter H. Ist endlich c_0 die Fluchtlinie der Querschnitte eines geneigten Balkens (3), so hat man dessen Längskanten durch den Lotfluchtpunkt Z_0 von c_0 zu zeichnen (7.33).

7.32 Fluchtpunkte eines Koordinatenkreuzes. Sind x, y und z die Achsen eines rechtwinkligen Koordinatenkreuzes, so ist das Dreieck ihrer Fluchtpunkte X_0, Y_0, Z_0 spitzwinklig (6.23). α, β und γ seien die Koordinatenebenen $\perp x$, $\perp y$ und $\perp z$. Ihre Fluchtlinien sind $a_0 = Y_0 Z_0$, $b_0 = Z_0 X_0$ und $c_0 = X_0 Y_0$. Da die Ecken die Lotfluchtpunkte der gegenüberliegenden Seiten sind, gilt nach 7.31: *Der Hauptpunkt H ist der Höhenschnittpunkt im Fluchtpunktedreieck.* Ist γ die Bodenebene, also c_0 der Horizont, so ist der Höhenfußpunkt T_0 auf c_0 der Fluchtpunkt der zur γ-Spur c senkrechten γ-Geraden t.

Bei Front- und Eckansichten artet das Dreieck $X_0 Y_0 Z_0$ aus. Bei einer Frontansicht wie in 6.21 ist X_0 der u-Fernpunkt, $Y_0 = H$, Z_0 der v-Fernpunkt, $a_0 = v$, b_0 die Ferngerade w, $c_0 = u$. Bei einer Eckansicht wie in 6.22 ist $a_0 \parallel b_0 \parallel v$, $c_0 = u$, Z_0 der v-Fernpunkt. In der Eckansicht eines geneigten Quaders (7.33) wird $a_0 = v$, $b_0 \parallel c_0 \parallel u$, X_0 der u-Fernpunkt.

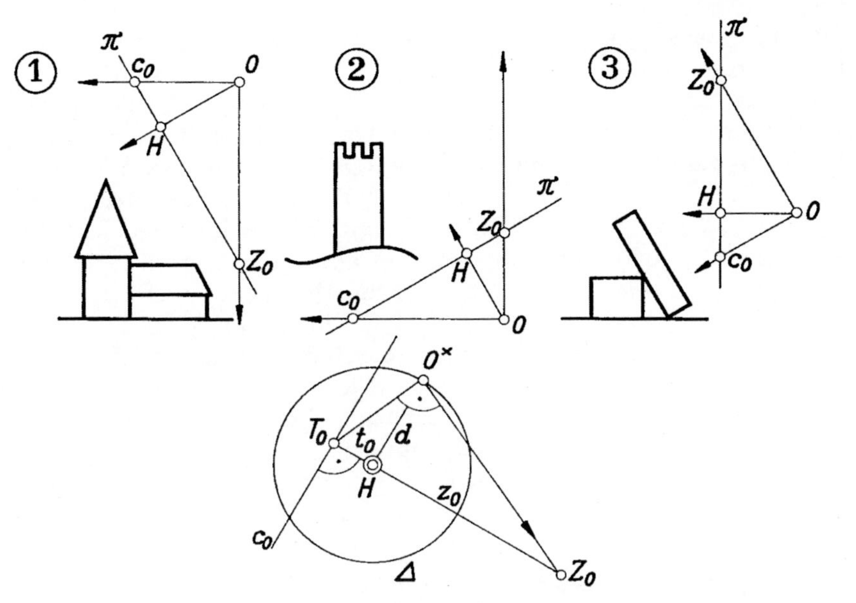

7.31 Lotfluchtpunkt und Lotfluchtlinie

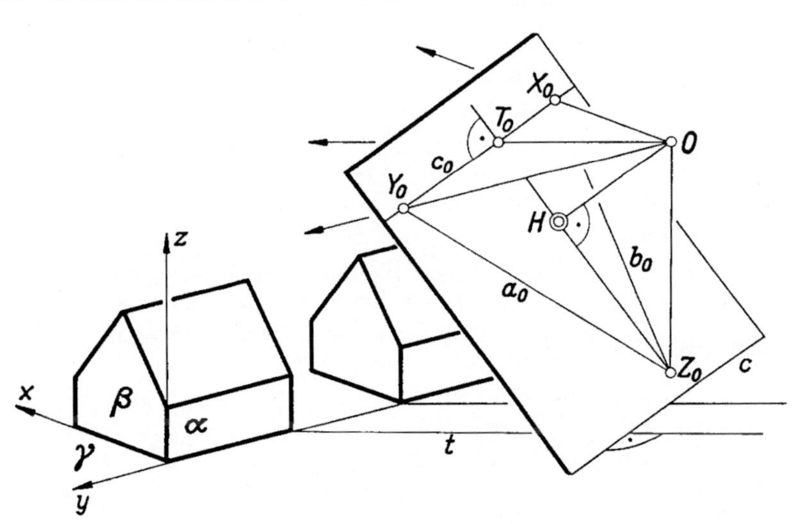

7.32 Fluchtpunkte eines Koordinaten-Kreuzes

7.33 Eckansicht eines geneigten Quaders. Ist π vertikal und die Kantenrichtung x horizontal und $\parallel \pi$, so ist das Bild eines geneigten Quaders nach 6.22 als Eckansicht und nicht als Kippansicht zu bezeichnen. Die Kanten $\parallel x, y, z$ seien z. B. 2 m, 3 m, 5 m und der Neigungswinkel der z-Kanten φ. Aus einer Skizze entnimmt man die Distanz 6 m und die Koordinaten der in π gewählten Quaderecke A in bezug auf das uv-System $u_A = -\,4{,}5$ m, $v_A = -\,2$ m. Die Zeichendistanz sei $d = 24$ cm [6 m], der Modellmaßstab und damit der Maßstab auf der x-Achse also 1 : 25.[1] Die Fluchtlinie von $\alpha \perp x$ ist $a_0 = v$, ihr Meßpunkt D_1 auf u. Nach dem Winkelsatz bestimmt man auf v die Fluchtpunkte Y_0 und Z_0 so, daß $\sphericalangle\, H D_1 Z_0 = \varphi$ und $D_1 Y_0 \perp D_1 Z_0$, dann die Meßpunkte Y_1 und Z_1, indem man $Y_0 D_1$ und $Z_0 D_1$ auf v dreht. Durch A legt man $\parallel u$ die x-Kante 2 m und die Meßlinie $a \parallel v$ als Spur der Drehungsebene α für die y- und die z-Achse. Mit Hilfe der Drehsehnen, also der Y_1- und Z_1-Strahlen, überträgt man die Marken $-\,3$ m und $+\,5$ m von a auf die y- und die z-Achse und vervollständigt das Quaderbild.

7.34 Kippansicht eines geneigten Quaders. Jetzt sei keine Kante des zu zeichnenden Quaders $\parallel$ zur vertikal aufgestellten Bildtafel. Die Kanten $\parallel x, y, z$ seien 8 m, 2 m, 5 m. Die x-Achsenkante liegt in der Bodenebene σ, die y-Kanten haben die Bodenneigung 2 : 3. Mit Hilfe eines Rasters (7.23) legt man π durch die Quaderecke A, den Ursprung des Koordinatenkreuzes, und gewinnt so z. B.

$$d = 6 \text{ m}, \quad x_0 = \tfrac{4}{3} d = 8 \text{ m}, \quad u_A = -\,2{,}4 \text{ m}, \quad v_A = -\,3 \text{ m}.$$

Die z-Achsenkante liegt vor, die y-Achsenkante hinter π. Die Zeichendistanz sei $d = 24$ cm [6 m], der Modellmaßstab und damit der Maßstab auf den Meßlinien durch A also 1 : 25.[1]

Die Fluchtlinie a_0 von $\alpha \perp x$ ist $\perp u$; für den Schnittpunkt $R_0 = u a_0$ wird $r_0 = -\,\tfrac{3}{4} d = -\,4{,}5$ m. Für die Meßpunkte X_1 und R_1 auf u wird nach 7.15 $x_1 = -\,\tfrac{1}{3} d = -\,2$ m, $r_1 = \tfrac{1}{2} d = 3$ m. R_1 ist Meßpunkt für die Ebene $\alpha \perp x$. Auf a_0 bestimmt man daher nach dem Winkelsatz Y_0 so, daß $Y_0 R_0 : R_0 R_1 = 2 : 3$, dann Z_0 so, daß $H Z_0 \perp X_0 Y_0 = c_0$. Die Meßpunkte Y_1 und Z_1 bestimmt man auf a_0: Da Y_0 erreichbar, aber Z_0 unzugänglich ist, macht man $Y_0 Y_1 = Y_0 O = Y_0 R_1$ und $\sphericalangle\, Y_0 R_1 Z_1 = \sphericalangle\, Z_1 R_1 R_0$ (7.15). Jetzt zeichnet man A und die Achsenbilder und legt durch A die Meßlinien $s \parallel u$ und $a \parallel a_0$, also die Spuren der Ebenen σ und α, in denen man die Achsen in π hineindreht. Nun überträgt man die Kantenlängen mit Hilfe der Drehsehnen, also der X_1-, Y_1- und Z_1-Strahlen, von den Meßlinien auf die Achsenbilder und vervollständigt das Quaderbild.

---

[1] Beide Zentralbilder dieser Seite sind auf $\tfrac{1}{8}$ verkleinert, ihre Distanzen also $d' = 3$ cm.

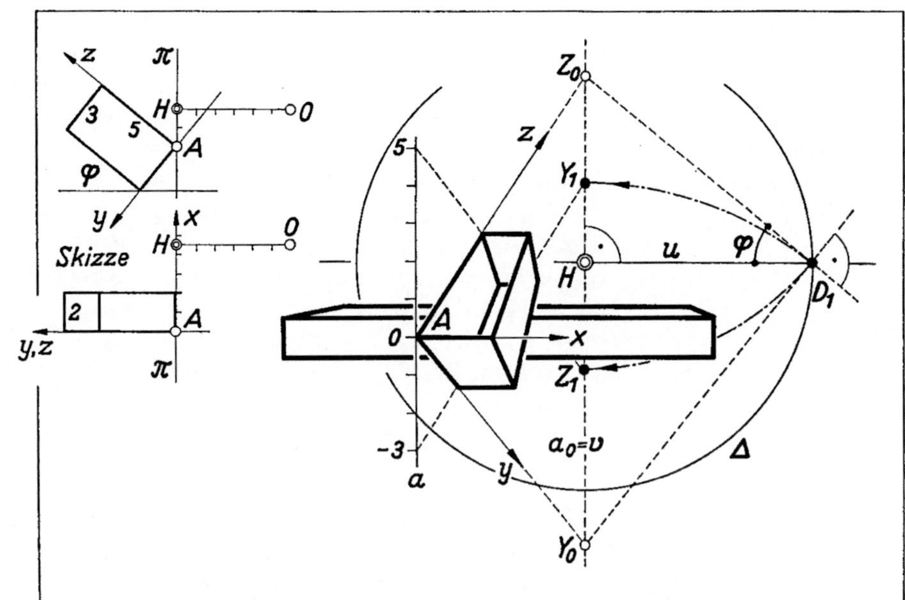

7.33 Eckansicht eines geneigten Quaders

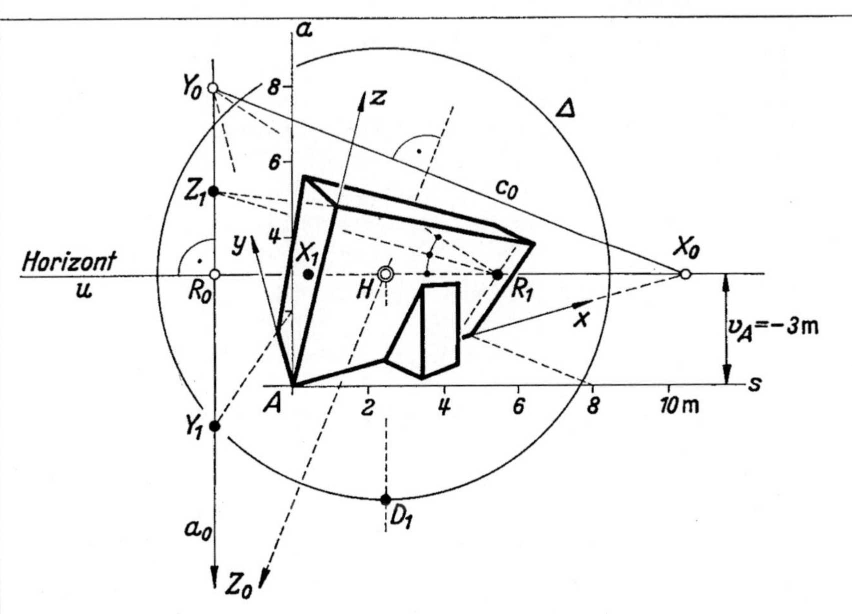

7.34 Kippansicht eines geneigten Quaders

7.35 Kippansicht in geneigter Bildtafel. Nun wollen wir die Kippansicht eines quaderförmigen Baukörpers in einer geneigten Bildebene entwerfen; die Kanten $\parallel x, y, z$ seien 40, 30 und 50 m. In der Skizze legen wir am besten $\pi \perp$ zur Aufrißebene durch die Ecke A des Bodenrechtecks, die zugleich Anfangspunkt des Koordinatenkreuzes sei, und zwar so, daß dieses Rechteck ganz hinter der Spur c der Bodenebene γ liegt. Als Bodenneigung von π wählt man ein einfaches rationales Verhältnis, z. B. 4 : 3, als Distanz etwa $d = 60$ m. Denkt man sich nun wieder in π durch den Hauptpunkt H eine u- und eine v-Achse $\parallel$ bzw. $\perp c$ gelegt, so kann man im Grundriß die Abszisse $u_A = -$ 10 m von A, im Aufriß die Ordinate $v_A = -$ 30 m ablesen. Zur Bestimmung der Flucht- und Meßpunkte entnimmt man – in den Bezeichnungen der Figur 7.32 – aus dem Aufriß

$$HT_0 = t_0 = \tfrac{3}{4}\,d = 45 \text{ m}, \qquad\qquad HZ_0 = z_0 = \tfrac{4}{3}\,d = 80 \text{ m}.$$

Aus $t^2 = d^2 + t_0^2$ und $z^2 = d^2 + z_0^2$ folgt ferner

$$OT_0 = t = \tfrac{5}{4}\,d = 75 \text{ m}, \qquad\qquad OZ_0 = z = \tfrac{5}{3}\,d = 100 \text{ m}.$$

Den Grundriß legen wir so, daß sich für die Abstände T_0X_0 und T_0Y_0 einfache rationale Vielfache von t ergeben, z. B.

$$T_0X_0 = \tfrac{3}{5}\,t = 45 \text{ m}, \qquad\qquad T_0Y_0 = \tfrac{5}{3}\,t = 125 \text{ m}.$$

Die Zeichendistanz sei $d = 30$ cm [60 m], der Maßstab auf einer Meßlinie durch A also $1 : n = 1 : 200$.

Nach dieser Vorbereitung konstruieren wir die Kippansicht, tragen also im Maßstab $1 : n$ der Reihe nach T_0, den Horizont $c_0 \parallel u$, X_0, Y_0, Z_0 und A in das uv-Koordinatenkreuz der Bildebene ein und zeichnen durch A die Achsenbilder und die Bodenspur $c \parallel u$. (Die Buchabbildung ist auf $\tfrac{1}{8}$ verkleinert, ihre Distanz also $d' = 3{,}75$ cm.) Die x- und die y-Achse denken wir uns in der Bodenebene γ auf c gedreht; die Meßpunkte X_1 und Y_1 liegen dann auf c_0. Die z-Achse drehen wir am einfachsten ebenfalls auf c. Die Fluchtlinie der zugehörigen Drehungsebene ist $\parallel c$ und geht durch Z_0, auf ihr liegt der Meßpunkt Z_1 der Vertikalrichtung. Der Abstand eines Meßpunktes vom Achsenfluchtpunkt ist nach 7.14 gleich dem Abstand des Auges von diesem Fluchtpunkt. Diesen Abstand greift man wieder aus einem Rechtwinkelhaken ab, dessen einer Schenkel $OH = d$ ist und auf dessen anderem Schenkel man HX_0, HY_0 und HZ_0 abträgt; so erhält man $X_1X_0 = OX_0$, $Y_1Y_0 = OY_0$ und $Z_1Z_0 = OZ_0$, wobei man für $OZ_0 = z$ auch den schon berechneten Zahlenwert 100 m verwenden kann. Nun überträgt man die Kantenlängen von derselben Meßlinie c aus mit Hilfe der Drehsehnen auf die Achsen und verschiebt sie gegebenenfalls von dort $\parallel$ auf die richtigen Kanten.

Sind in γ Winkel einzuzeichnen, so braucht man nach 7.11 noch den (in der Figur nicht eingezeichneten) Meßpunkt C_1 von γ auf v, für den $C_1T_0 = OT_0 = t = 75$ m wird. Weitere Hinweise finden sich in 7.44.

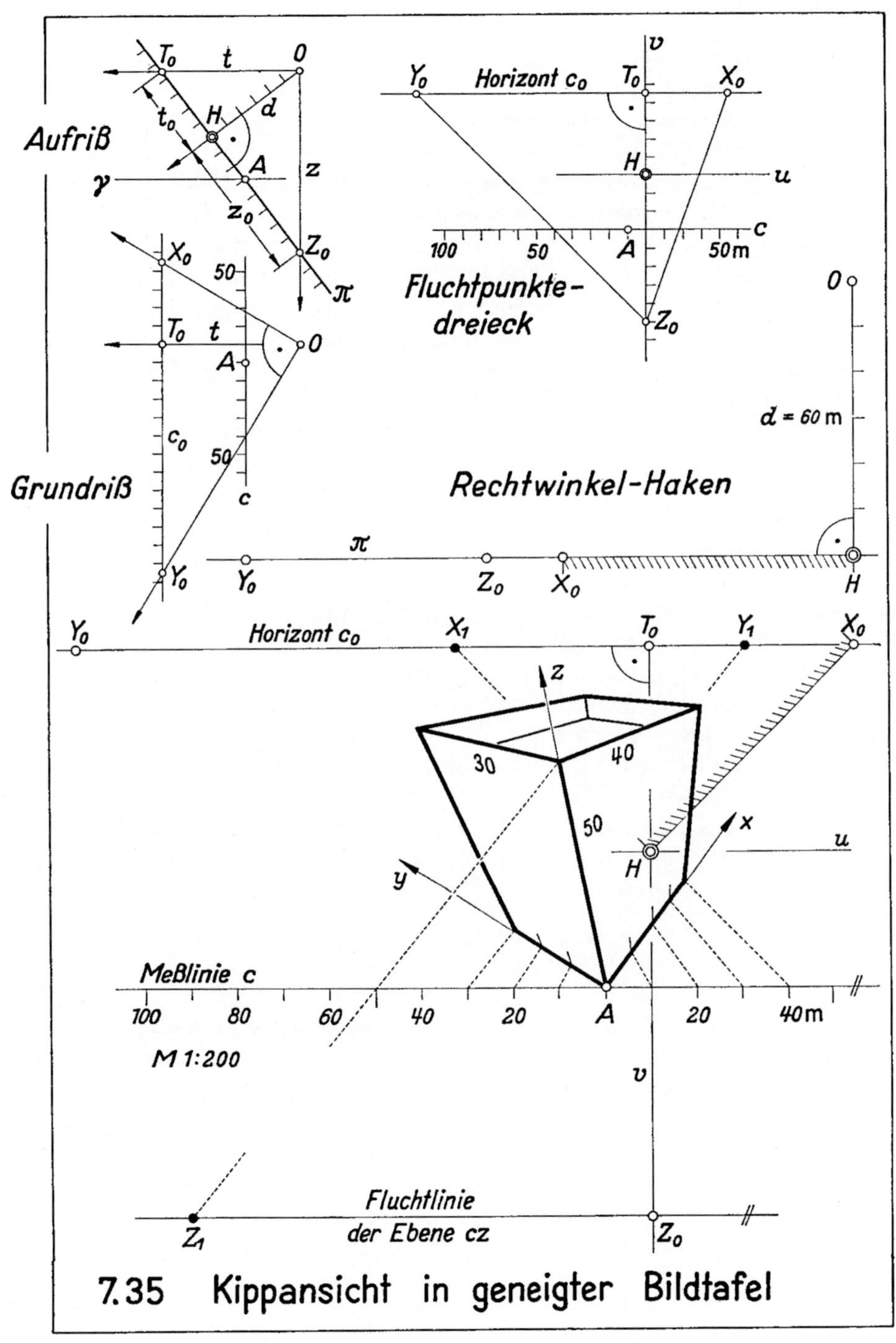

7.35 Kippansicht in geneigter Bildtafel

7.36 Spiegelungen. Will man in einem perspektiven Bild die Spiegelung an einer Ebene σ darstellen, z. B. an einer Wasseroberfläche oder an einem Wandspiegel, so hat man zu beachten, daß Urbild und Spiegelbild symmetrisch zu σ liegen. Das Spiegelbild P^s eines Punktes P konstruiert man also in drei Schritten: Man legt durch P die Normale $n \perp \sigma$, schneidet n mit σ in P_1 und macht auf n schließlich die Strecken $P^s P_1 = P P_1$.

Wir führen die Konstruktion bei vertikaler Bildebene zunächst für einen *geneigten Wandspiegel* durch (oben), dessen untere Horizontalkante in der Wand α liegt und den Fluchtpunkt Y_0 hat. Die geneigten Kanten sind $\|$ zur Wand $\beta \perp \alpha$, ihr Fluchtpunkt Z_0 (in der Figur ganz unten rechts) ist also auf der Fluchtlinie b_0 von β zu wählen. Nun suchen wir den zu σ gehörenden Lotfluchtpunkt N_0 der Richtung $n \perp \sigma$. Da n ebenfalls $\| \beta$ ist, liegt auch N_0 auf b_0, und da das Dreieck $Y_0 Z_0 N_0$ den Höhenschnittpunkt H besitzt, bestimmt man N_0 auf b_0 so, daß $Y_0 N_0 \perp H Z_0$ ist. Nun ist die Normale $n = P N_0$ mit σ zu schneiden. Dazu legt man durch n eine geeignete Hilfsebene, z. B. die Vertikalebene ε, und sucht zunächst deren Verschneidung mit σ; ihre Bodenspur geht im Bilde durch X_0, ihre α-Spur ist vertikal, beide treffen sich auf der Bodenkante von α. Die α-Spur schneiden wir mit der unteren σ-Kante und legen durch den erhaltenen Punkt und durch Z_0 die gesuchte Schnittlinie $\varepsilon\sigma$. Sie trifft n in P_1. Jetzt ist $P P_1$ perspektivisch auf n zu verdoppeln (6.15): Auf der punktierten Vertikalen durch P_1 wählt man die schwarz markierten Punkte symmetrisch zu P_1, wobei der untere die gleiche Höhe wie P hat, überträgt den oberen horizontal (also durch einen X_0-Strahl) auf n und gewinnt so P^s.

Die Spiegelbilder der Vertikalkanten sind $\|$ zueinander und $\|$ zur Wand β. Daher liegt ihr Fluchtpunkt M_0 auf b_0. Man zeige mit Hilfe des Meßpunktes von β, daß $M_0 N_0 = M_0 Z_0$ ist.

Die Konstruktion wird besonders einfach für einen *vertikalen Spiegel* in der Wand α (unten): Jetzt ist $N_0 = X_0$ der Lotfluchtpunkt von $\sigma = \alpha$. Ist P ein Bodenpunkt, so liegt P_1 auf der Bodenkante von α. Die Figur zeigt, wie man $P P_1$ perspektivisch verdoppelt, also P^s bestimmt: Die punktierte Vertikalstrecke in σ ist gleich der Türhöhe, der mittlere der schwarz markierten Punkte ihr Mittelpunkt.

Noch einfacher wird die Konstruktion einer *Wasserspiegelung* bei vertikaler Bildtafel, weil der Wasserspiegel immer horizontal ist: Jetzt ist N_0 der Fernpunkt von v; aus der perspektivischen Verdoppelung wird die gewöhnliche Verdoppelung. Jede horizontale Gerade ist $\|$ zu ihrem Spiegelbild, beide haben also den gleichen Fluchtpunkt.

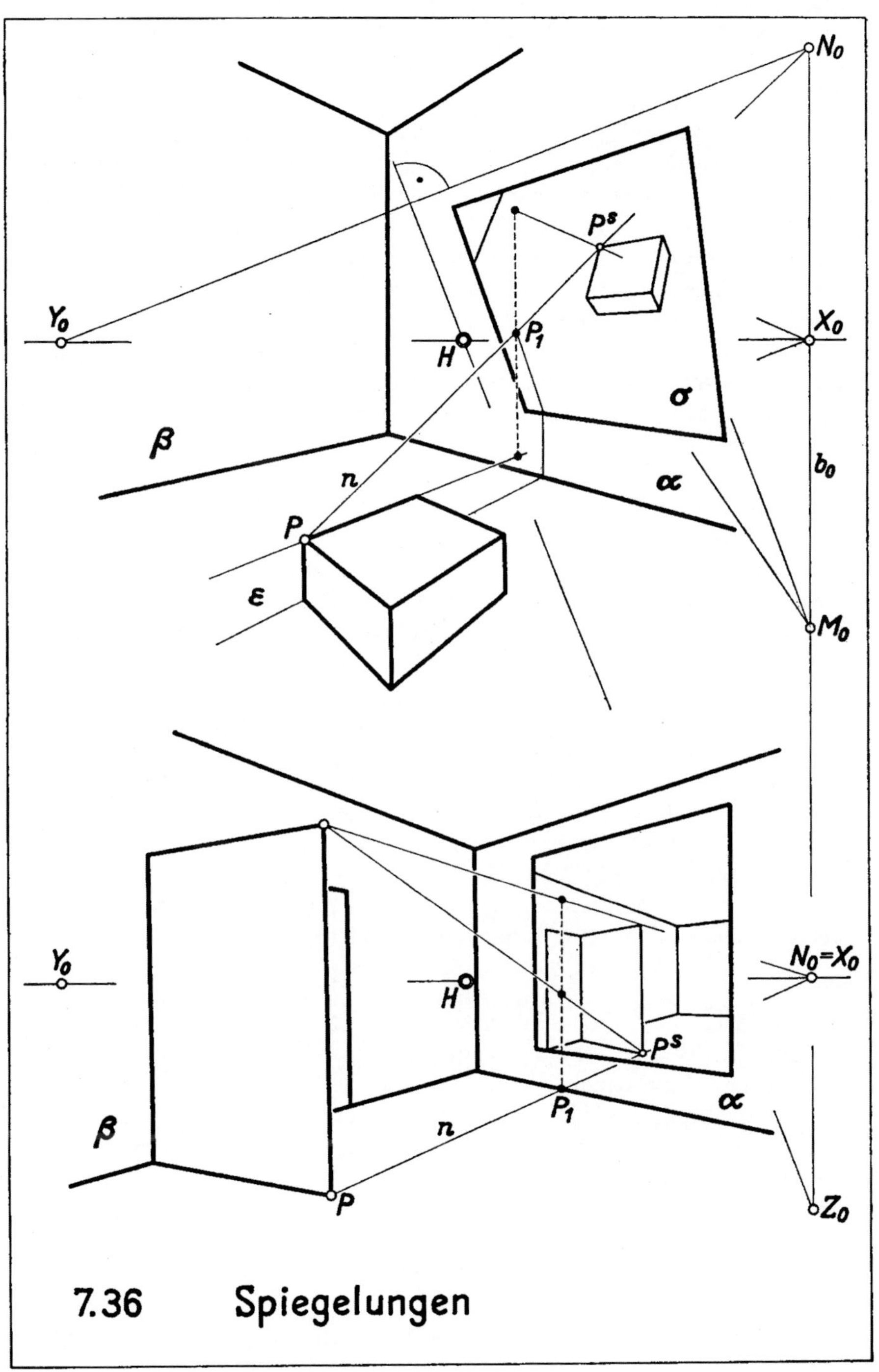

7.36   Spiegelungen

7.4 Bildausmessung

7.41 Horizontale Quadrate. Will man eine Photographie oder eine perspektive Zeichnung ausmessen oder richtig ergänzen, so sucht man zunächst den Hauptpunkt H und einen Distanzpunkt D_1 zu bestimmen. Sind diese gefunden, so kann man Meßpunkte für die Gebäudekanten und damit deren relative Maße oder – falls eine Kantenlänge bekannt ist – die wahren Maße ermitteln. Bei einer Aufnahme in lotrechter Bildebene findet man aus den Bildern horizontaler Parallelkanten deren Fluchtpunkt und damit den Horizont $u \perp$ zu den Vertikalkanten.

1. Wir nehmen zunächst an, daß u und das *Bild eines horizontalen Kreises* bekannt seien. Dann legt man um diesen Kreis ein Quadrat in Frontlage, bestimmt also die Kreistangenten $\parallel u$, den Tiefendurchmesser ihrer Berührungspunkte, auf ihm als Schnitt mit u den Hauptpunkt H, dann die H-Tangenten, eine Diagonale des Tangentenquadrates und auf ihr den u-Distanzpunkt D_1.

2. Ist für ein *horizontales Rechteck* das Seitenverhältnis $a : b$ (z. B. $2 : 3$) bekannt, so bestimmt man auf der Seite b einen Abschnitt x durch perspektive Teilung (6.15) so, daß $x : b = a : b$, also $x = a$ wird, und macht dann aus dem Rechteck durch Abschneiden oder Ansetzen eines Streifens ein Quadrat.

3. Nun sei das Bild eines *horizontalen Quadrates* bekannt. Die Seitenfluchtpunkte seien X_0 und Y_0, ein Diagonalenfluchtpunkt G_0. Macht man die Strecken $X_0U \perp u$ und $= X_0G_0$, $Y_0V \perp u$ und $= Y_0G_0$, so ist der Fußpunkt D_1 des Lotes von G_0 auf UV einer der Distanzpunkte auf v. Denn G_0, X_0, U und D_1 liegen auf dem Kreis über G_0U. Daher ist $\sphericalangle X_0D_1G_0 = \sphericalangle X_0UG_0 = 45°$. Ebenso folgt, daß $\sphericalangle Y_0D_1G_0 = 45°$ ist, daß also in der Tat X_0G_0 und Y_0G_0 von D_1 aus unter $45°$, X_0Y_0 unter $90°$ gesehen werden. H ist der Fußpunkt des Lotes von D_1 auf u. – Ebenso behandelt man Kreise und Quadrate in Tiefenwänden.

4. Man löse Aufgabe 3 mit Hilfe des Peripheriewinkelsatzes.

7.42 Rechte Winkel in horizontalen Ebenen. Kennt man in einer Eckansicht den Horizont u und das Bild eines horizontalen Rechtecks, so liegt ein v-Distanzpunkt D_1 auf dem Thaleskreis über der Strecke der Seitenfluchtpunkte des Rechtecks. Zur Bestimmung von D_1 braucht man also einen zweiten geometrischen Ort. Sind zwei weitere zueinander rechtwinklige Horizontalrichtungen bekannt, so schneiden sich die Halbkreise über den Strecken zusammengehöriger Fluchtpunkte in D_1.

Das kann man auch anwenden, wenn z. B. das Bild eines horizontalen gleichseitigen Sechsecks bekannt ist. Denn in diesem Sechseck spannen die vier Endpunkte zweier gegenüberliegender Seiten ein Rechteck auf, so daß sogar drei Rechtwinkelpaare zur Verfügung stehen. – Ebenso benutzt man in einem Quadrat die Seiten- und die Diagonalenrichtungen.

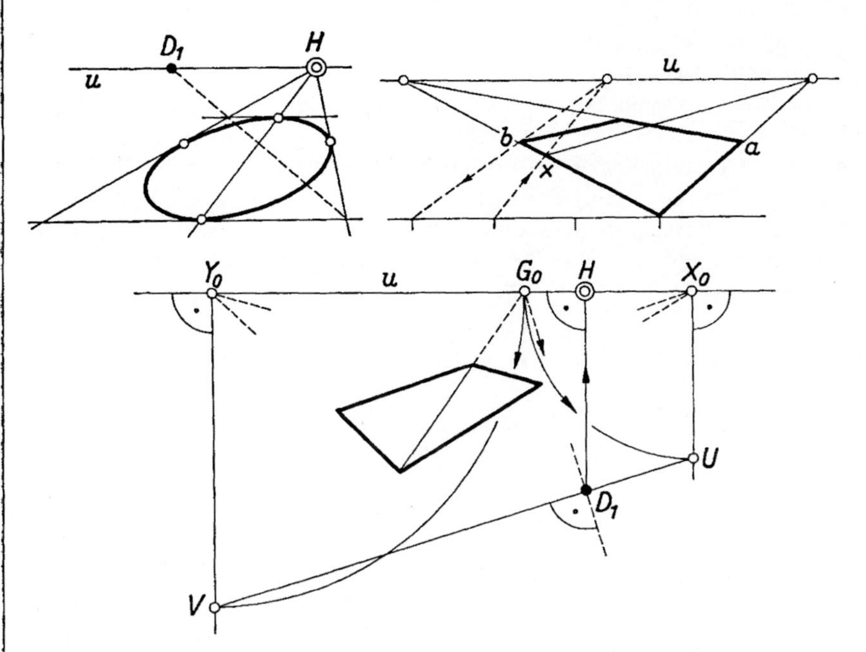

7.41   Horizontale   Quadrate

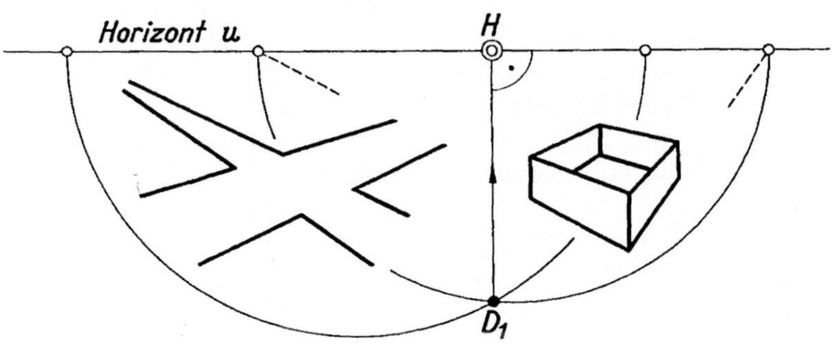

7.42   Rechte Winkel in horizontalen Ebenen

7.43 Winkel und Seitenverhältnis in einer Wand. Wieder sei eine
Eckansicht gegeben, also der Horizont u und die Fluchtpunkte eines
horizontalen rechten Winkels bekannt, an Stelle eines zweiten Recht-
winkelpaares aber das *Seitenverhältnis $y : z$ einer Wand* (oben). Dann dreht
man diese Wand wie in 7.15 um eine ihrer Vertikalkanten in die Frontlage
und gibt ihrer Umlegung das bekannte Seitenverhältnis $y : z$, in der Figur
z. B. $3 : 1$. Nun kann man durch zwei sich entsprechende Punkte des
Wandbildes und der Wandumlegung das Bild der Drehsehne zeichnen,
die auf u den Meßpunkt Y_1 ausschneidet. Dann dreht man Y_1 um Y_0 auf
den Thaleskreis, den man über den beiden Kantenfluchtpunkten gezeichnet hat, und findet damit D_1 und H.

Von dieser Konstruktion macht man z. B. dann Gebrauch, wenn das
Bild eines in einer Wand liegenden Halbkreises mit horizontalem Durchmesser vorliegt; denn im zugehörigen Tangentenrechteck ist das Seitenverhältnis $2 : 1$.

Sehr oft kennt man aber auch statt des Seitenverhältnisses einen
Winkel in einer Wand, z. B. den Neigungswinkel φ einer Dachfallinie
gegen die Bodenebene (unten), in unserer Figur z. B. $30°$. Dann bestimmt
man den Fluchtpunkt N_0 dieser Fallinie lotrecht über dem Fluchtpunkt
X_0 ihres Grundrisses. Mit Hilfe dieser beiden Fluchtpunkte sucht man
nach dem Winkelsatz (7.15) auf u einen Meßpunkt X_1 der Giebelwand so,
daß $\sphericalangle N_0X_1X_0 = \varphi$ wird. Dann dreht man wieder X_1 um X_0 auf den
Thaleskreis über den Kantenfluchtpunkten, findet also wie oben D_1 und H.

Ist aber der Fluchtpunkt N_0 unzugänglich, so verlängert man z. B.
die Dachfallinie über die Traufkante hinaus und bestimmt ihren Bodenpunkt. Dann dreht man das entstandene Dreieck um eine der Vertikalkanten in die Frontlage. Das gedrehte Dreieck kann man einzeichnen,
weil man den Winkel φ an der Bodenkante kennt. Als Verbindungsgerade
der Bodenecke und ihrer Umlegung erhält man dann das Bild einer
Drehsehne, die ebenfalls X_1 auf u ausschneidet.

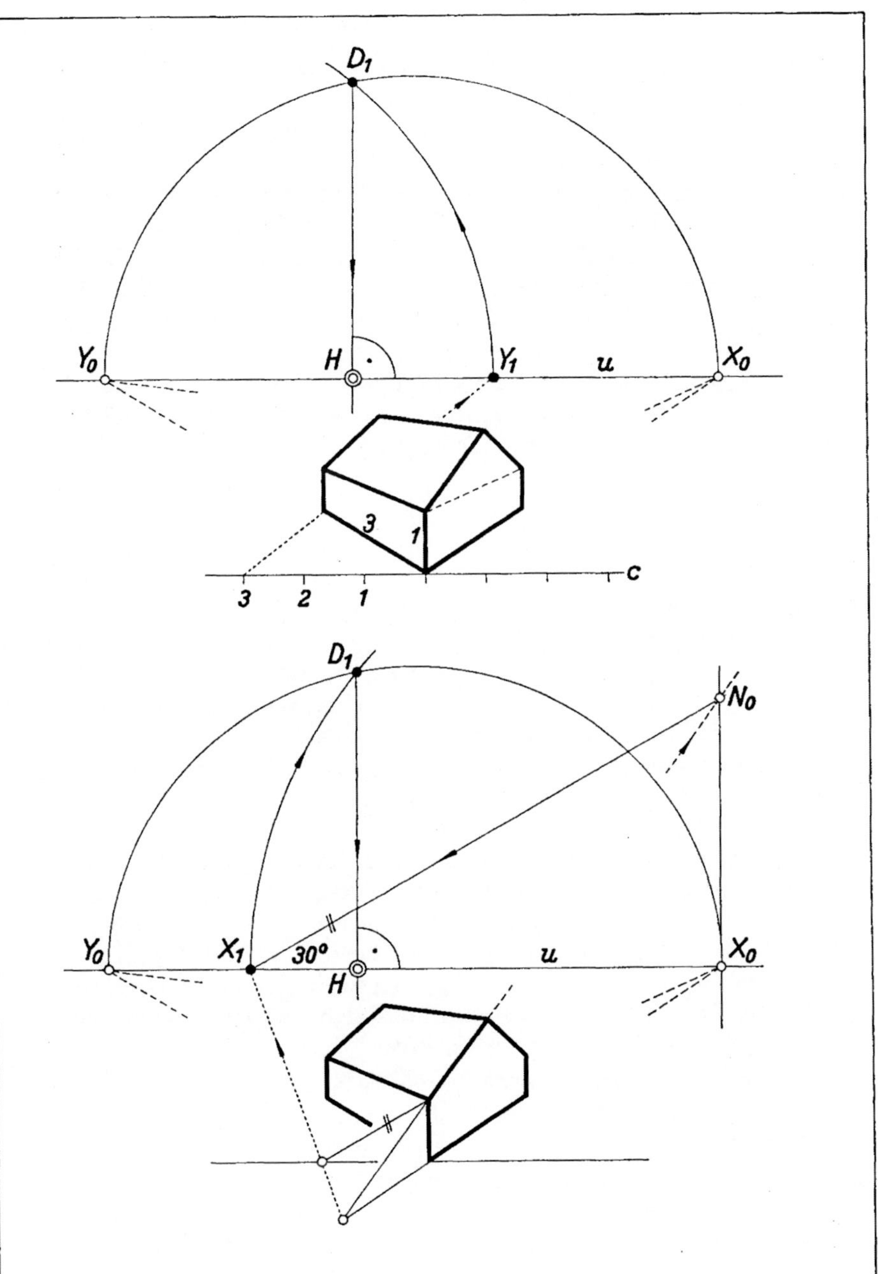

7.43 Winkel und Seitenverhältnis in einer Wand

7.44 Quaderbild mit drei Kantenfluchtpunkten. Besonders einfach lassen sich der Hauptpunkt H und die Distanz bestimmen, wenn die Kippansicht eines Quaders gegeben ist. Man ermittelt – wenn nötig, in einer ähnlich verkleinerten Figur – die Kantenfluchtpunkte X_0, Y_0, Z_0. Der Höhenschnittpunkt im Dreieck dieser Fluchtpunkte ist nach 7.31 der Hauptpunkt H. Ist T_0 wie in der Figur 7.32 der Fußpunkt der Dreieckshöhe HZ_0, so dreht man das rechtwinklige Dreieck Z_0OT_0 in die Bildebene. Dabei kommt O an die Stelle $O^\times$ des Halbkreises über Z_0T_0, für die $HO^\times \perp Z_0T_0$, und liefert die Zeichendistanz $HO^\times$. Nun kann man für die Kantenrichtungen Meßpunkte bestimmen und damit die relativen Kantenlängen messen oder – falls die Länge einer Kante bekannt ist – alle übrigen richtig angeben. Dabei bedarf es, wie in 7.35 gezeigt, nur einer einzigen Meßlinie. Liegt die Kippansicht eines Gebäudes vor, so gewinnt man auf diese Weise wenigstens die Risse zweier Wände, oft aber auch den ganzen Grundriß durch „Erraten'' der nicht sichtbaren Gebäudeteile.

Diese Bildausmessung ermöglicht es nun auch, eine Kippansicht herzustellen, ohne daß man sich zuvor wie in 7.35 die Lage der Bildtafel und des Augpunktes im Raum überlegt: Man wählt ein beliebiges spitzwinkliges Fluchtpunktedreieck, ermittelt H, $O^\times$ und die Achsenmeßpunkte, wählt erst dann das Bild des Achsenkreuzes so, daß der Anfangspunkt mit einer Meßlinie im geeigneten Maßstab an günstiger Stelle – am besten im Innern des Dreiecks – liegt, und konstruiert nach 7.35 die Achsenmaßstäbe und das Bild des Objektes.

7.45 Kreis mit Kreisachse. Nun sei in einer Kippansicht das Bild eines horizontalen Kreises, seines Mittelpunktes und eines im Mittelpunkt lotrecht stehenden Stabes, d. h. der Kreisachse, gegeben. Die Tangenten in den Endpunkten zweier Durchmesser liefern zwei Fluchtpunkte und damit den Horizont c_0 (1). Der Durchmesser t durch die Berührungspunkte der Tangenten, die $\parallel c_0$ sind, schneidet auf c_0 nach 7.31 den Fluchtpunkt T_0 der zur Bodenspur senkrechten Horizontalrichtung aus (2); eine Diagonale des jene Tangenten enthaltenden Tangentenquadrates liefert auf c_0 einen Meßpunkt T_1 von t.

Das Bild des Stabes sei nicht $\perp c_0$. Dann legen wir wie in 7.31 durch T_0 die Achse $v \perp c_0$ und bestimmen auf ihr den Fluchtpunkt Z_0 des Stabes (3). In einer Umlegung der Ebene $\perp \pi$ über v liegt $O^\times$ wie in 7.44 auf einem Halbkreis über T_0Z_0, wobei $O^\times T_0 = T_1T_0$ ist. Damit ist auch H gefunden. – Man überlege sich eine entsprechende Lösung für den Fall, daß die Kreisebene nicht horizontal ist.

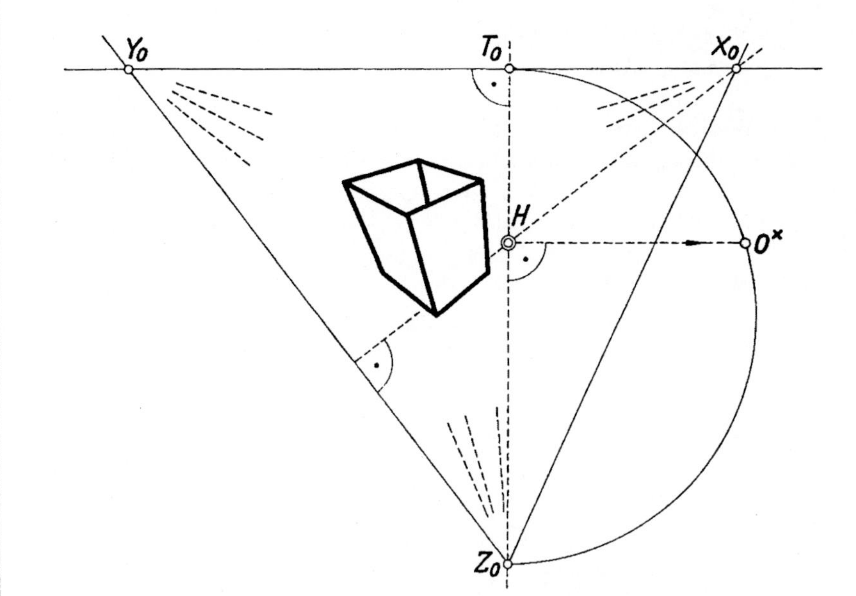

7.44 Quaderbild mit drei Kantenfluchtpunkten

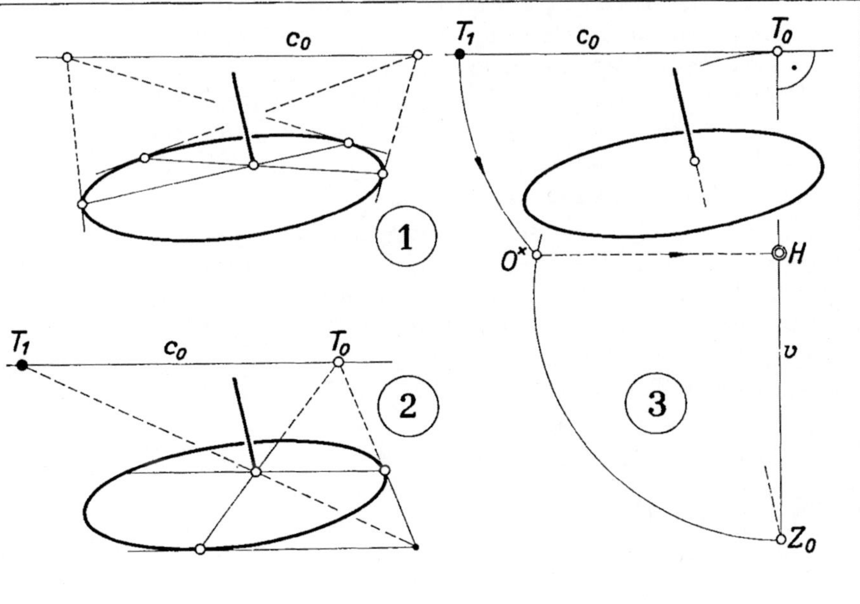

7.45   Kreis mit Kreisachse

7.46 Vier-Punkte-Verfahren. Zum Schluß dieser kurzen Übersicht über die Ausmessung eines Zentralbildes wollen wir ein Verfahren angeben, durch das man aus dem Bilde einer *ebenen* Figur punktweise ein anderes Bild, z. B. also auch das Urbild gewinnen kann. Wir sprechen also jetzt nicht von einem räumlichen Objekt, sondern vom Bilde ε' einer Ebene ε, etwa dem *Luftbild* eines völlig ebenen Geländes, das vom Flugzeug aus photographiert wurde. Im Bildfelde ε' seien vier Punkte bekannt, von denen keine drei auf einer Geraden liegen, im Originalfelde ε (z. B. einer Landkarte) die zugehörigen Urbilder. Beide Felder sind beliebig in der Zeichenebene angeordnet. Wir zeigen in drei Schritten, wie man das Urbild X eines beliebigen Bildpunktes X' finden kann.

1. Es seien a, b, c, d vier Strahlen eines Büschels, A, B, C, D und A', B', C', D' ihre Schnittpunkte mit zwei Geraden, die nicht durch das Büschelzentrum gehen. Unter dem *Doppelverhältnis* $(A\,B\,C\,D)$ versteht man die Zahl $\lambda = (AC:BC):(AD:BD)$. Die Figur zeigt, daß

$$\lambda = (A\ B\ C\ D) = \frac{s}{p} : \frac{s}{q} = q : p$$

und

$$\lambda' = (A'B'C'D') = \frac{s'}{p'} : \frac{s'}{q'} = q' : p',$$

d. h. $\lambda' = \lambda$ ist. Da also die Strahlen auf *jeder* nicht durch das Büschelzentrum gehenden Geraden vier Punkte mit dem gleichen λ-Wert ausschneiden, bezeichnet man diesen auch als *Doppelverhältnis* $(a\,b\,c\,d)$ *des Strahlenquadrupels.* So folgt: *Das Doppelverhältnis von vier Punkten einer Geraden oder vier Geraden eines Büschels bleibt im Zentralbild erhalten.*

Ist $\lambda = -1$, so nennt man das Quadrupel *harmonisch* oder sagt auch: Das Paar A, B trennt das Paar C, D harmonisch.

2. Sind a', b', c', d' die Bilder von vier Geraden eines Büschels in einer Ebene ε und kennt man in ε nur die Urbilder a, b, c, nicht aber d, so markiert man auf der geradlinigen Kante eines Papierstreifens die Schnittpunkte A, B, C, D mit a', b', c', d', paßt den Streifen in das ε-Büschel so, daß A auf a, B auf b, C auf c liegt, und zieht den fehlenden Strahl d durch D. In der Tat ist dann $(a\,b\,c\,d) = (ABCD) = (a'b'c'd')$.

3. Nun seien A', B', C', D' die Bilder der ε-Punkte A, B, C, D, von denen keine drei auf einer Geraden liegen, und also die gezeichneten Geraden $A'B'$, ... die Bilder der entsprechenden Geraden AB, ... Um das Urbild eines Punktes X' zu erhalten, bestimmt man in den Büscheln mit den Zentren A' und D' für $A'X' = p'$ und $D'X' = q'$ die Urbilder p und q mit dem Papierstreifen und erhält $X = pq$.

So kann man punktweise die Photographie ε' einer ebenen Figur ε, z. B. einer Wand oder eines ebenen Geländes, „entzerren", d. h. rekonstruieren.

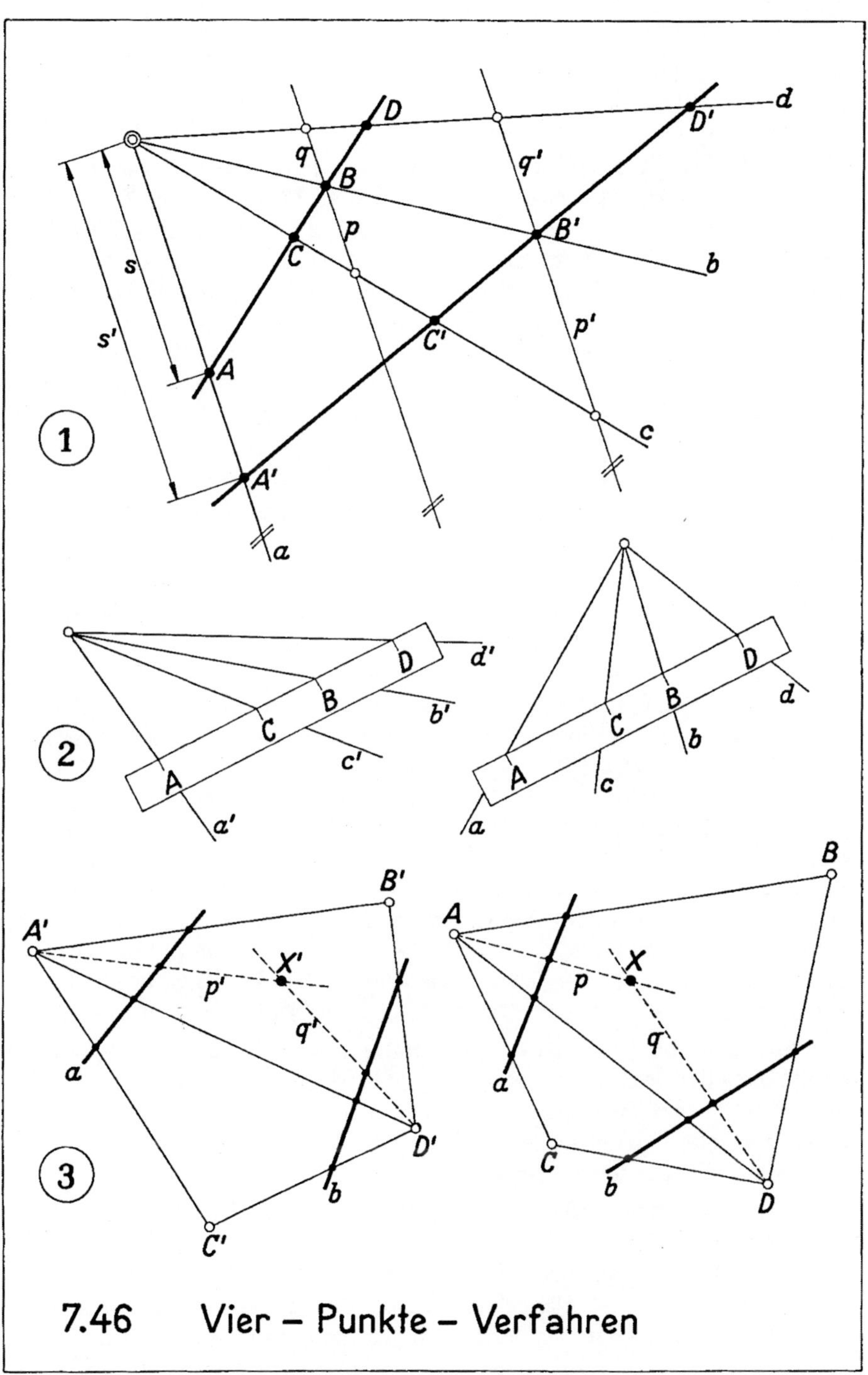

7.46 Vier – Punkte – Verfahren

8. Gebundene Perspektive

8.1 Sehstrahlverfahren

8.11 Klassische Anordnung. Bei der bisher behandelten freien Perspektive wurde der darzustellende Gegenstand von einem Anfangspunkt aus in das Bild eingemessen. Die gebundene Perspektive aber verwendet man mit Vorteil, wenn zuvor Risse eines Bauwerks gezeichnet wurden oder schon fertig vorliegen: Sein Bild wird dann in den geeignet angeordneten Rissen punktweise – oft sogar ohne Verwendung der Fluchtpunkte – konstruiert. Der Gegenstand, das Auge O und die Bildtafel π sind im Grund- und Aufriß gegeben; dabei sei π stets vertikal, also durch die Standlinie c bestimmt. Die Umlegung der Bildtafel mit dem Horizont u und dem Hauptpunkt H legt man daneben oder darunter. Für die Herstellung des Bildes sind dann zwei Verfahren möglich:

I. Das Sehstrahlprinzip. Das Bild jedes Punktes wird als Schnitt seines Sehstrahls mit π gefunden. Für den Punkt *1* der Figur ergibt sich z. B. in den Rissen das Bild *1'*. Denkt man sich nun in π ein Koordinatenkreuz mit dem Anfangspunkt H und den Achsen u und $v \perp u$, so greift man im Grundriß die Abszisse u_1 von *1'* und im Aufriß die Ordinate v_1 von *1'* ab und überträgt sie in das Bildblatt (unten).

II. Das Zweikantenprinzip. Jeder Bildpunkt wird als Schnitt der Bilder einer vertikalen und einer geeigneten horizontalen Geraden, deren Fluchtpunkt im Grundriß erreichbar ist, bestimmt. Für den Punkt *2* der Figur bestimmt man z. B. zunächst im Grundriß das Bild der durch *2* gehenden Lotlinie und überträgt es als Vertikale in das Bildblatt. Nun wählt man die kurze Horizontalkante x durch *2*, weil ihr π-Punkt X und ihr Fluchtpunkt X_0 im Grundriß erreichbar sind; ihre Abszissen überträgt man wieder mit dem Papierstreifen. X_0 liegt auf u, für X brauchen wir noch die Ordinate v_x. Diese ist aber gleich dem Abstand des abzubildenden Punktes von der Horizontalebene durch O, kann also direkt dem Aufriß entnommen werden. Jetzt zeichnet man das Bild $x' = XX_0$ von x.

Sind aber die Fluchtpunkte der horizontalen Körperkanten nicht erreichbar oder liegt der Punkt nicht auf horizontalen Kanten, so kann man eine Tiefenlinie $t \perp \pi$ verwenden, deren Fluchtpunkt H ist und deren π-Punkt T man wieder in das Bild überträgt. Das ist zum Vergleich ebenfalls für den Punkt *2* durchgeführt.

In unserem Beispiel überträgt man am besten zunächst die Bilder der vier Vertikalkanten mit dem Papierstreifen aus dem Grundriß in das Bildblatt und bestimmt dann die Bilder der vier Geraden $\| x$ und damit die beiden nach vorn verlängerten Wände $\| x$ des Kastens. Der Aufriß dient also nur zum Abgreifen der Höhen der benutzten Horizontalkanten.

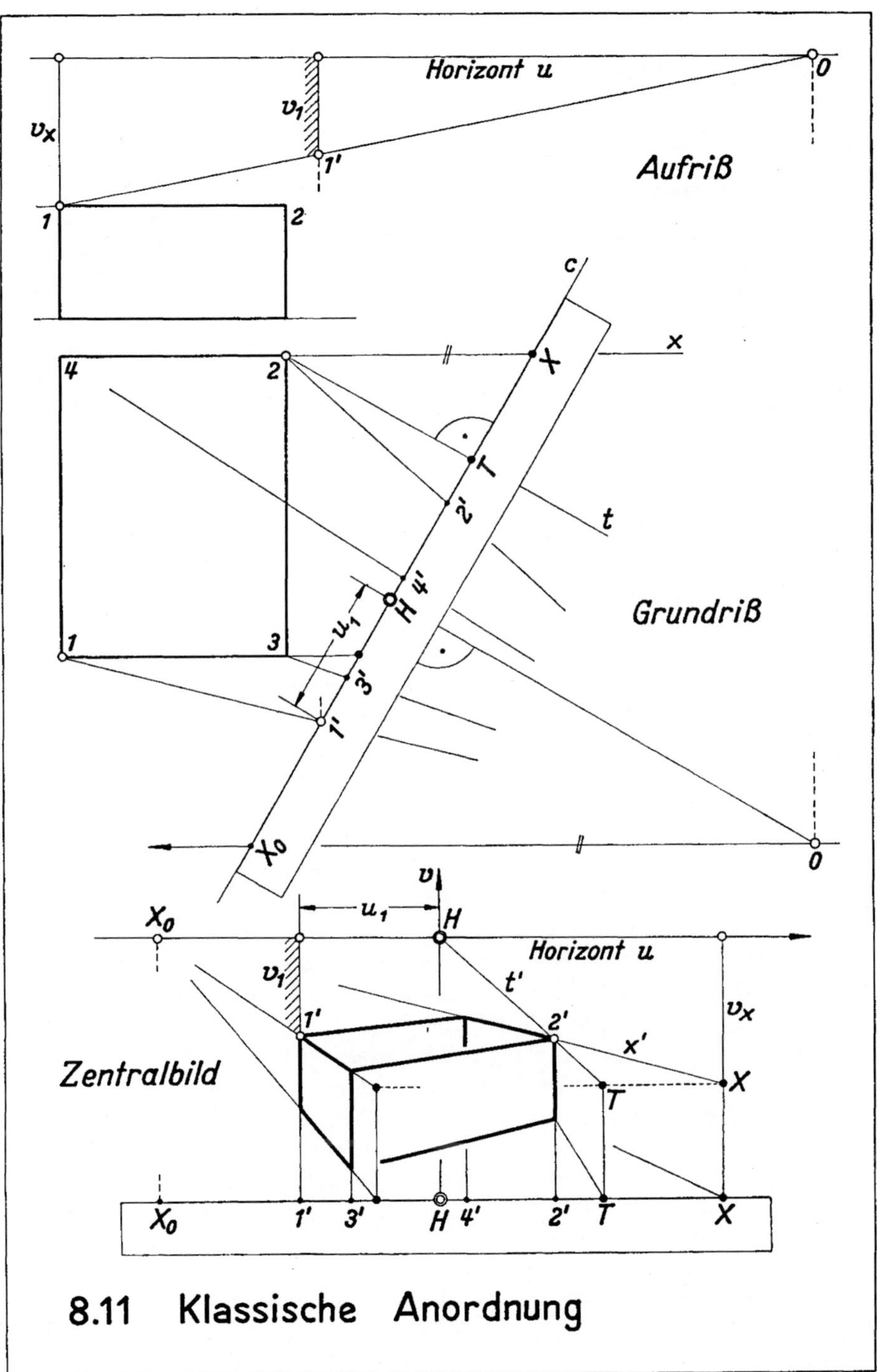

8.11 Klassische Anordnung

8.12 Architektenanordnung. Anstatt wie in 8.11 die Abszissen der Bildpunkte mit einem Papierstreifen in das Bildblatt zu übertragen, kann man die Grundrißzeichnung auch so drehen und über dem Bildblatt anordnen, daß die π-Punkte in das Bildblatt heruntergelotet werden können. Dabei soll der Fluchtpunkt wenigstens einer Gebäudekante, hier X_0, im Grundriß erreichbar sein. Zweckmäßigerweise wird das Bildblatt zwischen Standpunkt und Gebäudegrundriß gelegt. Die im Grundriß benötigten Sehstrahlen werden dann natürlich nicht durchgezogen, sondern nur auf der Grundrißspur c von π angerissen. An Stelle des zugehörigen Aufrisses legt man neben das Bildblatt einen geeigneten Seitenriß des Gebäudes, aus dem sämtliche Höhen, also auch die Aughöhe, zu entnehmen sind. Auf dem Bildblatt wird der Horizont u in gleicher Höhe wie im Seitenriß gewählt und der Hauptpunkt H aus dem Grundriß heruntergelotet. Nun arbeitet man nach dem Zweikantenprinzip in 8.11: Die Flucht- und die π-Punkte der benutzten horizontalen Geraden werden aus dem Grundriß heruntergelotet und ihre Höhen aus dem Seitenriß mit der Reißschiene übertragen. Die Bilder der vertikalen Geraden werden wieder im Grundriß bestimmt und ebenfalls heruntergelotet.

In unserem Beispiel wurden die Bilder sämtlicher Eckpunkte (in der Reihenfolge der Numerierung) mit Hilfe der in den Giebelwänden liegenden horizontalen Geraden $\parallel x$ konstruiert, weil deren Fluchtpunkt im Grundriß erreichbar ist.

8.13 Quadratnetzverfahren. Will man den Bebauungsplan eines großen Geländes perspektivisch darstellen, so liegen oft die Fluchtpunkte und der Standpunkt im Grundriß wegen der großen Zeichendistanz weit außerhalb des Zeichenbereichs. In diesem Falle legt man über den abzubildenden Plan ein Quadratnetz, dessen Linien $\parallel$ und $\perp$ zur Bildtafel π verlaufen (oben). Auf dem Bildblatt π, das unter dem Grundrißblatt angeordnet ist, werden der Horizont u und die Standlinie c im Abstand der Aughöhe aufgetragen und der Hauptpunkt H auf dem Horizont u durch eine Nadel markiert. Mit Hilfe eines der Distanzpunkte D_1 auf u zeichnet man jetzt das Bild des Quadratnetzes nach 6.31.

Ist P ein abzubildender Punkt, der keine Quadratecke ist, so legt man durch P eine Tiefenlinie und eine 45°-Linie, reißt aber nur deren π-Punkte im Plan an und lotet sie auf die Standlinie c des Bildblattes herunter. Ihre Bilder gehen durch die Fluchtpunkte H bzw. D_1 und werden nur in dem Bilde des Quadrats angerissen und zum Schnitt gebracht, in dem der Punkt P liegt. Auf einem Höhenmaßstab, der in einem c-Punkte aufgestellt ist, wird die Höhe eines etwa in P aufzustellenden Stabes oder einer vertikalen Gebäudekante abgetragen und wie in 6.33 durch Tiefenlinien und Breitenlinien an die Stelle P' des Bildes verschoben.

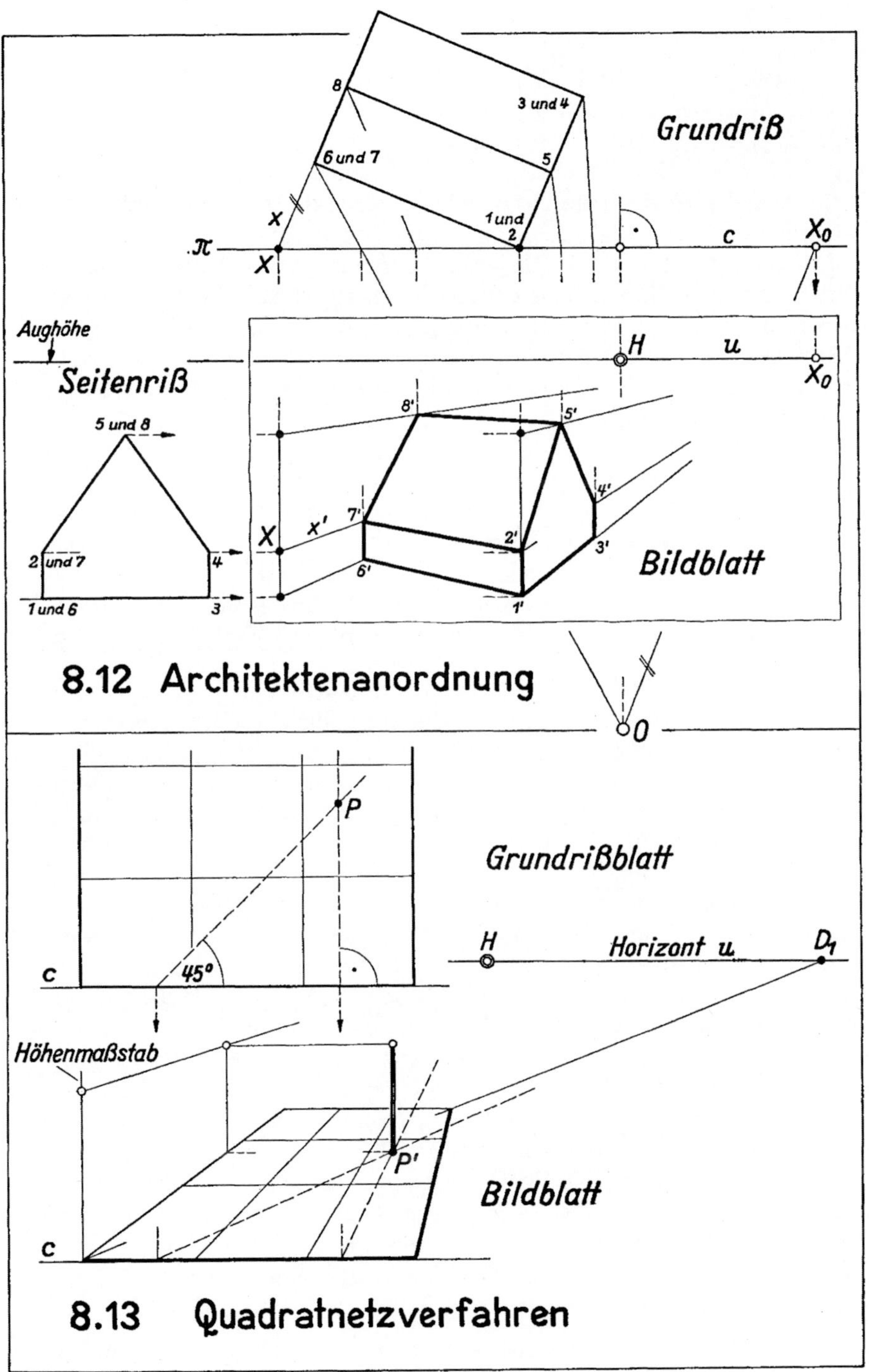

8.12 Architektenanordnung

8.13 Quadratnetzverfahren

8.14 Koordinatenmethode. Der Gegenstand und der Augpunkt O seien im Grundriß π_1 und im Kreuzriß π_3 gegeben, die Bildebene π sei die Aufrißebene π_2. Dann kann man in sehr einfacher Weise den Sehstrahl eines jeden Punktes P im Grund- und im Kreuzriß mit π schneiden und so in π das Bild P' durch Anreißen und Schneiden der zugehörigen Ordner gewinnen. Diese Anordnung eignet sich vor allem zur *Darstellung mathematischer Objekte*; für den Architekten ist sie wegen der Notwendigkeit, erst einen Kreuzriß herzustellen, wenig geeignet. Sie dient uns aber auch dazu, die Beziehung zwischen den Koordinaten u_P und v_P des Bildpunktes P' und den Koordinaten x, y, z des Urbildes P abzulesen.

Dazu legen wir im Raum durch O die x-Achse $\perp \pi$, die y-Achse $\parallel u$, die z-Achse $\parallel v$. Ist d wieder die Distanz, so wird

$$u_P = \frac{y}{x}\, d\,, \qquad\qquad v_P = \frac{z}{x} d\,.$$

Mit diesen Formeln kann man z. B. die Bildkoordinaten für die Ecken der *von Laue*schen Kristallgitter berechnen. So sind die von *E. Verständig* gezeichneten stereoskopischen Bilder dieser Gitter entstanden, bei denen stets zwei Zentralprojektionen mit verschiedenen Augpunkten berechnet und dann nebeneinander gesetzt wurden (J. Springer 1926/1936).

8.15 Die Verwendung der Reileschiene beruht auf der Koordinatenmethode 8.14. Wir denken uns z. B. durch den dort gezeichneten Punkt P eine Breitenlinie $b \perp \pi_3$ und durch b die Sehebene gelegt. Im Kreuzriß deckt sich deren Spur mit dem Sehstrahl durch P. Ein Stützdreieck dieser Ebene mit der Ecke O ist im Kreuzriß schraffiert; im Grundriß deckt es sich mit der x-Achse. Dieses Stützdreieck ist um seine horizontale Kathete in die xy-Ebene hineingeklappt worden und im Grundriß dann ebenfalls schraffiert. Dabei fällt der auf der Hypotenuse liegende b-Punkt, der sich im Kreuzriß mit P deckt, also ebenfalls die Höhe z hat, auf den Grundriß von b; er ist durch einen kurzen Pfeil markiert. Daraus ergibt sich eine einfache Konstruktion von P', die keine Hilfslinien und bei Benutzung der Reileschiene[1] keinen Kreuzriß erfordert; der Gelenkpunkt dieser Schiene läuft dabei auf der horizontalen Rißachse:

Man greift nämlich die Höhe z des Punktes P aus einem beliebigen Auf- oder Seitenriß mit dem Stechzirkel ab, überträgt z in den Grundriß auf die Kante einer horizontal durch P gelegten Reißschiene vom Hauptstrahl aus, z. B. nach links, legt durch den linken Endpunkt und durch O den unteren Schenkel der Reileschiene, greift v_P zwischen dem oberen Schenkel und v, z. B. auf u, mit einem zweiten Stechzirkel ab, legt nun den unteren Schenkel durch O und P und setzt v_P von u aus auf die Zeichenkante des oberen Schenkels (nach oben für $z > 0$, nach unten für $z < 0$).

---

[1] A. Reile, Die neue Perspektive des Architekten, Stuttgart, J. Hoffmann, 1922.

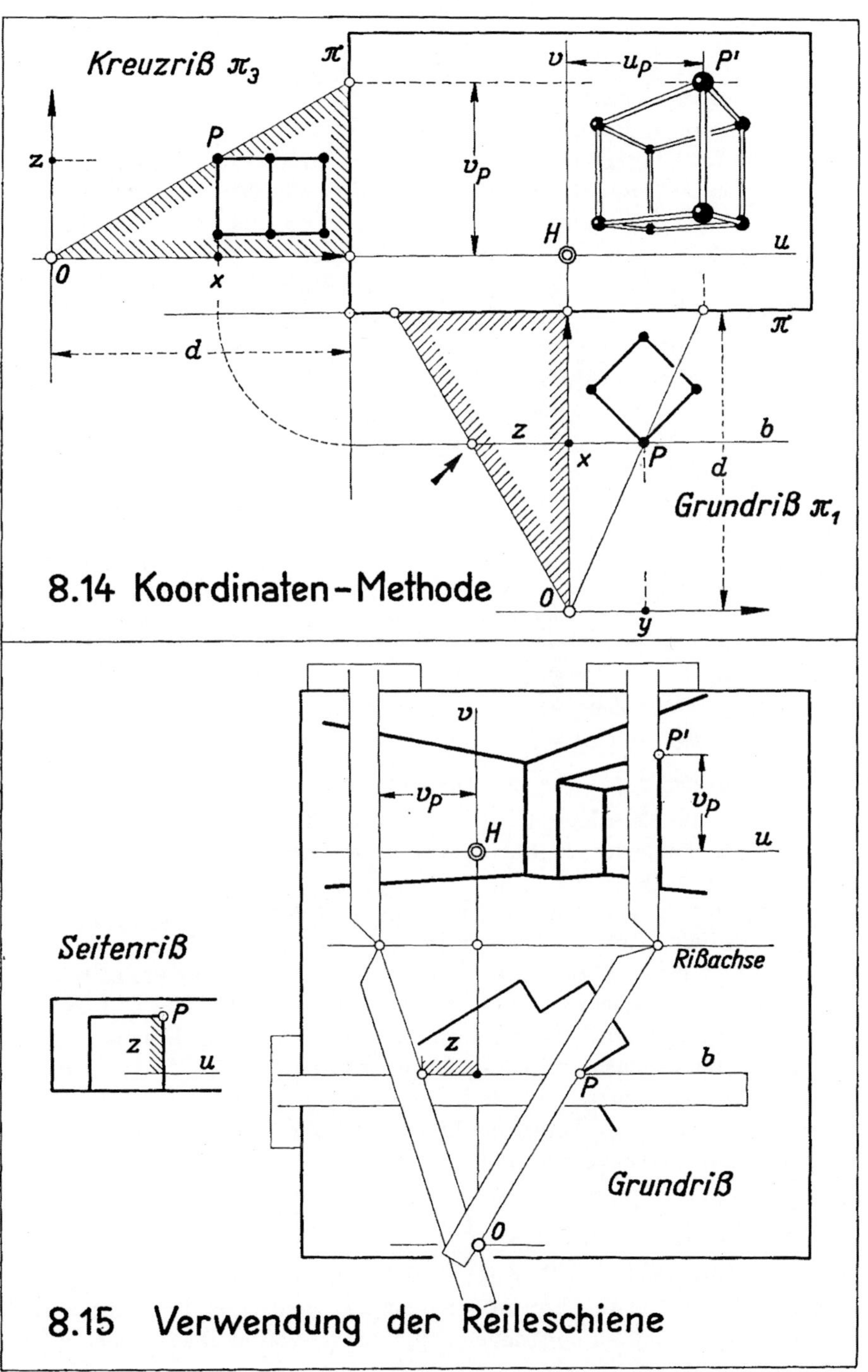

8.15 Verwendung der Reileschiene

8.16 Straßenbauperspektive. Wir stellen uns die Aufgabe, ein perspektives Bild einer Straße zu zeichnen, die eine große Längenausdehnung, aber nur geringe Höhenschwankungen und seitliche Auslenkungen besitzt, und zwar für einen Betrachter, der sich auf der Straße befindet und ungefähr in Richtung ihrer Mittellinie c blickt. Die Raumkurve c denke man sich im Grund- und Aufriß so gegeben, daß sie nahezu $\parallel \pi_2$ verläuft; in unserer Figur ist nur ein c-Punkt P gezeichnet. Da der Öffnungswinkel des Kegels, in dem c vom Auge O aus gesehen wird, in diesem Fall klein ist, muß man – um ein hinreichend großes Zentralbild zu erhalten – die Bildebene π mit sehr großer Distanz als Kreuzrißebene π_3 weit außerhalb des im Grund- und Aufriß verfügbaren Zeichenbereiches wählen. Wir können also π nicht in die Risse eintragen und die Bildpunkte nicht direkt wie in 8.14 konstruieren. Bringt man in π wieder die Achsen u und v und in O die Achsen $x \perp \pi$, $y \parallel u$ (also $\parallel \pi_1$), $z \parallel v$ (also $\parallel \pi_2$) an, so erhält man aus den Koordinaten x, y, z eines c-Punktes P die Koordinaten u_P, v_P seines Bildes P' durch die Formeln in 8.14 (Bauingenieuranordnung).

Nun bestimmen wir aber u_P ohne Benutzung des Aufrisses graphisch dadurch, daß wir π nur in der Grundrißzeichnung durch eine neue Bildebene $\sigma_1 \parallel \pi$ mit der Distanz $d_1 = \dfrac{d}{\alpha}(\alpha > 1)$ und zugleich P durch einen Punkt P_1 mit der Breite $y_1 = \alpha y$ ersetzen und dann den Sehstrahl OP_1 mit σ_1 schneiden. Ebenso konstruieren wir v_P unabhängig vom Grundriß dadurch, daß wir π nur in der Aufrißzeichnung durch eine neue Bildebene $\sigma_2 \parallel \pi$ mit der Distanz $d_2 = \dfrac{d}{\beta}\,(\beta > 1)$ und zugleich P durch P_2 mit der Höhe $z_2 = \beta z$ ersetzen. Die beiden auf diese Weise unabhängig voneinander konstruierten Koordinaten überträgt man in das Bildblatt (unten).

In unserem Beispiel sind die Risse von c nicht erst gezeichnet, sondern statt dessen die „Ersatzkurven" c_1 im Grundriß mit den Breiten αy und c_2 im Aufriß mit den Höhen βz ($\alpha = 4$, $\beta = 8$, $d = 30$ cm [3 km]). Mit anderen Worten: c_2 ist ein achtfach überhöhter Aufriß von c, c_1 entsteht aus dem Grundriß von c durch Vervierfachen der Breiten. Die Maßstäbe der y- und der z-Achse sind entsprechend gedehnt und beziffert. Im Bild ist ferner die halbe Straßenbreite b, die eigentlich $\perp c$ und horizontal einzuzeichnen wäre, mit kaum merkbarem Fehler auf Breitenlinien abgetragen. Man berechnet ihr Bild b_x' für jede Tiefe x am einfachsten nach der Koordinatenmethode: $b_x' = \dfrac{b}{x}\,d$. Würde man sich auf die Abbildung der Raumkurve c beschränken, also die Straßenbreite nicht einzeichnen, so müßte man auch das Bild des Grundrisses von c in einer beliebigen horizontalen Ebene angeben (in der Figur gestrichelt). Nur so kann man dann aus dem Bild die Lage jedes c-Punktes im Raum ablesen, sich also vor Bildtäuschungen bewahren.

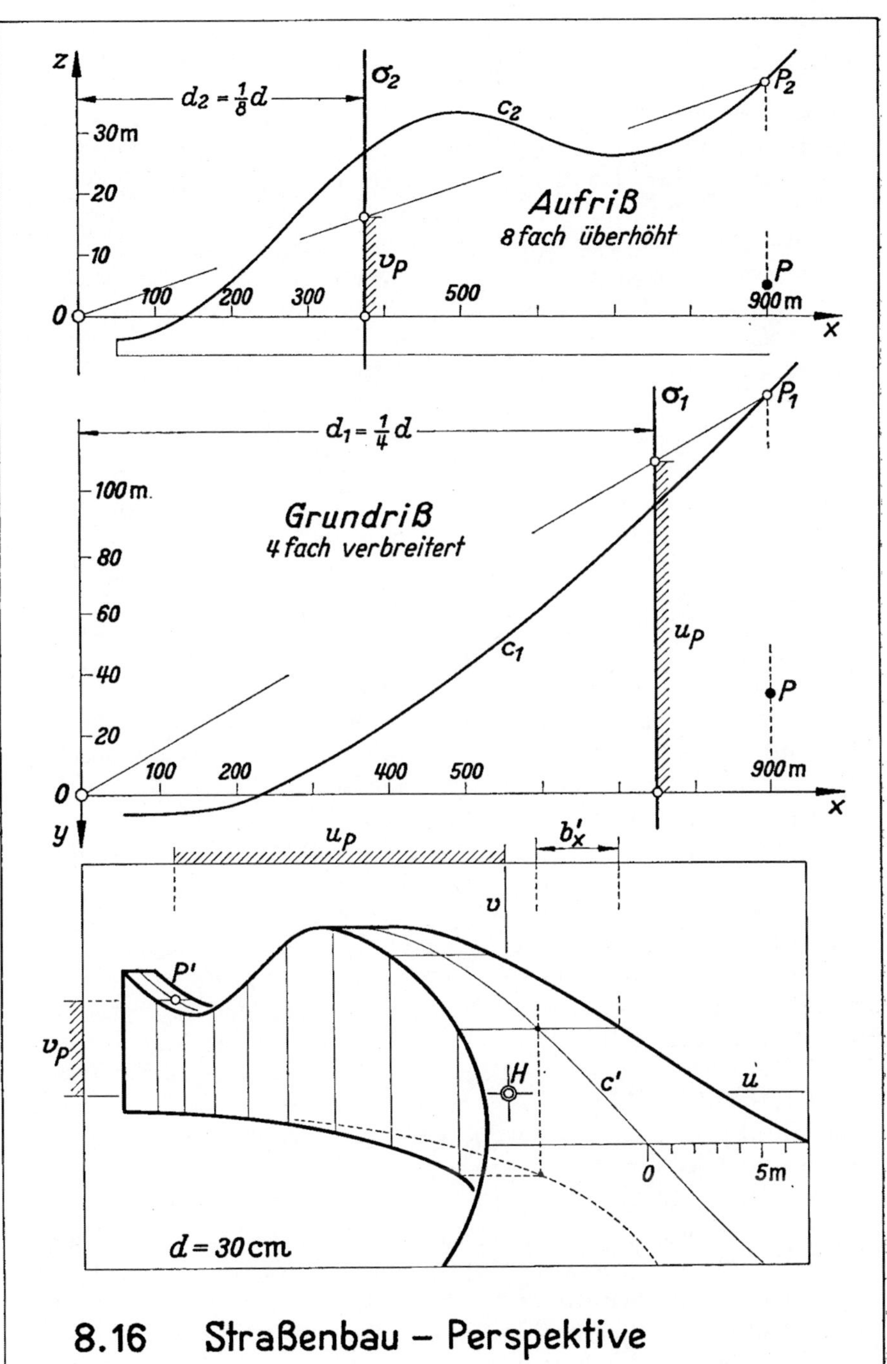

8.16   Straßenbau – Perspektive

8.2 Drehsehnenverfahren

8.21 Bild und Umlegung einer Horizontalebene. Wir stellen uns zunächst noch einmal die Aufgabe, das Zentralbild einer Figur herzustellen, die in einer horizontalen Ebene γ, z. B. der Grundrißebene liegt (vgl. 7.25 und 7.26). Klappt man γ um die Spur c in die Bildtafel π hinein, so daß die vor π liegende Halbebene nach unten, die hinter π liegende Halbebene also nach oben gedreht wird, so bilden die zugehörigen Drehsehnen mit π Winkel von 45°. Ihr Fluchtpunkt ist also der untere Distanzpunkt D_1 (links). Da bei der Umlegung die c-Punkte fest bleiben, so treffen sich Bild und Umlegung einer γ-Geraden auf der Spur c.

Nun sei in der Bildtafel die Umlegung $P^\times$ eines γ-Punktes P bekannt (rechts). Um das Bild P' zu ermitteln, legt man durch $P^\times$ die Tiefenlinie $t^\times \perp c$ und dann durch deren c-Punkt und den Fluchtpunkt H das Bild t'. Damit haben wir einen ersten Ort für P' gefunden. Da ferner die Bilder aller Drehsehnen durch D_1 laufen, können wir als zweiten Ort für P' das Bild der Drehsehne $P\,P^\times$ einzeichnen, nämlich die Gerade $P^\times D_1$, die P' liefert. Damit erkennen wir: *Das Bild und die Umlegung einer γ-Figur* oder – wie wir auch sagen wollen – die Felder γ' und $\gamma^\times$ *liegen perspektiv:* Perspektivitätszentrum ist der Distanzpunkt D_1, Perspektivitätsachse die γ-Spur c. Diese *„Horizontalperspektivität"* ist also festgelegt, weil außer dem Zentrum D_1 und der Achse c zwei sich entsprechende Punkte bekannt sind: Zum Fernpunkt der Richtung $t^\times \perp c$ im $\gamma^\times$-Feld gehört der Hauptpunkt H im γ'-Feld. (Vgl. 6.2, Schlußsatz.)

Die Umlegung der Verschwindungsgeraden c_v von γ liefert eine Gerade $c_v^\times \,\|\, c$ im Abstande d von c, während das Bild c_v' die Ferngerade w von π wird. Zur Ferngeraden c_∞ von γ aber gehört als Umlegung $c_\infty^\times = w$ und als Bild $c_\infty' = u$. Deutet man also w als γ'-Gerade, so gehört dazu $c_v^\times$ im $\gamma^\times$-Felde; deutet man aber w als $\gamma^\times$-Gerade, so gehört dazu u im γ'-Felde. Mit anderen Worten: Es entsprechen sich Verschwindungsgerade der Grundrißebene und Ferngerade der Bildebene ebenso wie Ferngerade der Grundrißebene und Horizont in der Bildebene. Das gilt natürlich auch nach der Umlegung. Treffen sich die Bilder zweier γ-Geraden auf dem Horizont u, dann sind ihre Urbilder parallel. Genauso sind die Bilder a' und b' zweier γ-Geraden parallel, wenn sich ihre Urbilder auf der Verschwindungsgeraden treffen (vgl. 6.12).

Bereits in 7.25 erkannten wir allgemeiner, daß auch Bild und Umlegung einer beliebigen Ebene perspektiv liegen. Für eine Tiefenwand, deren Fluchtlinie also v ist, erhält man einen der Distanzpunkte auf u als Zentrum. Die untere Figur zeigt vier Perspektivitäten: Die Zentren sind die Distanzpunkte, die Achsen die hinteren Quaderkanten. Die Bilder der Drehsehnen sind punktiert.

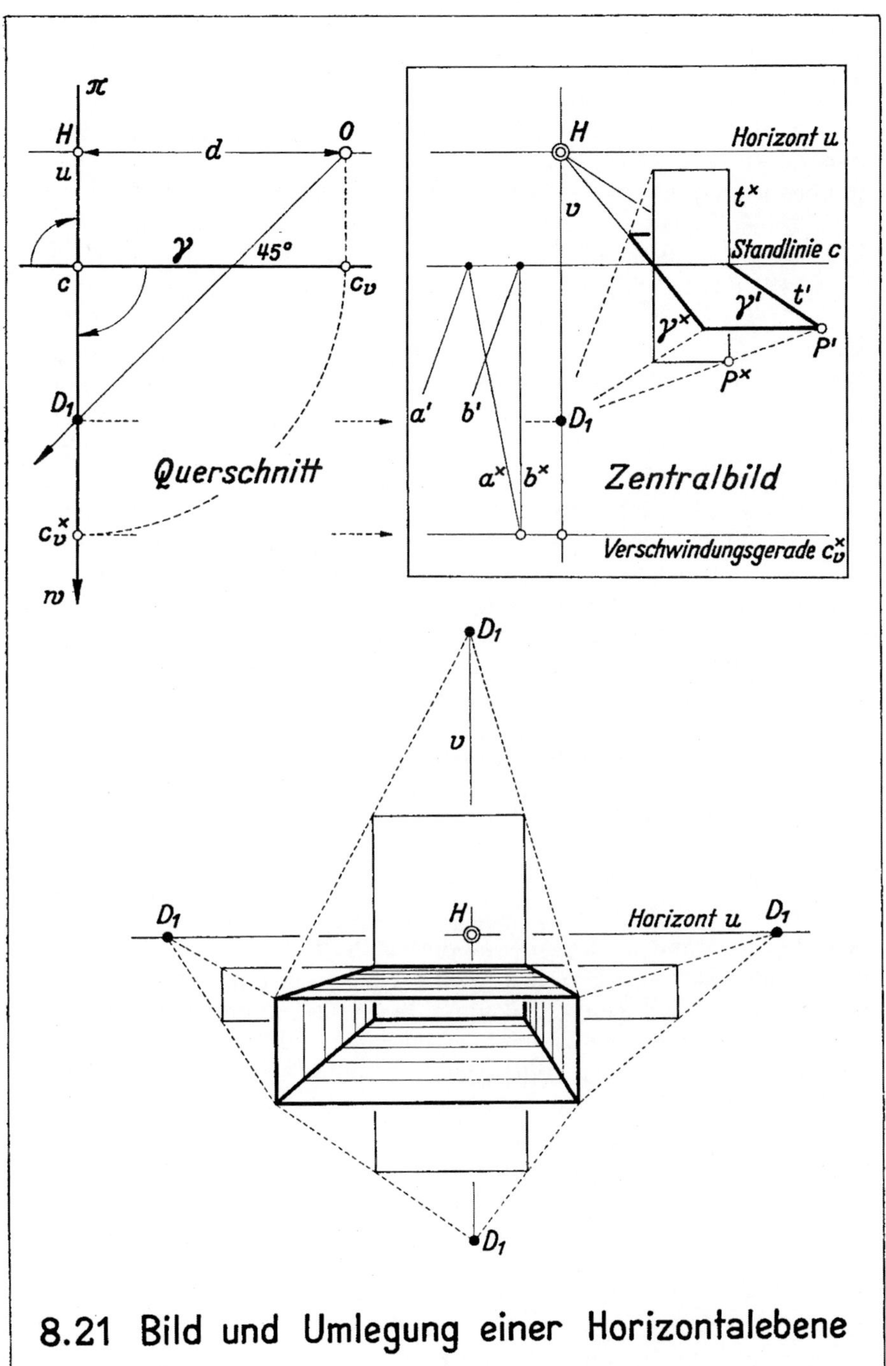

8.21 Bild und Umlegung einer Horizontalebene

8.22 Zylindrische Säule. Als Anwendung der Horizontalperspektivität bestimmen wir das Bild eines Kreises k in der Grundrißebene $\pi_1 = \gamma$, z. B. des Basiskreises einer Säule. Der Grundriß des Augpunktes O sei $\dot{O}$, also der Abstand $c\dot{O} = HD_1 = d$. Die umgelegten γ-Elemente bezeichnen wir von jetzt an durch Buchstaben ohne oben angesetzten Stern.

Trifft k nicht die Verschwindungsgerade c_v, so ist das Bild k' eine Ellipse. Wir bestimmen dann zunächst das Bild t' des Tiefenliniendurchmessers t und die Bilder $1'$ und $2'$ seiner k-Punkte 1 und 2 nach 8.21. Da die Tangenten in $1'$ und $2' \parallel c$ sind, ist $1'2'$ ein Durchmesser von k', seine Mitte N' also der Mittelpunkt von k', aber i. a. nicht etwa das Bild der Mitte von k. Um die Länge des konjugierten Halbmessers $N'3' \parallel c$ zu finden, bestimmt man im Grundriß, also im γ-Feld, den zu N' gehörenden t-Punkt N, dann die Halbsehne $N3 \parallel c$ und daraus $3'$. Da die $3'$-Tangente $s' \parallel t'$ ist, geht die 3-Tangente s durch den c_v-Punkt T_v von t. Man kann also jenen Halbmesser ohne Benutzung einer Drehsehne auch so erhalten: Man legt durch T_v eine k-Tangente s und bestimmt die c-Punkte S und T von s und t. Dann ist $TS = N'3'$ die gesuchte Halbmesserlänge. Sie ist die gleiche für alle kongruenten Kreise, deren Mittelpunkte auf einer Breitenlinie liegen. Man kann also die Bilder all dieser Kreise bequem aus konjugierten Durchmessern gewinnen.

Die Konturlinien der Säule sind die k'-Tangenten $\parallel v$, also durch den Fernpunkt von v. Ihm entspricht im γ-Feld der v-Punkt auf c_v, also $\dot{O}$. Wir zeichnen daher die k-Tangenten durch O und durch deren c-Punkte die Konturlinien $\parallel v$. Die Berührungspunkte werden mit Hilfe der Drehsehnen übertragen.

8.23 Fernpunkte eines Kreisbildes. Der Kreis k in der Grundrißebene schneide jetzt die Verschwindungsgerade c_v in zwei Punkten P und Q. Sein Bild ist also eine Hyperbel k', die durch die Fernpunkte P' und Q' der Strahlen D_1P und D_1Q geht. Den k-Tangenten p und q in P und Q entsprechen im Bildfelde die Asymptoten p' und q', dem Schnittpunkt N von p und q auf dem Tiefenliniendurchmesser t der Hyperbelmittelpunkt N' auf dem Bilde t'. Man zeichnet also die gesuchten Asymptoten p' und q' durch N' und durch die c-Punkte von p und q. Sind diese unzugänglich, so beachte man, daß $p' \parallel D_1P$ und $q' \parallel D_1Q$ ist. Ermittelt man außerdem noch einen weiteren k'-Punkt, z. B. $1'$ auf t', so kann man die Hyperbel nach 3.31 konstruieren. In der Praxis, z. B. in der Aufgabe 8.25, zeichnet man sie freilich am besten punktweise mit Hilfe der Perspektivität. So kann man auch die *Scheitel*, die in der Figur nicht angegeben sind, auf der Winkelhalbierungslinie a' der Asymptoten bestimmen, nämlich als Bilder der k-Punkte auf der zu a' gehörenden N-Geraden a.

Berührt k die Verschwindungsgerade, so wird k' eine Parabel. Ihre Achse ist parallel zum Bilde t' des Tiefenliniendurchmessers t.

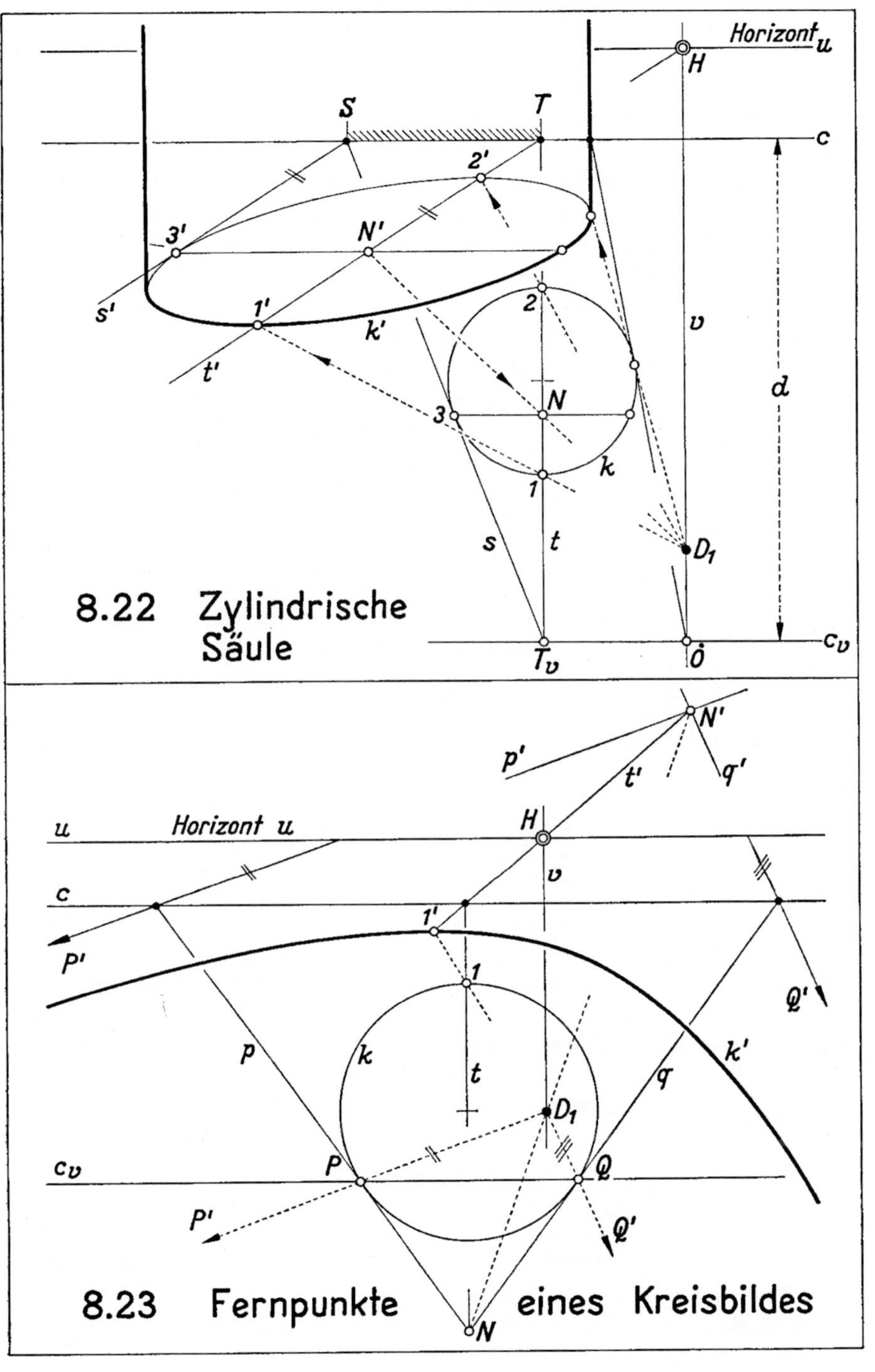

8.22 Zylindrische Säule

8.23 Fernpunkte eines Kreisbildes

8.24 Bild einer Gebäudegruppe. Den in 8.1 geschilderten Verfahren der gebundenen Perspektive ist bei weitem die folgende Anordnung vorzuziehen, bei der die Perspektivität zwischen Bild und Umlegung der Grundrißebene benutzt wird (8.21). Im gegebenen Grundriß γ der darzustellenden Gebäudegruppe wählt man den Standort $\dot{O}$ und die Lage der Bildtafel π entsprechend den Vorstellungen, die man sich von dem zu zeichnenden Bild macht. Dann dreht man das Grundrißblatt γ so, daß die Standlinie c horizontal liegt, und denkt sich γ wieder in π hineingeschwenkt. In unserem Beispiel wurde c „hinter" der Gebäudegruppe gewählt, damit sich ein möglichst großes Bild ergibt. In π zeichnet man nun in beliebiger Höhe über c den Horizont $u \parallel c$, über $\dot{O}$ auf u den Hauptpunkt H und im Abstand $HD_1 = c\dot{O} = d$ von u den unteren Distanzpunkt D_1. Für die Konstruktion des Grundrißbildes nach 8.21 wird $\dot{O}$ nicht mehr benötigt, dient also nur zur günstigen Wahl von d und π. Wie in 8.12 sei der Fluchtpunkt X_0 wenigstens einer Kantenrichtung x erreichbar. Dann zeichnen wir durch X_0 und durch die c-Punkte der Kanten $\parallel x$ deren Bilder und übertragen die auf diesen liegenden Eckpunkte ausschließlich mit Hilfe der Drehsehnenbilder durch D_1, insbesondere in unserer Figur auch die Wandteilung des linken Gebäudes.

Über dem so gewonnenen Bild des Grundrisses sind nun wie in der freien Perspektive die Höhen einzuzeichnen. Wurde u sehr hoch über c angenommen, so kann γ als Kellergrundriß gedeutet werden. Dann wählt man zunächst die Höhe der Erdgeschoßebene β, also die π-Spur $b \parallel c$ von β über c. Von b aus trägt man die Höhen, die man einem Seitenriß (unten rechts) entnimmt, auf einer in π liegenden Vertikalen ab, in unserer Figur z. B. auf der π-Spur der rechten Hochhauswand, auf der die Endpunkte schwarz markiert wurden, und verschiebt diese Höhen in gewohnter Weise mit Hilfe von Geraden $\parallel x$ und Breitenlinien über die richtigen Stellen des Grundrisses. Nachdem so alle Gebäudekanten in das Bild übertragen sind, zeichnet man die Einteilung der Wände in Vertikalstreifen, und zwar am besten nicht mit Hilfe der Drehsehnen und des Kellergrundrisses, wie beim linken Gebäude, sondern einfacher und genauer mit einem beliebigen Maßstab (6.15), den man auf einer Breitenlinie durch eine Kantenecke anbringt (rechts oben).

Je höher man am Anfang den Horizont u über c legt, desto steiler blickt man auf die Ebene γ, desto „offener" erscheinen also die rechten Winkel zwischen den Kanten und desto klarer wirkt der gesamte Kellergrundriß im Bilde. Die Figur läßt erkennen, daß diese Kanten sich im Bild der Bodenebene β schleifend schneiden, weil hier die Höhe des Augpunktes über β nur klein ist. Allerdings soll u auch nicht zu hoch gewählt werden, weil sonst z. B. im rechten Teil unseres Bildes schleifende Schnitte der Kanten $\parallel x'$ mit den Drehsehnen auftreten. – Die Methode wird zuweilen als *Aufbauverfahren* bezeichnet.

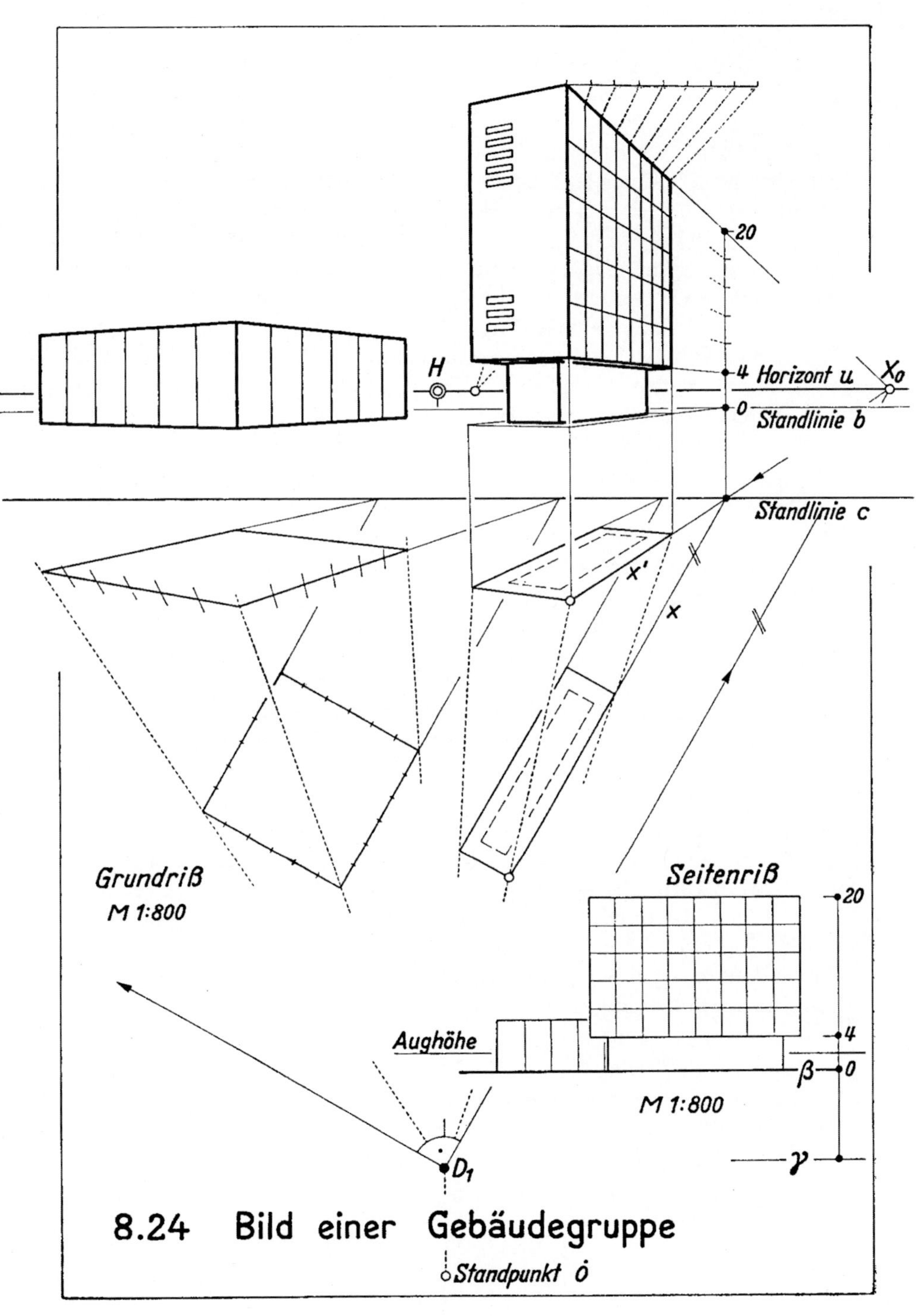

8.24 Bild einer Gebäudegruppe

8.25 Bild einer zylindrischen Wand. Nachdem in 8.24 das Konstruktionsprinzip am Beispiel einfacher Gebäudequader erläutert ist, soll es nun auf die Abbildung eines Innenraumes mit gewölbter Wand angewendet werden. Vor c liegt in der Grundrißebene γ der Bodenkreis k eines zylindrischen Raumes mit einer Türnische und innerhalb von k der Standpunkt $\dot{O}$. Um das Bild des Grundrisses durch die Horizontalperspektivität zu gewinnen, legen wir durch die abzubildenden γ-Punkte geeignete Hilfsgeraden, die wir aber nicht – wie in der Figur der Deutlichkeit wegen geschehen mußte – durchziehen, sondern nur auf c anreißen: durch *1* und *2* Tiefenlinien, durch *3* und *4* k-Tangenten, durch *5* die Kante *3 5*. Nun zeichnen wir in π in den vorgeschriebenen Höhen den Horizont u mit dem Hauptpunkt H und die Spuren b und a der Horizontalschichten β und α, in denen die obere Türkante und der Deckenkreis liegen. Auf v markiert man wieder D_1, auf u die Fluchtpunkte der benutzten Hilfsgeraden.

Das perspektive Bild zeichnet man auf transparentes Papier, das man über das so vorbereitete γ-Blatt heftet. Zunächst werden die Bilder der Hilfsgeraden, die durch c-Punkt und Fluchtpunkt festgelegt sind, nur in der Gegend angerissen, in der sie die wieder punktierten D_1-Strahlen durch die abzubildenden Punkte treffen. Das liefert z. B. die Bildpunkte *1'*, *2'*, *3'* und *4'*. Da der c-Punkt der Kante *3 5* erreichbar ist, erhält man auch bequem deren Bild und damit *5'*. So gewinnt man punktweise das Bild des Grundrisses, nach 8.23 ein Hyperbelstück. Benutzt man zwei durchsichtige Lineale, von denen eines an einer in D_1 eingesteckten Nadel gleitet, so bleibt das Bildblatt nahezu frei von Konstruktionslinien.

Um den Deckenkreis zu zeichnen, gehen wir ganz ähnlich wie in 8.22 vor. Wir wählen z. B. die α-Punkte *6* und *7* mit den Grundrissen $\dot{6} = 1$ und $\dot{7} = 3$. Ihre Bilder *6'* und *7'* liegen also auf den Vertikalen durch *1'* und *3'*. Als zweiten Ort legen wir durch jeden Punkt eine Gerade ∥ zu der Hilfsgeraden, die durch ihren Grundrißpunkt in der Schicht γ benutzt wurde, also durch *6* die Tiefenlinie, durch *7* die Deckenkreistangente. Ihre π-Punkte liegen auf a lotrecht über den π-Punkten jener γ-Geraden, ihre Fluchtpunkte sind die gleichen.

In der Schicht β liegen die Türecken *8* und *9* mit den Grundrissen $\dot{8} = 3$ und $\dot{9} = 4$. Die Bilder *8'* und *9'* liegen also wieder auf den Vertikalen durch *3'* bzw. *4'* und außerdem auf den Bildern der Tangenten des Kreisbogens *8 9*, die ∥ sind zu den k-Tangenten in *3* bzw. *4*.

Bei der Auswahl der Punkte in der Grundrißschicht γ wird man also solche Punkte bevorzugen, über denen auch in den anderen Schichten abzubildende Punkte liegen.

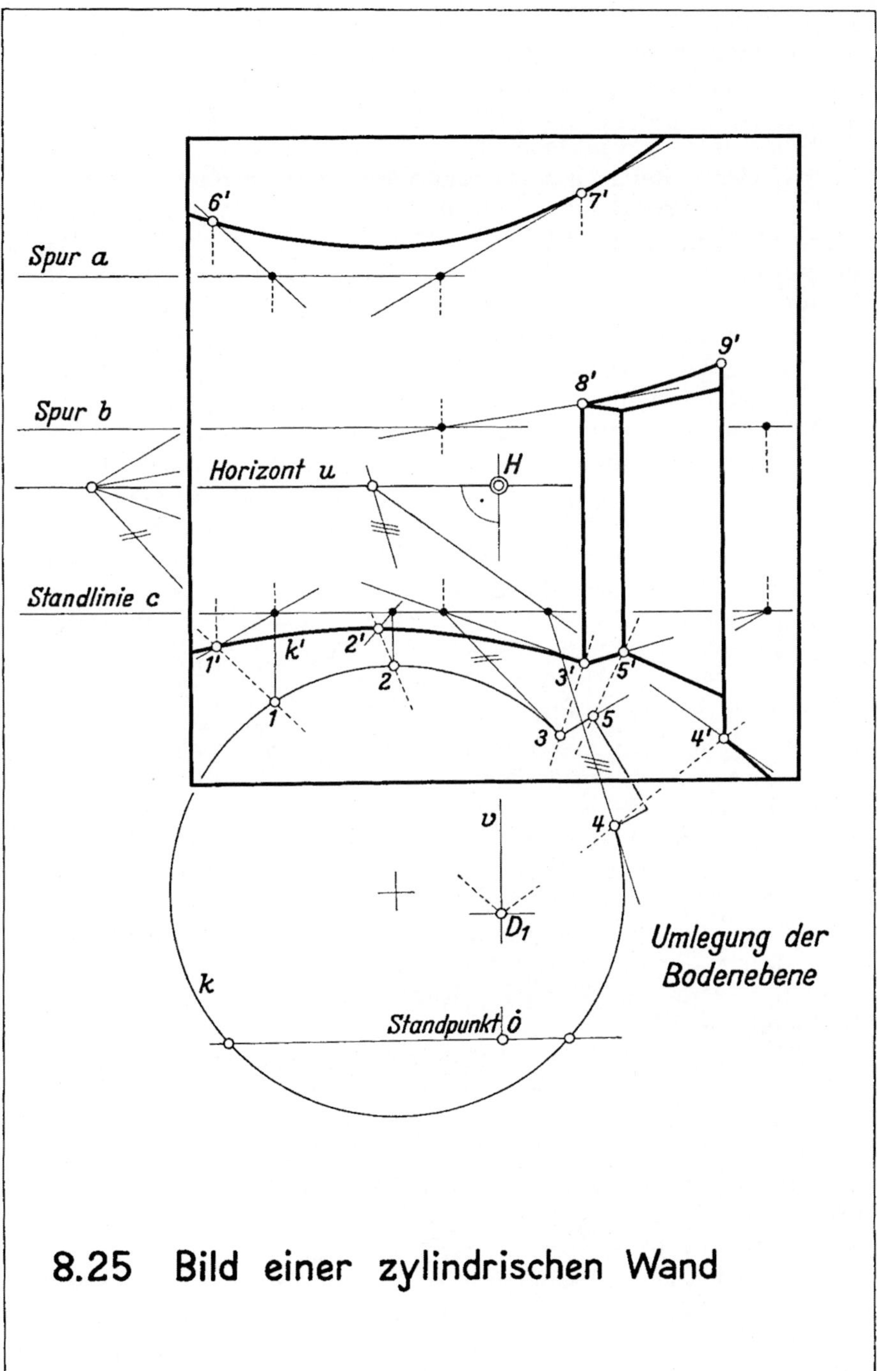

8.25 Bild einer zylindrischen Wand

8.26 Verschieben eines Schichtenplanes. Wir zeigen nun, wie man durch Verschieben des Grundrißblattes γ das Auftragen der Höhen in 8.24 und 8.25 vermeiden kann. Die im Grundriß gegebene Fläche stellt – wie das fertige Bild 8.26c erkennen läßt – den Ausschnitt eines Stadions mit ansteigenden Sitzreihen dar. Die Schichtkurven in den Horizontalebenen α, β und γ sind Viertelkreise mit übereinanderliegenden Mittelpunkten A, B und C, im Grundriß ist also $\dot A = \dot B = \dot C$. Das Flächenprofil ist unten links gezeichnet. Die Standlinie c ist durch den Punkt 1 gewählt. Die Abbildung der Punkte geschieht hier am besten mit Hilfe von Tiefenlinien, die zunächst auf dem Grundrißblatt nur auf c angerissen werden, in der Figur z. B. für die Punkte C und 3. Das Zeichnen eines Aufrisses, das mühsam oder zeitraubend wäre, ist nicht erforderlich.

Nun wird ein transparentes Bildblatt π auf das Grundrißblatt geheftet. Auf π werden die π-Spuren a, b und c der Schichtebenen α, β und γ durch kurze Striche am linken und am rechten Rande markiert. Nach Wahl der Aughöhe und des Standpunktes, der in γ aber wieder nicht eingezeichnet zu werden braucht, markiert man H und D_1 auf dem Bildblatt π durch eingesteckte Nadeln.

Jetzt zeichnen wir mit Hilfe der Horizontalperspektivität, die die Achse c besitzt (8.26a), nur das Bild der γ-Kurven, nicht also etwa des gesamten Grundrisses, z. B. der Reihe nach $1' = 1$, C', $2'$ auf $1'C'$, $3'$, $4'$ auf $3'C'$ und die genullten Punkte auf dem Kreisbogen $2'4'$. Jeder Bildpunkt wird dabei durch einen H-Strahl und einen D_1-Strahl festgelegt. Unsichtbar werdende Punkte läßt man fort.

Wollte man nun die Bilder der β-Schicht und der α-Schicht wie in 8.25 konstruieren, so brauchte man allerdings auch das Bild des gesamten Grundrisses. Das vermeiden wir folgendermaßen: Verschieben wir das Grundrißblatt γ unter dem festgenadelten transparenten Bildblatt π nach oben (genau $\perp c$), so daß die in γ durchgezogene Standlinie durch die b-Marken des π-Blattes geht (8.26b), so können wir sie als π-Spur b von β deuten, den Grundriß der β-Kurven also als die Figur, die durch Umlegung von β entsteht. Aus dieser Umlegung kann man jetzt das Bild der β-Kurven wieder direkt mit Hilfe der Horizontalperspektivität mit der Achse b gewinnen: Der Reihe nach erhält man durch Anreißen und Schneiden der H-Strahlen und der D_1-Strahlen die Bildpunkte B', $5'$, $6'$ auf $5'B'$, $7'$, $8'$ auf $7'B'$ und die vier genullten Punkte ohne Nummern.

Jetzt verschiebt man den Schichtenplan weiter nach oben, so daß die Standlinie durch die a-Marken geht, also als π-Spur a von α zu deuten ist (8.26c). Aus der Horizontalperspektivität mit der Achse a gewinnt man der Reihe nach die Bildpunkte A', $9'$, $10'$ auf $9'A'$, $11'$, $12'$ auf $11'A'$ und die genullten Zwischenpunkte und damit das vollständige Bild.

Statt des Grundrißblattes kann man auch eine vorhandene Militärprojektion benutzen; bei ihr liegen die Schichten schon „verschoben“ vor.

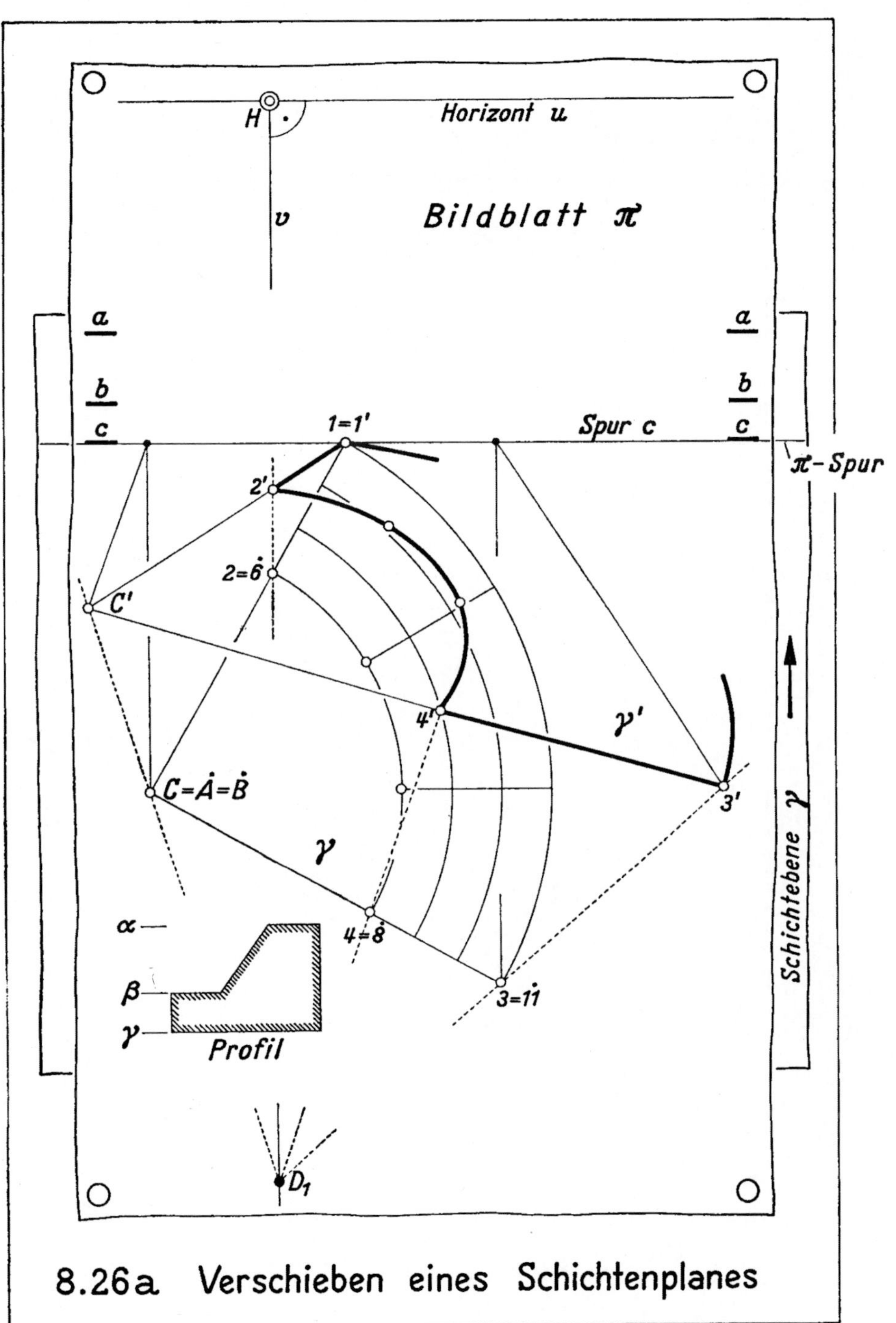

8.26a Verschieben eines Schichtenplanes

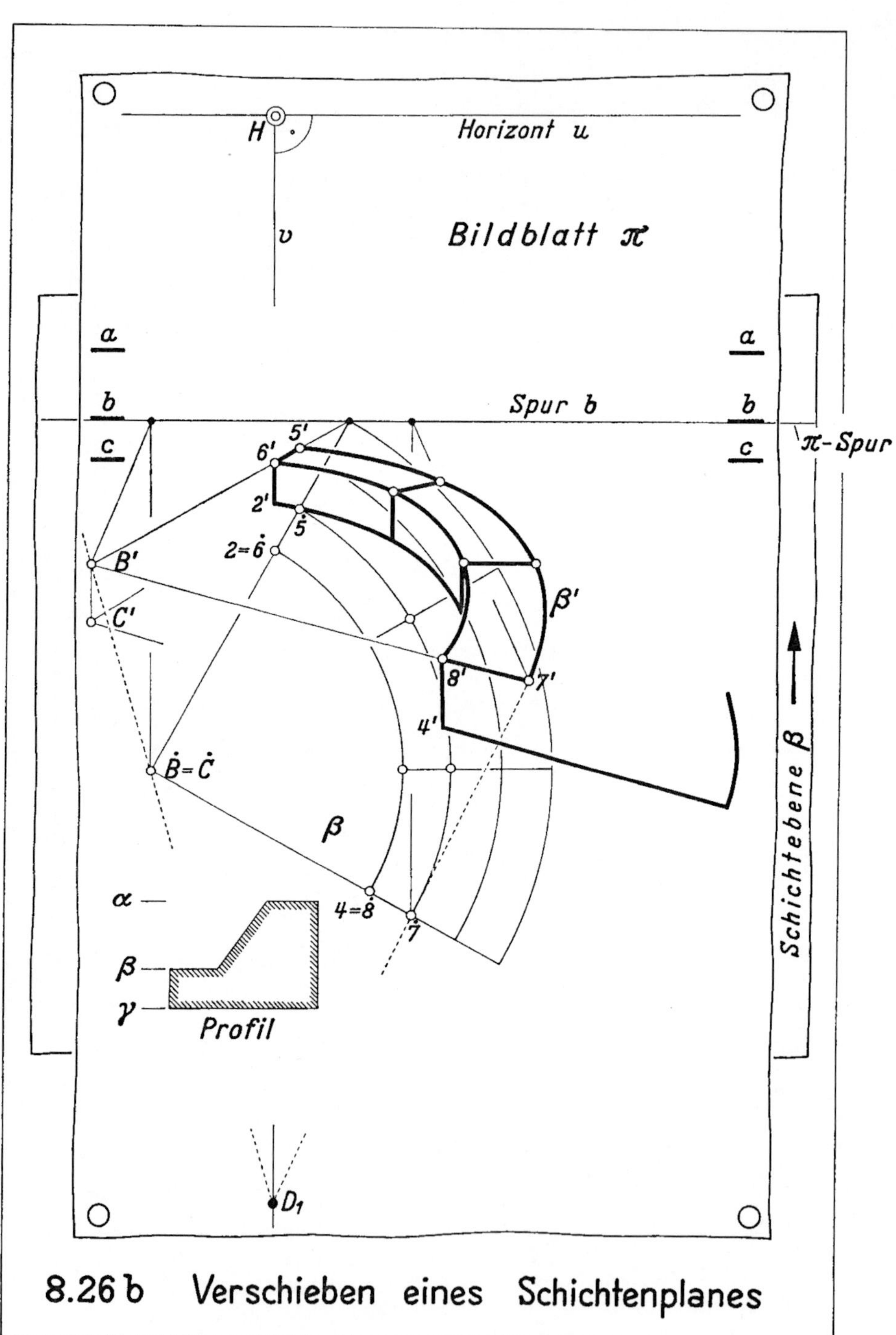

8.26 b   Verschieben eines Schichtenplanes

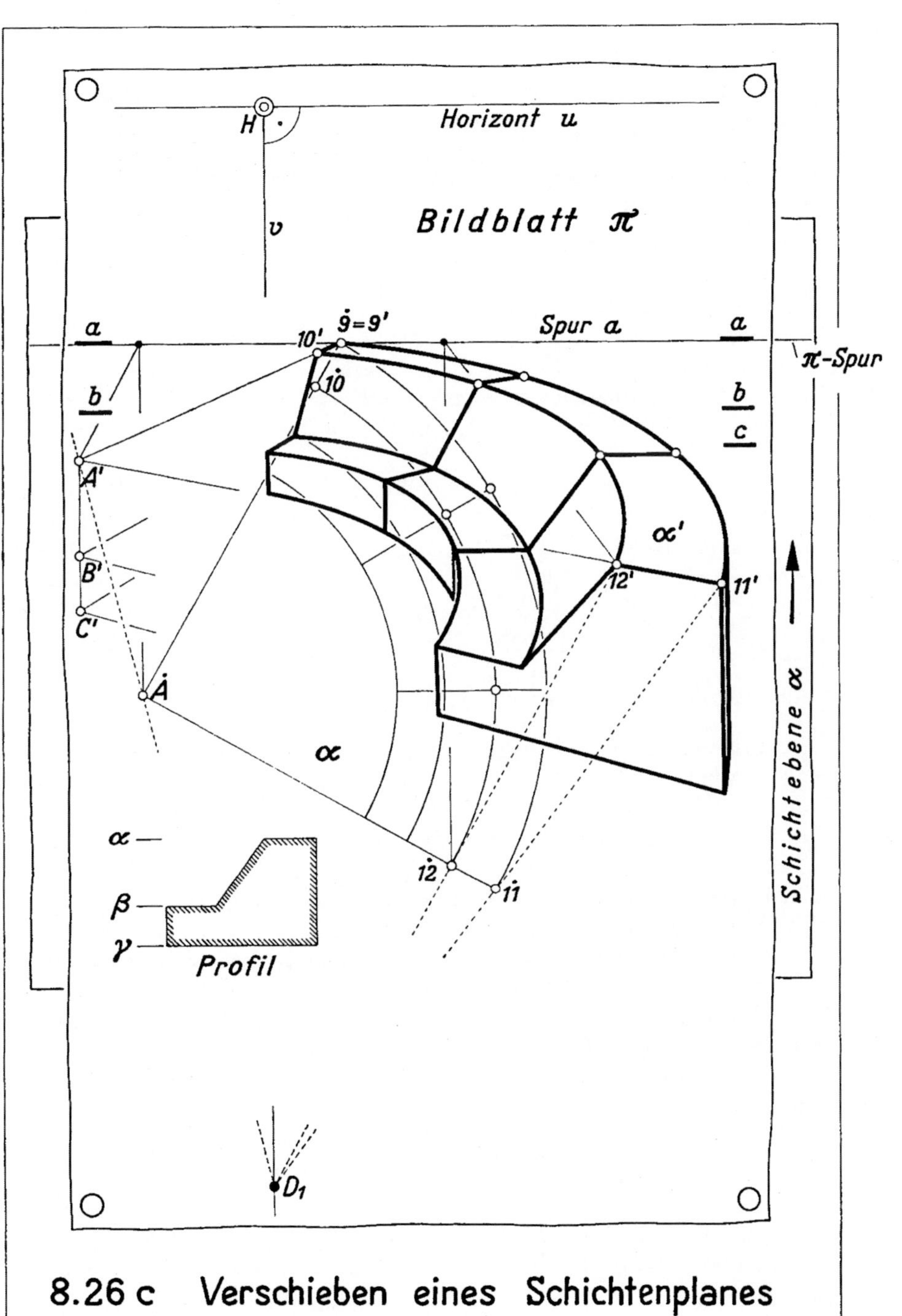

8.26 c   Verschieben eines Schichtenplanes

8.3 Reliefperspektive

8.31 Raumperspektivität. In der projektiven Geometrie versteht man unter einer *Kollineation* eine umkehrbar eindeutige Zuordnung zwischen den Punkten P und P' des Raumes mit folgender Eigenschaft: Durchläuft P eine Gerade g oder eine Ebene ε, so durchläuft auch P' eine Gerade g' oder eine Ebene ε', die wir als *Bilder* von g oder ε bezeichnen. Dabei treten auch *Fixpunkte* auf, d. h. Punkte P, für die $P' = P$ wird. Für die Verbindungsgerade f zweier Fixpunkte oder die Verbindungsebene α dreier Fixpunkte wird $f' = f$ oder $\alpha' = \alpha$.

Unter den Kollineationen gibt es einen Typus, bei dem nur ein Punkt O und sämtliche Punkte einer Ebene π fest bleiben. Zu einer O-Geraden f und einer O-Ebene α gehört also in diesem Fall $f' = f$ und $\alpha' = \alpha$, zu einem beliebigen Punkt P daher ein Bildpunkt P' auf dem O-Strahl OP (links). Zwei sich entsprechende Geraden g und g' treffen sich im π-Punkt $G = G'$, zwei sich entsprechende Ebenen ε und ε' besitzen dieselbe π-Spur $e = e'$ (rechts). Diese Kollineation heißt eine *Raumperspektivität*. Sie ist durch das *Zentrum O*, die *Fixebene π* und zwei zusammengehörige Punkte P und P' (beide $\neq O$ und nicht in π) festgelegt: Sucht man das Bild Q' eines Punktes Q, so bestimmt man $PQ = g$, $g\pi = G$, $GP' = g'$ und schließlich Q' als Schnittpunkt von g' mit OQ. Ist $g \parallel \pi$, so ist auch $g' \parallel \pi$. In jeder O-Ebene α (z. B. $\alpha = Og$) erzeugt die Raumperspektivität eine *ebene Perspektivität* mit dem Zentrum O und der Achse $a = \pi\alpha$, d.h. der π-Spur von α.

8.32 Flucht- und Verschwindungsebene. Von zwei Figuren, die sich in einer Raumperspektivität entsprechen, bezeichnen wir willkürlich die eine als *Original*, die andere als *Bild*. Jeder Punkt ist zugleich Punkt des Original- und des Bildraumes. Nach Sätzen der projektiven Geometrie liegen sämtliche Fernpunkte des Raumes in der Fernebene ω, ihre Bilder in einer Ebene ω', der *Fluchtebene* des Bildraumes[1]. Da ω und π sich in der Ferngeraden von π schneiden, ω und ω' aber die gleichen π-Spuren besitzen sollen, ist $\omega' \parallel \pi$. Deutet man die Fernpunkte aber als Bildpunkte, ω also als Ebene σ' im Bildraum, so liegen die Originale in einer Ebene $\sigma \parallel \pi$, der *Verschwindungsebene* im Originalraum; die Bilder ihrer Punkte und Geraden „verschwinden" im Unendlichen.

Gibt man O, π und $\omega' \parallel \pi$, so kann man für jede Gerade g mit dem π-Punkt G das Bild g' bestimmen: Das Bild ihres Fernpunktes G_ω ist nämlich der ω'-Punkt G'_ω auf dem O-Strahl $\parallel g$, der *Fluchtpunkt* von g. Also wird $g' = GG'_\omega$. Das Bild P' eines g-Punktes P liegt auf g' und OP. Läuft P auf g bis zur Stelle G_σ, für die $OG_\sigma \parallel g'$, so ist G'_σ der Fernpunkt von g', G_σ also ein σ-Punkt, d. h. der *Verschwindungspunkt* von g. Da $OG'_\omega \parallel g$ und $OG_\sigma \parallel g'$, ist der von O nach σ gerichtete Abstandsvektor $\overrightarrow{O\sigma}$ gleich dem von ω' nach π gerichteten Abstandsvektor $\overrightarrow{\omega'\pi}$.

---

[1] Nicht zu verwechseln mit der in 6.13 eingeführten Fluchtebene!

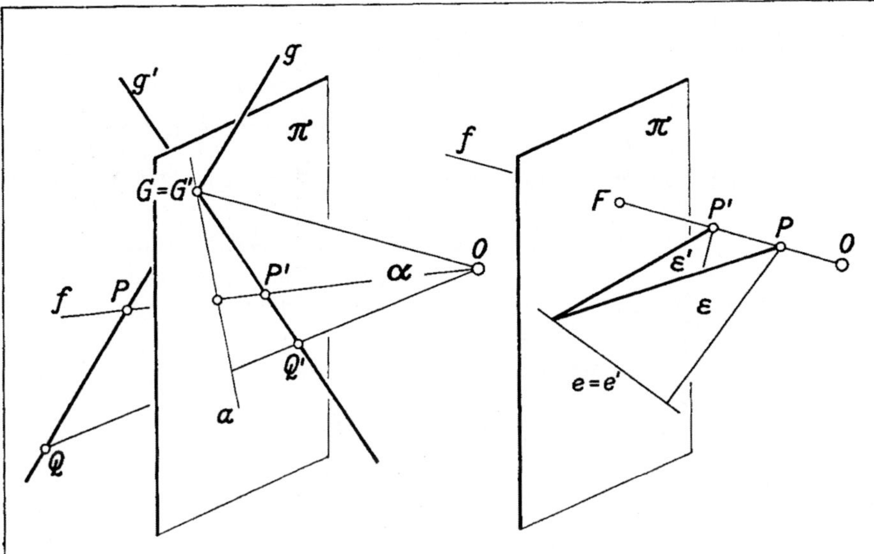

8.31   Raumperspektivität

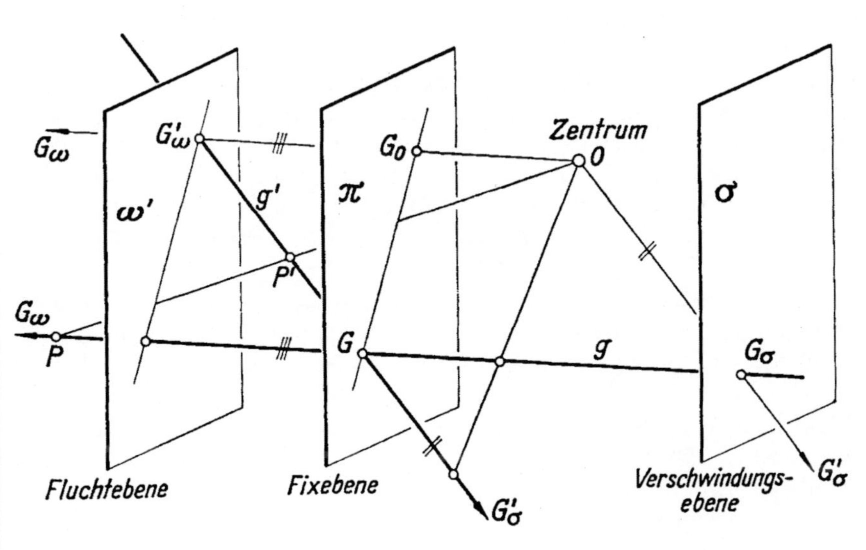

8.32   Flucht– und Verschwindungsebene

8.33 Spezialfälle. Die Raumperspektivität wird zur *perspektiven Raum-affinität*, wenn O ein Fernpunkt ist. Zunächst sei $\pi \neq \omega$. Da ω durch O geht, ist $\omega = \omega'$, also zugleich Flucht- und Verschwindungsebene; ω bleibt aber nicht punktweise fest. Parallelen Originalgeraden entsprechen parallele Bildgeraden, zusammengehörige Punkte liegen auf Parallel-strahlen. Sind diese $\perp \pi$, so liegt eine *Stauchung* vor.

Liegt O im Endlichen und wird $\pi = \omega$, so ist wieder ω Flucht- und Verschwindungsebene, in der jetzt aber jeder Punkt fest bleibt: Diese Verwandtschaft heißt *zentrische Ähnlichkeit*, jede von zwei sich ent-sprechenden Figuren ein *Modell* der anderen. Wird O ein Fernpunkt und $\pi = \omega$, so erhält man zwei *kongruente*, parallel verschobene Figuren, also eine *Translation*.

In jedem dieser vier Fälle wird die Verwandtschaft wie in 8.31 durch O, π und zwei Punkte P, P' auf einem O-Strahl festgelegt, von denen keiner mit O zusammenfallen oder in π liegen darf.

8.34 Das Relief. Bei der Gestaltung eines Bühnenbildes ist es oft notwendig, einen sehr tiefen Raum durch einen Einbau auf der viel kleineren Bühne so zu ersetzen, daß beide Räume in einem bestimmten Augpunkt O den gleichen optischen Eindruck erzeugen. Dieses „*räum-liche Zentralbild*" wird aus seinem Urbild durch eine Raumperspektivität gewonnen, deren Fixebene π nicht durch O gehen möge.

In der projektiven Geometrie ist jede Gerade f *geschlossen*, d. h. ein Punkt kann f in fester Richtung so durchlaufen, daß er den Fernpunkt F_ω passiert und an die Ausgangsstelle zurückkehrt. Zwei reelle f-Punkte zerlegen daher f in zwei „*Segmente*" und „trennen" deren Punkte. Ins-besondere wird jede O-Gerade – falls O im Endlichen liegt – durch O und ihren Fernpunkt in zwei O-*Halbstrahlen* zerlegt. Ist f von jetzt an ein O-Halbstrahl, der π schneidet, und F sein π-Punkt, so sagen wir, die f-Punkte des Segmentes FF_ω liegen *hinter* π.

Liegt nun die Fluchtebene ω' hinter π und durchläuft P das f-Seg-ment FF_ω, so durchläuft P' das ebenfalls hinter π liegende f-Segment FF'_ω in gleicher Richtung wie P. Der Halbraum hinter π wird in den Raum zwischen π und ω' abgebildet, den wir als *Zentralrelief* bezeichnen, eine Halbebene γ in den γ'-Streifen zwischen der Spur c und der Flucht-geraden c'_ω, die die O-Ebene $\parallel \gamma$ in ω' ausschneidet. Für ein an der Stelle O befindliches Auge decken sich Urbild und Bild. Geht $\omega' \to \pi$, also in der Figur 8.32 $G'_\omega \to G_0$, so wird aus dem Relief das zweidimen-sionale Zentralbild in π (6.1).

Plaketten und *geographische Reliefs* sind *Fernreliefs*: Hier liegt O in ω, und π ist $\neq \omega$. Sie entstehen durch Stauchung oder Überhöhung einer Originalfigur, wobei zusammengehörige Punkte auf der gleichen Seite von π liegen (8.33).

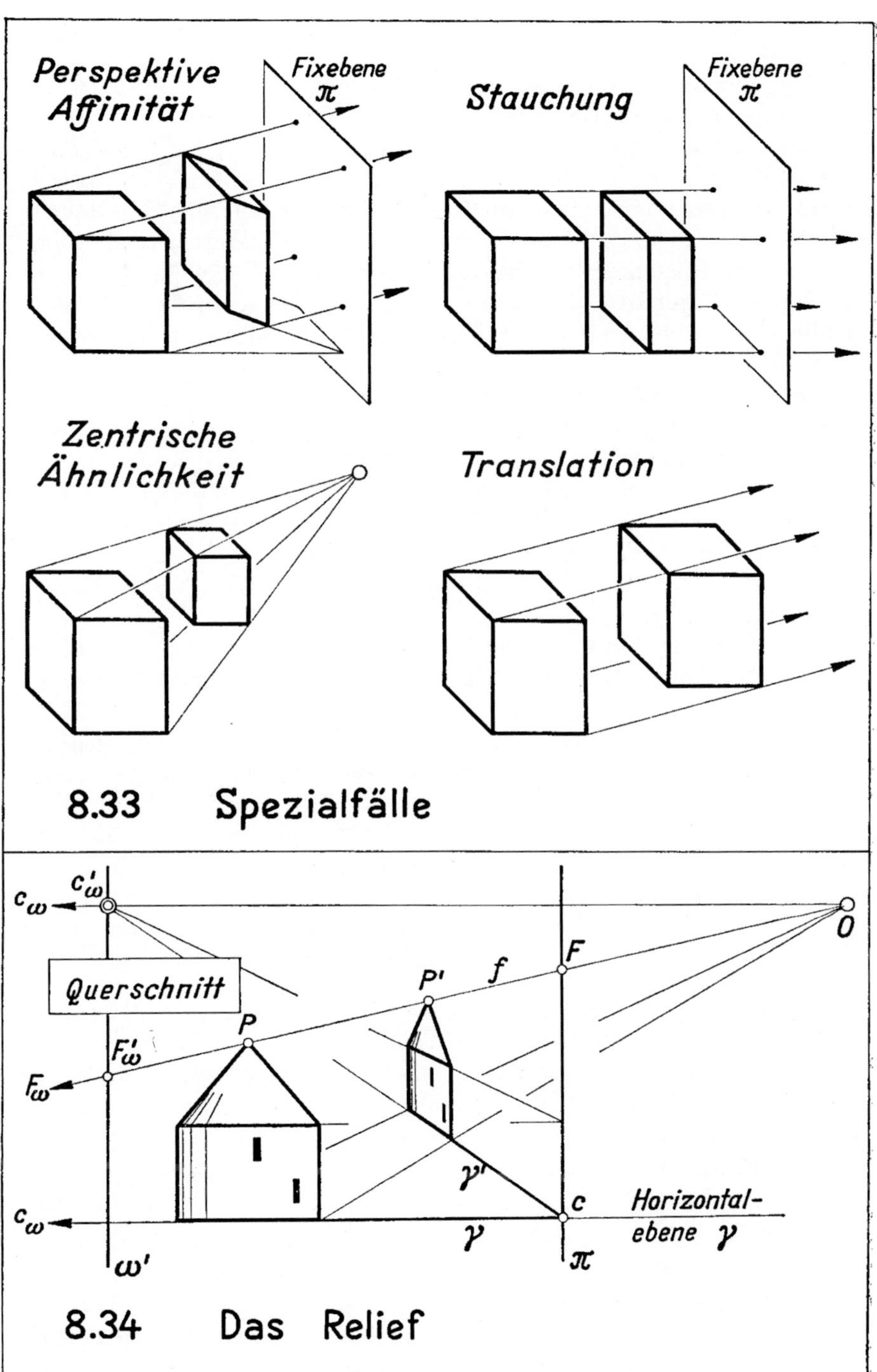

Perspektive Affinität
Fixebene π
Stauchung
Fixebene π
Zentrische Ähnlichkeit
Translation
8.33 Spezialfälle
c_ω
c'_ω
Querschnitt
F'_ω
F_ω
P
P'
f
F
O
γ'
c
Horizontal-ebene γ
γ
c_ω
ω'
π
8.34 Das Relief

8.35 Risse und Netz eines Reliefs. Will man ein Relief modellieren oder – als Modell eines *Bühnenreliefs* – aus Pappe herstellen, so konstruiert man zunächst seine Risse. In diesen sind O, π, $\omega' \parallel \pi$ und eine Originalfigur, z. B. ein Innenraum, gegeben. π sei wieder vertikal und $\parallel$ zur Kreuzrißebene und stelle z. B. die Vorhangebene der Bühne dar. Mit den Methoden des Zweitafelsystems bestimmt man für jede Kante oder Hilfslinie g wie in 8.32 den π-Punkt G, den Flucht-, also ω'-Punkt G'_ω auf dem O-Strahl $\parallel g$, die Reliefgerade $g' = GG'_\omega$ und schließlich für den g-Punkt P das Bild P' als Schnittpunkt von g' und OP.

Insbesondere ist der Fluchtpunkt der Tiefenlinien $t \perp \pi$ der Fußpunkt H des Lotes von O auf ω', der *Reliefhauptpunkt*, die Fluchtlinie der Bodenebene γ und der Deckenebene δ die Horizontale u durch H in ω', die Fluchtlinie der Seitenwände α und β die Vertikale v durch H in ω'. u erscheint im Aufriß, v im Grundriß als Punkt; sie decken sich jeweils mit den Rissen von H. Die Reliefebenen γ' und δ' laufen in u zusammen, die Reliefwände α' und β' in v. Aus der Rückwand $\varepsilon \parallel \pi$ wird die Reliefrückwand $\varepsilon' \parallel \pi$.

Nun überträgt man – falls das Relief geschnitzt oder modelliert werden soll – seinen Kreuzriß auf den Holz- oder Tonblock, entnimmt die Tiefen der einzelnen Punkte aus dem Grund- oder Aufriß und kann vom übertragenen Kreuzriß aus mit dem Grabstichel in die gewünschteTiefe gehen.

Will man das Relief aber aus Pappe zusammensetzen, so muß man aus seinen Rissen das *Netz* herstellen; Wände, Boden und Decke unseres Innenraumes z. B. bilden einen Pyramidenstumpf, dessen Abwicklung man leicht ermittelt: An die Rückwand ε', die man aus dem Kreuzriß entnimmt, setzt man als Trapeze den Boden γ', die Decke δ', die Seitenwände α' und β'. Ihre π-Kanten und ihre Höhen greift man aus dem Grund- und Aufriß ab.

8.36 Der Riß des Reliefs in der Fixebene, der in 8.35 als Kreuzriß auftrat, ist – so behaupten wir – identisch mit der Zentralprojektion des zum Relief gehörenden Originals auf die Fixebene vom Hauptverschwindungspunkt V aus, also dem σ-Punkt des Hauptstrahls OH. Es genügt, das für eine beliebige Gerade g zu zeigen. Ist G ihr π-Punkt, G'_ω ihr Fluchtpunkt und daher $g' = GG'_\omega$ ihr Bild im Relief, so projiziert man $G'_\omega \perp$ auf π, erhält $\overline{G}$ und damit den Riß $\overline{g} = G\overline{G}$ von g'. Da nun Abstand $\overrightarrow{OV} =$ Abstand $\overrightarrow{\omega'\pi}$ ist, so ist $\overline{G}$ auch der π-Punkt des V-Strahles $\parallel OG'_\omega \parallel g$, also der Fluchtpunkt von g für den Fall, daß man g von V aus auf π projiziert. Daher ist $\overline{g}$ in der Tat auch das Zentralbild von g. Diesen schönen Satz von *de la Gournerie* (1859) kann man dazu benutzen, um den für das Modellieren nötigen Kreuzriß des Reliefs auch direkt als Zentralbild des Originals mit der Distanz $d = OH$ (H in ω') herzustellen.

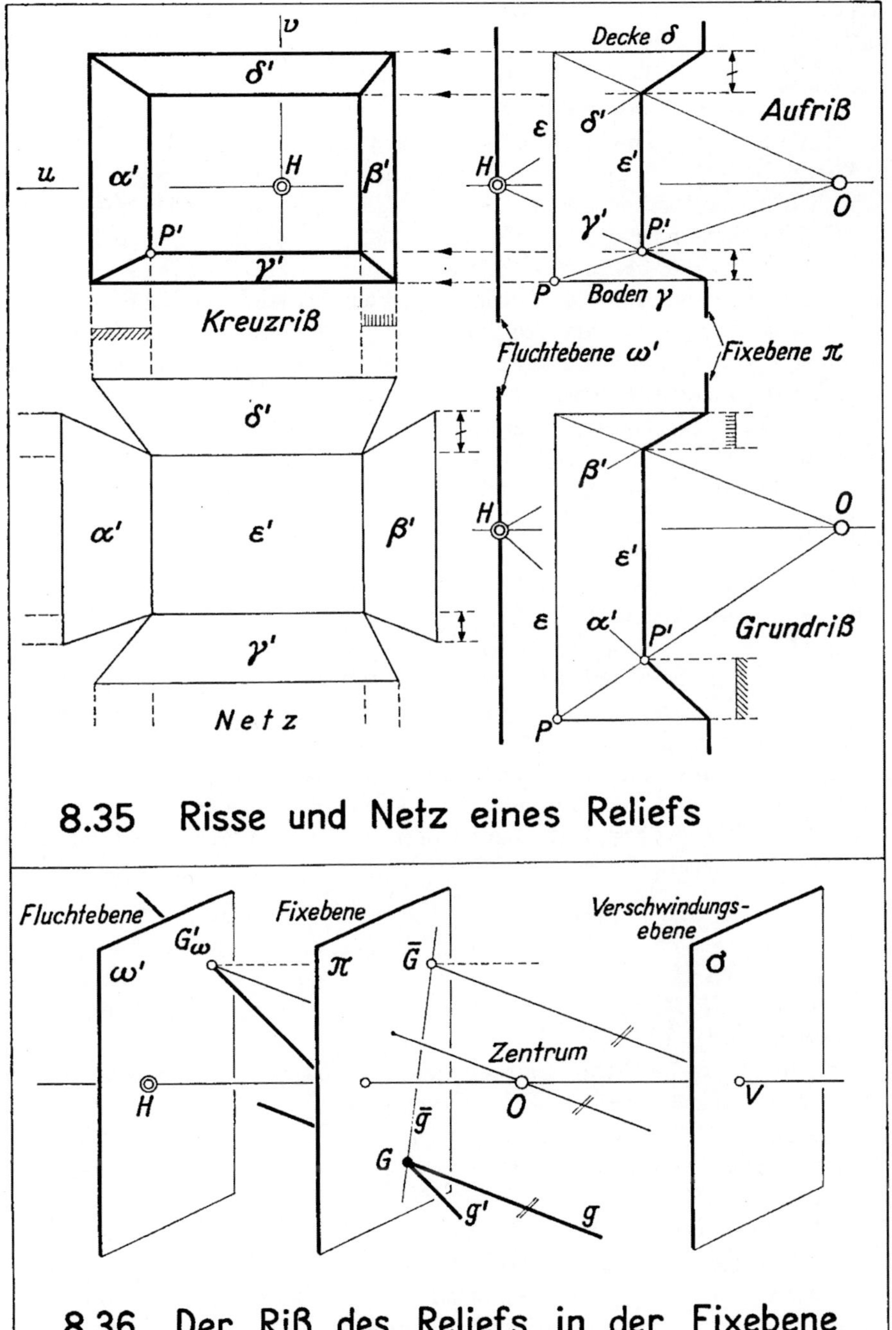

8.35 Risse und Netz eines Reliefs

8.36 Der Riß des Reliefs in der Fixebene

8.4 Aus alten Büchern

8.41 Leo Battista Alberti (1404–1472). Die wichtigsten Gesetze der freien und der gebundenen Perspektive wurden zum ersten Male von Künstlern und Forschern der italienischen Renaissance klar erkannt und nach den Gepflogenheiten der Zeit von Mund zu Mund weitergegeben. Die Lebensbeschreibungen, die der Maler, Bildhauer und Architekt *Giorgio Vasari* 1568 herausgab, zeigen, mit welcher Freude die neuen Erkenntnisse durchforscht wurden: In Florenz habe der Maler *Paolo Uccello* die Nächte mit dem Studium der Perspektive verbracht und diese immer wieder als ein „anmutig Ding" bezeichnet; der Bildhauer und Architekt *Filippo Brunellesco* (1377–1446) habe die bisher üblichen Konstruktionen als falsch erkannt, den Durchschnitt durch die Sehstrahlpyramide im Grund- und Aufriß richtig hergeleitet und mit Vergnügen diese Methode in seinen Arbeiten benutzt; und der Architekt *Leo Battista Alberti*, zugleich Jurist und guter Mathematiker, habe die perspektivischen Verkürzungen sogar mit der Feder beschrieben und eine Ansicht von Venedig perspektivisch einwandfrei dargestellt. In seinem Buche über die Malerei, das 1511 in lateinischer Sprache, übrigens ohne Figuren, erschien, schildert *Alberti* die Herstellung von Bodentäfelungen und Frontansichten mit Hilfe des Hauptpunktes und eines Distanzpunktes, die in der italienischen Übersetzung von 1804, der die Figurenprobe entnommen ist, als „*punto del centro*" und „*punto della veduta*" eingeführt werden. Er hat auch den später von *Dürer* benutzten *Flor* erfunden, ein in einen Rahmen gespanntes quadratisches Fadennetz, das die Bildebene darstellt und zur Übertragung der anvisierten Punkte in ein Quadratnetz des Zeichenblattes dient.

8.42 Piero della Francesca oder *Petrus pictor Burgensis*, der Maler aus Borgo San Sepolcro (etwa 1416–1492), diktierte nach seiner Erblindung im hohen Alter seinen Schülern ein umfangreiches Buch über Perspektive, dessen Manuskript erst gegen Ende des vorigen Jahrhunderts wieder aufgefunden und von *Winterberg* 1899 in italienischer und deutscher Sprache herausgegeben wurde[1]. Es enthält 58 einfache Grundaufgaben, beispielsweise für die nebenstehende Figur:

„Über der perspektivisch verkürzten quadratischen Fläche einen perspektivisch verkürzten Körper in derselben Bildebene und Augendistanz wie die besagte verkürzte (Grund-)Fläche aufzustellen."

Die Lösungen werden mit Hilfe von Buchstaben- und Ziffernbezeichnungen ausführlich geschildert, und zwar fast ausschließlich mit der von uns als Quadratnetzverfahren (8.13) bezeichneten Methode. Allgemeine Fluchtpunkte sind noch nicht bekannt. *Vasari* rühmt seine Darstellung einer Vase, die man „von allen Seiten" zu sehen glaube.

---

[1] J. H. Ed. Heitz, Straßburg 1899.

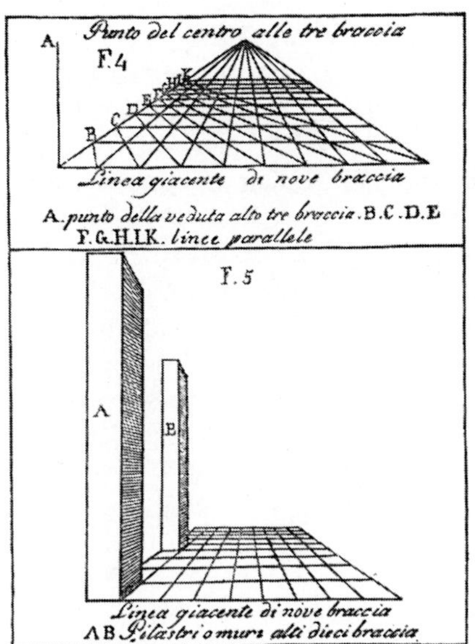

8.41   Leo Battista Alberti

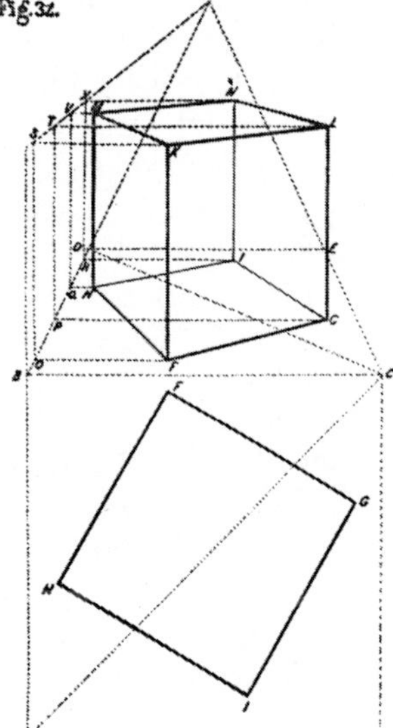

8.42   Piero della Francesca

8.43 Albrecht Dürer (1471–1528) benutzt in seinen Bildern stets die Frontansicht, die er mit größter Sorgfalt konstruiert, ehe er an die künstlerische Gestaltung geht. Er hat seine Methode unabhängig von den italienischen Künstlern durch eigenes Nachdenken gefunden. Auf seiner Reise nach Italien im Jahre 1505 mag er die letzten Anregungen zu seinem Buch erhalten haben, dessen Titelseite von 1525 nebenstehend abgedruckt ist. Es enthält zum größten Teil einfache zeichnerische Anweisungen, die mit Perspektive nichts zu tun haben, z. B. über das Zeichnen von Buchstaben und Ornamenten, und nur auf wenigen Seiten die Herstellung eines Zentralbildes aus Grund- und Aufriß. Der Neuausgabe von A. Peltzer vom Jahre 1908 entnehmen wir die einleitenden Worte dieses letzten Abschnitts und den eindrucksvollen Schluß:

„So ich nun vorn angezeigt habe, wie man mancherlei Corpora macht, will ich jetzt auch lehren, wie man solche gemachten Dinge, so wie man sie sieht, in ein Gemälde bringen kann. Dazu will ich den einfachsten Körper, den Würfel vornehmen und dabei anzeigen, daß man mit allen Körpern so verfahren kann. Auch von Licht und Schatten will ich etwas zu verstehen geben, und wie man eins mit dem anderen gebraucht. Denn was gesehen werden soll, das muß vorher da sein, und wenn es mit dem Auge gesehen wird, gehört auch Licht dazu. Denn die Finsternis läßt nichts sehen. Auch muß ein Mittel sein zwischen dem Auge und dem, was man sieht; wie hiernach folgt . . .“

„Und damit, günstiger lieber Herr, will ich meinem Schreiben ein Ende geben, und so mir Gott Gnad verleih die Bücher, so ich von menschlicher Proportion und anderem dazugehörigem, geschrieben habe, mit der Zeit in Druck bringen, und dabei männiglich gewarnt haben, ob sich jemand unterstehen würde, mir dieses herausgegebene Büchlein wieder nach zu drucken, daß ich das selbst auch wieder drucken will und auslassen gehen mit mehrerem und größerem Zusatz, denn jetzt geschehen ist. Danach mag sich ein Jeder richten. Gott dem Herrn sei Lob und Ehre ewiglich. Gedruckt zu Nürnberg im 1525. Jahre.“

8.44 Guido Ubaldo del Monte (1545–1607), ein vortrefflich geschulter italienischer Künstler und Mathematiker, stellt in seinem großen Buche über Perspektive, das 1600 erschien, ihre Gesetze weit allgemeiner als alle seine Vorgänger dar. Schon die Figur auf der Titelseite läßt erkennen, daß der Verfasser Wert auf den Begriff des Fluchtpunktes beliebiger horizontaler Geraden legt, den er als erster exakt einführt und „*punctum concursus*" nennt. Beim Durchblättern des stattlichen Quartbandes freut man sich über die schönen Figuren, in denen sehr oft die Umlegung der Boden- oder Horizontalebene in die Bildebene benutzt wird, über die ausführliche Darstellung der Theaterperspektive, die Anfänge der Reliefperspektive und zahlreiche architektonische Anwendungen.

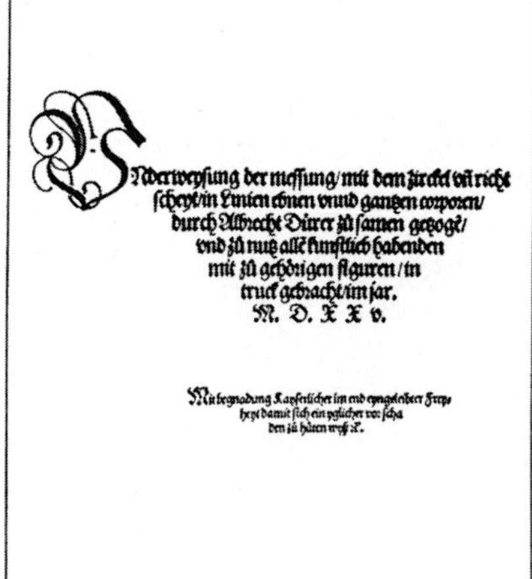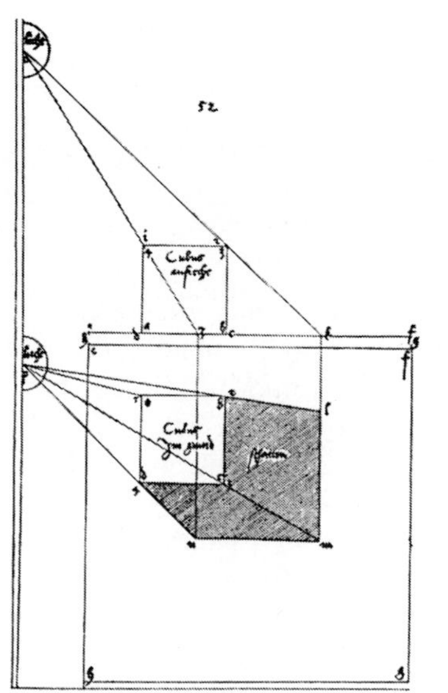

8.43   Albrecht Dürer

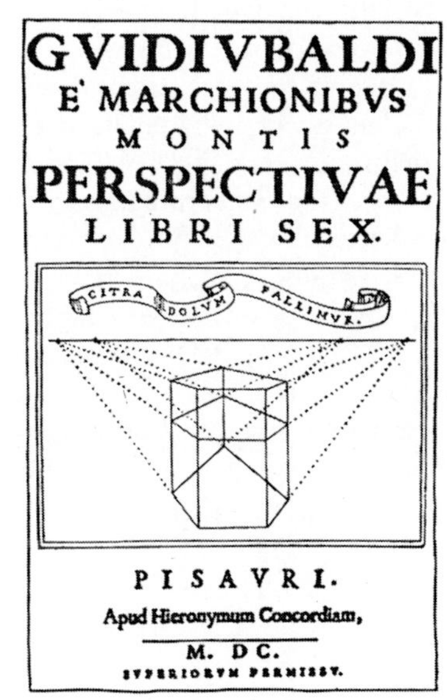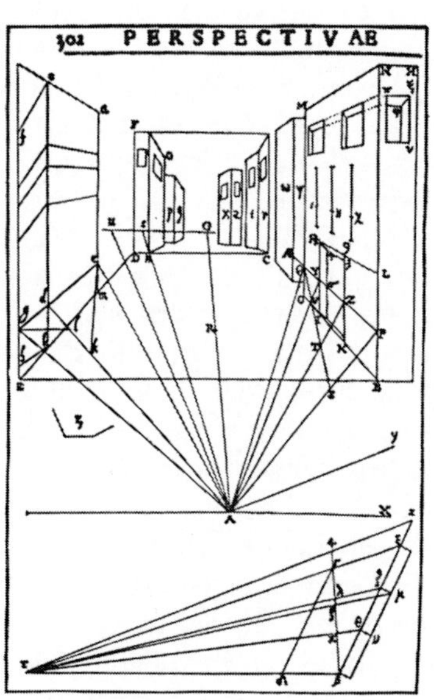

8.44   Guido Ubaldo del Monte

8.45 Estienne Migon. Aus der Fülle der französischen Bücher des 17. Jahrhunderts greifen wir das 1643 erschienene und mit schönen Figuren ausgestattete Bändchen von *Migon* in Paris heraus, weil darin zum ersten Mal der Meßpunkt, wenn auch nicht mit dieser Bezeichnung, eingeführt und verwendet wird. Auf dem Horizont u wird mit Hilfe einer Umlegung eine Skala angebracht. Bedeutet die an einem u-Punkt stehende Marke φ den Winkel, den eine diesen Fluchtpunkt besitzende Gerade mit den Tiefenlinien bildet, so gehört zu dieser Geraden – wie Migon zeigt – ein u-Punkt mit der Marke $\varphi_1 = \frac{1}{2}(90° - \varphi)$, nämlich unser Meßpunkt, mit dessen Hilfe sich die Länge einer auf jener Geraden liegenden Strecke bestimmen läßt. Eine solche Skala kann man auch beim Skizzieren ausnutzen; für $\varphi = 30°$ wird z. B. $\varphi_1 = 30°$.

In der Figur ist E der Hauptpunkt, MN das Bild einer horizontalen Strecke, O ihr Fluchtpunkt, S ein Meßpunkt, MT die auf eine Breitenlinie gedrehte Strecke und VX ihre Länge auf der Standlinie.

8.46 Johann Heinrich Lambert (1728–1777) war von Geburt Elsässer, wirkte als Professor und Oberbaurat in Berlin und war dort Mitglied der Akademie der Wissenschaften. Sein 1759 erschienenes Buch, das von M. Steck 1943 mit vielen Erläuterungen und biographischen Notizen neu herausgegeben wurde[1], ist das erste brauchbare Lehrbuch über die freie Perspektive, das die Gesetze der projektiven Geometrie benutzt. Über Ziel und Zweck seines Buches schreibt Lambert in seiner Vorrede:

„Allgemeine Regeln gründen sich auf allgemeine Gesetze, und wenn man jene gefunden, ohne diese umständlicher untersucht zu haben, so lohnt es sich der Mühe, die Arbeit vorzunehmen. Man wird mit mittelmäßiger Aufmerksamkeit mehr finden, als man anfangs vermuthete, wenn man die Sache in Absicht auf das Verhältniß aller ihrer Theile betrachtet.

Ich habe diesen Weg bey der Perspektive genommen, und in gegenwärtiges Tractätgen das, so ich dabey gefunden, zusammengebracht. Es kam mir immer vor, daß die Gesetze der Zeichnung vielfacher und allgemeiner wären, als man sie bisher vorgetragen. Man hat sich damit begnügen müssen, bey Entwerfung zusammengesetzterer Figuren, den Grundriß vorzulegen, und erst aus diesem den perspektivischen Aufriß zu zeichnen. Es gieng nur in den leichteren Fällen an, daß man denselben weglassen konnte, und wenn man eine ganze Landschaft von freyen Stücken entwerfen wollte, so mußte man es auf das Augemäß ankommen lassen, jeden Theilen ihre behörige scheinbare Größe und Entfernung zu geben. Zu dieser Unvollständigkeit kame noch, daß man, auch bey vorgelegtem Grundrisse, viele überflüßige Linien ziehen mußte, um die Lage eines einigen Punctes zu bestimmen, und die Mühe wurde für jeden anderen Punct aufs neue wiederholt . . .“

---

[1] Verlag Georg Lüttke, Berlin 1943, Schriften zur Perspektive.

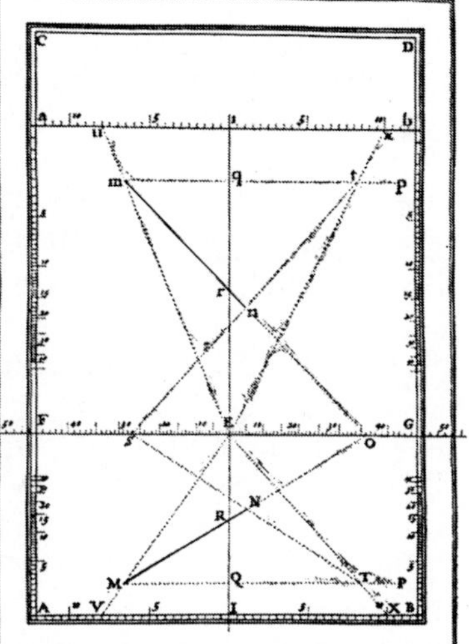

8.45   Estienne Migon

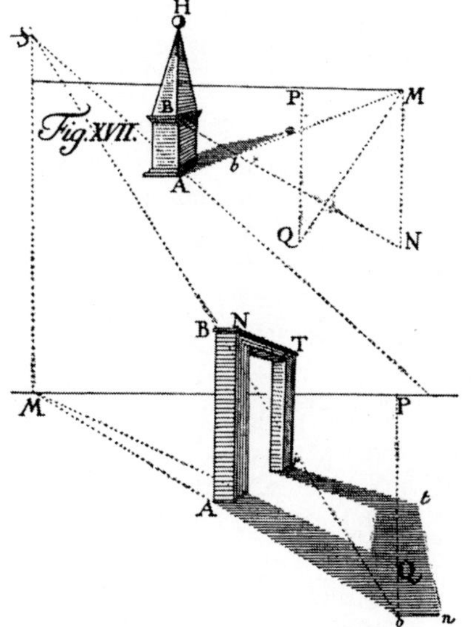

8.46   Johann Heinrich Lambert

Literaturauswahl

Das umfassendste und modernste Nachschlagebuch (mit einer Fülle schöner Anwendungen und Figuren, interessanter Aufgaben und Denkfragen) ist die „Konstruktive Geometrie in der Technik" von *F. Hohenberg* (Springer, Wien 1961, 319 S.). Für Anfänger seien zur ersten Ergänzung die Einführungen von *W. Haack* (Sammlung Göschen, Bd. 142 bis 144, 1954–1957), *E. Salkowski* (Akademische Verlagsgesellschaft 1956, 213 S.) und *H. von Sanden* (Teubner 1957, 111 S.) empfohlen, in denen großer Wert auf die Schulung der Raumanschauung gelegt wird. Beispiele aus der Technik und dem Bauwesen finden sich für Ingenieure aller Fachrichtungen in den Büchern von *U. Graf* (bearbeitet von *M. Barner*, Quelle und Meyer, 1961, 319 S.), *M. Großmann* (Springer 1927, 236 S.), *F. Hohenberg* (siehe oben), *J. L. Krames* (Deuticke 1947, 232 S.), *E. Müller* (bearbeitet von *E. Kruppa*, Springer, Wien 1948, 404 S.) und *F. Reutter* (Verlag G. Braun 1958, 2 Bände, 217 und 240 S.), für Bauingenieure und Geodäten in dem Büchlein von *K. Bartel* über kotierte Projektion (Teubner 1933, 80 S.), für Architekten in dem großen Buche über Malerische Perspektive desselben Verfassers (Teubner 1934, 339 S.) und in zwei alten, aber immer noch lesenswerten Büchern von *G. Hauck* (Darstellende Geometrie, Teubner 1912, 339 S.; Malerische Perspektive, Springer 1910, 337 S.), die sich durch besonders übersichtliche Figuren ohne Konstruktionslinien auszeichnen.

Die von uns ohne Beweis benutzten algebraischen und geometrischen Sätze werden z. B. sehr ausführlich in dem genannten Werke von *E. Müller* und in den Vorlesungen über Darstellende Geometrie von *K. Strubecker* (Vandenhoeck & Ruprecht, 1958) bewiesen. Mathematiker sollten zur gründlichen Ausbildung außer diesen Büchern die dreibändigen Vorlesungen über Darstellende Geometrie (Lineare Abbildungen, Zyklographie, Regelflächen) von *E. Müller* (Deuticke 1923/29/31, 292, 476 und 303 S.) heranziehen, ferner das Handbuch von *Chr. Wiener* (Teubner 1884/87, 2 Bände, 477 und 649 S.), das zweibändige Werk von *Th. Schmid* (De Gruyter 1919/23, 278 und 340 S.), das zahlreiche historische Bemerkungen und mathematisch interessante Spezialfälle bietet, endlich ein kleines Lehrbuch von *J. Hjelmslev* (Teubner 1914, 339 S.).

Für Lehrer ist auch das temperamentvolle und anregende Buch von *G. Hessenberg* (Akademische Verlagsgesellschaft 1929, 274 S.) sehr geeignet, das nützliche Hinweise für das praktische Zeichnen enthält. Besonders lieb geworden ist mir das leicht lesbare und doch sehr gründliche Buch von *E. Stiefel* (Birkhäuser 1947, 173 S.): es bringt auf knappem Raum außer den klassischen Methoden eine originelle Darstellung der Perspektive, einen Abriß der projektiven Geometrie und einen Einblick in die konstruktive sphärische Geometrie.

Anmerkungen

Zur Ergänzung und zum Studium der in diesem Buch benutzten, aber nicht bewiesenen algebraischen und geometrischen Hilfssätze sind z. B. die folgenden Buchstellen geeignet; sie beziehen sich auf die Werke der in der Literaturauswahl (S. 226) genannten Autoren.

Einleitung. Projektiver Raum, Fernelemente: *Müller-Kruppa* S. 1–4; *Strubecker* S. 4–7.

1.24 Satz von Pohlke: *Hohenberg* S. 85; *Strubecker* S. 116.

1.26 Einschneideverfahren: *Strubecker* S. 121–126; *Reutter* I S. 200–206.

1.32 Krümmungskreise von Kegelschnitten: *Müller-Kruppa* S. 113–115.

1.41 Satz von Desargues: *Strubecker* S. 11–12.

3.12 Spitzwinkliges Spurendreieck: *Reutter* I S. 176.

3.16 Lösung des allgemeinen axonometrischen Problems: *Müller-Kruppa* S. 272–276; *Großmann* S. 74–77.

3.41 Klassifizierung von Flächenpunkten: *Müller-Kruppa* S. 50–55.

4.25 Satz von Dandelin: *Strubecker* S. 141–149.

4.26 Satz von Pascal: *Stiefel* S. 89–91.

4.33 Kegel als Übergangsfläche: *Hohenberg* Abb. 354.

4.36 Profilmethode für Straßenböschungen: *Hohenberg* Abb. 352.

4.41 Krümmungskreis der Aufrißlinie: *Strubecker* S. 258.

5.16 (nach dem Strich) Flächen und Kurven n-ter Ordnung: *Strubecker* S. 185–197.

5.22 Doppelpunkte: *Müller-Kruppa* S. 50–55.

5.26 Tangenten in Doppelpunkten: *Müller-Kruppa* S. 230–234.

5.46 Satz von Meusnier: *Müller-Kruppa* S. 224–226.

6.43 Satz von Dandelin: Siehe 4.25.

7.46 Entzerrung von Bildern: *Müller-Kruppa* S. 353–361; Doppelverhältnis: *Müller-Kruppa* S. 4–9.

8.15 Kinematische und optische Instrumente zur Herstellung von perspektiven Bildern: *Schmid* II S. 114–119.

8.31 Allgemeine räumliche Abbildungen: *Hohenberg* S. 32–34; Reliefperspektive: *Müller-Kruppa* S. 371–376; *Schmid* II S. 111–114.

Sach- und Namenverzeichnis

Die Ziffern hinter den Stichworten beziehen sich auf die Nummerneinteilung.
E bedeutet Einleitung (S. 2), L Literaturauswahl (S. 226).